国 家 理 科 基 地 教 材
数学核心教程系列/柴俊主编

数学分析选论

毛羽辉　编著

教育部 "世行贷款 21 世纪初高等教育教学改革项目"
　　　 "面向 21 世纪高等师范教学改革项目" 成果

科 学 出 版 社
北 京

内 容 简 介

　　本书是为具有大专数学专业基础的学生继续攻读本科数学专业而写的. 主要内容包括:实数理论、函数的连续性、微分学、积分学和级数理论等. 本书在编写格局上注意贯彻两个方面的要求:一方面,要有良好的复习功能;另一方面,又要有相当的新意. 反映在例题和习题的配置上,仍以经典的数学分析问题为主;而在叙述基本概念时,注意数学形式的统一,使学生易于把握这些概念的本质. 所以本书也可作为本科一般学生学习数学分析的参考书.

　　本书可作为高等院校数学专业本科生的教材和参考书.

图书在版编目(CIP)数据

数学分析选论/毛羽辉编著.—北京:科学出版社,2003
国家理科基地教材·数学核心教程系列/柴俊主编
ISBN 978-7-03-011663-5

Ⅰ. 数… Ⅱ. 毛… Ⅲ. 数学分析-高等学校-教材 Ⅳ. O17

中国版本图书馆 CIP 数据核字(2003)第 058511 号

责任编辑:王 静 吕 虹/责任校对:包志虹
责任印制:徐晓晨/封面设计:黄华斌

科 学 出 版 社出版
北京东黄城根北街 16 号
邮政编码:100717
http://www.sciencep.com

北京京华虎彩印刷有限公司 印刷
科学出版社发行　各地新华书店经销

＊

2003 年 9 月第 一 版　开本:B5(720×1000)
2016 年 6 月第八次印刷　印张:13
字数:245 000

定价:35.00 元
(如有印装质量问题,我社负责调换)

序　言

　　自 20 世纪 90 年代后期开始,我国的高等教育改革步伐日益加快.实行 5 天工作制,使教学总时数减少,而新的专业课程却不断出现.在这样的情况下,对传统的专业课程应该如何处置,这样一个不能回避的问题就摆在了我们的面前.而这时,教育部师范司启动了面向 21 世纪教学改革计划.在我们进行"数学专业培养方案"项目的研究中,这个问题有两种方案可以选择:一是简单化的做法,或者削减必修课的数量,将一些传统的数学课程从必修课的名单中去掉,变为选修课,或者少讲内容减少课时;二是对每门课程的教学内容进行优化、整合,建立一些理论平台,减少一些繁琐的论证和计算,以达到削减课时,同时又能保证基本教学内容的目的.我们选择了第二种方案.

　　当我们真正进入实质性操作时,才感到这样做的困难并不少.首先,教师对数学的认识需要改变.理论"平台"该不该建? 在人们的印象中,似乎数学课程中不应该有不加证明而承认的定理,这样做有悖于数学的"严密性".其实这种"平台"早已有之,中学数学中的实数就是例子.第二个困难是哪些内容属于整合对象,优化从何处下手.我们希望每门课程的内容要精练,尽可能地反映这门课程的基本思想和方法,重视数学能力和数学意识的培养,让学生体会数学知识产生和发展的过程以及应用价值,而不去过分地追求逻辑体系的严密性.

　　教材从 1998 年开始编写,历时 5 年,经反复试用,几易其稿.在这期间,我们又经历了一些大事.1999 年高校开始大幅度扩大招生规模,学生情况的变化,提示我们教材的编写要适应教育形势的变化,迎接"大众教育"的到来.2001 年,针对教育发展的新形势,高教司启动了 21 世纪初高等理工科教育教学改革项目,在项目"数学专业分层次教学改革实践"的研究过程中,我们对"大众教育"的学生状况有了更具体、更直接的了解.在经历大规模扩招后,在校学生的差距不断增大,我们应该根据学生的具体情况,实行分层次、多形式的培养模式,每个培养模式应该有各自不同的教学和学习要求.此外,教材的内容还应该为教师提供多一些的选择,给学生有自我学习的空间,要反映学科的新进展和新应用,使所有学生都能学到课程的基本内容和思想方法,使部分优秀学生有进一步提高的空间.这个指导思想贯穿了本套教材的最后修改稿.

　　在建立"理论平台"与打好数学基础之间如何进行平衡也是本套教材编写中重点考虑的问题.其实任何基础都是随着时代的进步而变化的,面对科学技术的进步,对基础的看法也要"与时俱进".新的知识充实进来,一部分老的知识就要被简化、整合,甚至抛弃. 并且,基础应该以创新为目标,并不是什么都是越深越好、越厚越好. 在现实条件下,建立一些"课程平台"或"理论平台"是解决课时偏少的有效手段,也可以使数学教学的内容加快走向现代化. 不然的话,100 年以后,我们的数学基础大概一辈子也学不完了.

本套教材的主要内容适合每周 3 学时、总共 50 学时左右的教学. 同时,教材留有适量的选学内容,可以作为优秀学生的课外或课堂学习材料,教师可以根据学生情况决定.

教材的编写和出版得益于国家理科基地的建设和教育部师范司、高教司教改项目的支持. 我们还要对在本套教材出版过程中提供过帮助的单位和个人表示衷心的感谢. 首先要感谢华东师范大学数学系的广大师生自始至终对教材编写工作的支持,感谢华东师范大学教务处领导对教材建设的关心. 最后感谢张奠宙教授作为教育部两个项目的负责人对本套教材提出的极为珍贵的意见和建议.

尽管我们的教材经过了多次试用,但其中仍难免有疏漏之处,恳请广大读者批评指正. 另外,如对书中内容的处理有不同看法,欢迎探讨. 真诚希望大家共同努力将我国的高等教育事业推向一个新阶段.

柴　俊

2003 年 6 月

于华东师范大学

前　　言

当今,在社会环境对从业人员要求具有更高学历的激励下,在各类专业人员不断进行知识更新的进程中,广泛地存在着要求提高自己的数学水平的愿望. 特别对于原来只学过普通微积分课程的人来说,他们在补习各自所需要的数学知识时,因缺乏牢固的数学基础,不可避免地会遇到很多困难. 本书就是在为他们讲授数学分析理论基础课的讲义的基础上写成的.

考虑到在职人员投入业余学习的时间十分有限,要他们系统地学完一门数学分析这样的大课程几乎是不可能的. 一种可行而有效的做法或许是这样的——选择几个起主导作用的专题,讲授其中那些具有原则意义的概念和思想,通过举例讨论一些典型问题的解法,并配上一套质量上乘、难易适中的习题,使他们经过不长时间(约 50 学时)的学习,获得实质性的进步.而这便是编写《数学分析选论》这本教材的指导思想.

由于本书各章节的内容不像一般教科书那样完整,因此建议读者在使用本书时常有一本完整的数学分析的教材相伴,以便于查看一些更加细致的内容.

本书对于许多在读的大学生来说,既可作为学习微积分和数学分析课程的参考书,又可作为准备考研的辅助读物,还可把它用作微积分课程后的续修课教材.

此外,编者根据自己的工作体会,撰写了"微积分 MATLAB 实验"一文列入本书附录,并在正文中多处使用了这种数学软件来辅助解决一些数学问题,希望引起读者对学习数学软件的兴趣.

为适应不同层次的教学要求,书中带有星号"＊"的内容可酌情选用.

本书各章习题在书末有不完整的解答与提示,要想获得全部习题详解的读者,可以用 e-mail 直接与编者(yuhuimao1939@163.com)联系.

最后,恳切希望得到同行与读者对本书的建议与指正.

编　者
2003 年 5 月

目　　录

第一章 实 数 理 论

我们在中学数学中虽已知道实数包括有理数和无理数,然而并不清楚实数系与有理数系的本质区别是什么. 从历史上看,人们在公元前古希腊时期业已发现了不可公度线段,指出"无理数"的存在,但有关实数的理论却直到 19 世纪末,为奠定微积分基础的需要才完整地建立起来.

§1.1 建立实数的原则与完备有序域

有理数全体组成的集合 Q,构成一个阿基米德(Archimedes)有序域. 我们首先希望,有理数扩充到实数之后,全体实数的集合 R 仍然构成阿基米德有序域.

所谓数域 F 构成一个**阿基米德有序域**,是指它满足以下三个条件:

$1°$ F 是**域** 即在 F 中定义了加法"$+$"与乘法"$\cdot$"两个运算,使得对于 F 中任意元素 a,b,c 满足:

加法结合律——$(a+b)+c=a+(b+c)$;

加法交换律——$a+b=b+a$;

乘法结合律——$(a\cdot b)\cdot c=a\cdot(b\cdot c)$;

乘法交换律——$a\cdot b=b\cdot a$;

乘法关于加法的分配律——$a\cdot(b+c)=a\cdot b+a\cdot c$.

又在 F 中存在 $0\in F$,使得对任何 $a\in F$,有 $a+0=a$,称"0"为**零元素**;对每一 $a\in F$,存在 $-a\in F$,使得 $a+(-a)=0$,称"$-a$"是 a 的**反元素**.

在 F 中还存在 $e\in F$,使得对任何 $a\in F$,有 $a\cdot e=a$,称"e"为**单位元素**;对任一非零元素 $a\in F$,有 $a^{-1}\in F$,使得 $a\cdot a^{-1}=e$,称"a^{-1}"是 a 的**逆元素**.

$2°$ F 是**有序域** 即在数域 F 中定义了具有如下(全序)性质的序关系"$<$":

传递性——对 F 中的元素 a,b,c,若 $a<b,b<c$,则 $a<c$;

三岐性——F 中任意两个元素 a 与 b 之间,

$$a<b,\ a=b,\ a>b$$

这三种关系必居其一,且只居其一(这里 $a>b$ 就是 $b<a$).

又当序关系与加法、乘法运算结合起来进行时,有如下性质:

加法保序性——若 $a<b$,则对任何 $c\in F$,有 $a+c<b+c$;

乘法保序性——若 $a<b$,$c>0$,则 $ac<bc$.

3° 满足阿基米德性　即对 F 中任意两个正元素 a,b（即 $a>0,b>0$ 者），必存在正整数 n，使得 $na>b$.

有理数系 Q 满足上述所有条件，故它是一个阿基米德有序域. 我们现在的目标是：利用有理数作材料，构造出一个新数的有序域，它不仅具有阿基米德性，而且能使确界原理得以成立，并以有理数系作为其一个子集. 特别当有理数作为新数进行运算时，仍保持其原来的运算规律. 我们称这种新数为实数.

用有理数构造上述新数的方法很多，如戴德金（Dedekind）分划说，康托尔（Cantor）基本列说，以及无限小数公理说等等. 下面先向大家简要地介绍一下戴德金分划说的基本思想（§1.2），然后重点介绍无限小数公理说（§1.3）.

*§1.2　戴德金分划说简介

设 A 与 A′ 是满足以下三个条件的 Q 的两个子集：

1° A 和 A′ 皆不空；

2° $A \cup A' = Q$；

3° 若 $a \in A, a' \in A'$，则 $a < a'$（从而 $A \cap A' = \varnothing$）. 我们称序对（A，A′）为 Q 的一个**分划**（即**戴德金分划**）；并分别称 A 和 A′ 为该分划的**下类**和**上类**.

例如，对任一 $r \in Q$，令

$$A = \{x \in Q \mid x < r\}, \quad A' = Q \setminus A = \{x \in Q \mid x \geqslant r\},$$

则（A，A′）显然是一个分划；又令

$$B = \{x \in Q \mid x \leqslant r\}, \quad B' = Q \setminus B = \{x \in Q \mid x > r\},$$

显然（B，B′）也是一个分划. 其中，（A，A′）的上类 A′ 有最小数 r，（B，B′）的下类 B 有最大数 r，我们把这种分划称为**有端分划**；而把下类无最大数且上类无最小数的分划称为**无端分划**. 无端分划是存在的，例如

$$C' = \{x \in Q \mid x > 0, \text{且 } x^2 > 2\}, \quad C = Q \setminus C',$$

显然（C，C′）的下类 C 无最大数，上类 C′ 无最小数.

无端分划的存在，说明有理数集尽管稠密，但仍有空隙. 容易看出，填补上例（C，C′）的空隙的正是无理数 $\sqrt{2}$. 由此可以设想，对每一个可能的 Q 的无端分划，都定义一个新数来填补 Q 中的空隙；反之，每一个新数 $\alpha (\notin Q)$ 也可对应 Q 的一个无端分划：

$$A = \{x \in Q \mid x < \alpha\}, \quad A' = \{x \in Q \mid x > \alpha\}.$$

正是因为无端分划与新数是一一对应的，所以不妨干脆就把无端分划本身用

来充当新数. 这样做是允许的,因为归根结底数学对象本身究竟是什么并不重要,重要的是它们之间的关系和运算. 而且为统一起见,我们也用分划形式来表示相应的旧数(正如把整数扩充为有理数时,也可用假分数来表示整数那样). 于是就把注意力转到Q 的全体分划上去.

称Q 的全体分划为**分划集**,以R 表示之. 戴德金分划说的艰辛之处,在于讨论如此定义的R 是一个完备有序域. 其中,R 中任意两个元素 $\alpha=(A,A')$ 与 $\beta=(B,B')$ 之间的序关系可定义如下:

在下类 A 与 B 都无最大元的约定下(通过调整,总可以把下类有最大元的情形化为上类有最小元的情形),若 $A\subsetneqq B$,则说 $\alpha<\beta$;若 $A=B$,则说 $\alpha=\beta$;若 $A\supsetneqq B$,则说 $\alpha>\beta$. 并可证明这样定义的序关系满足传递性和三岐性.

关于实数系R 的连续性,由如下重要定理保证.

戴德金定理 设A 与 A′是R 的子集,满足

1° A 与A′皆不空;

2° $A\cup A'=R$;

3° 若 $\alpha\in A,\alpha'\in A'$,则 $\alpha<\alpha'$.

(这时称(A,A′)为R 的一个分划)在此条件下,或者A 有最大元,或者A′有最小元.

此定理一旦得证,其结论指出实数系的任何分划都是有端分划,说明实数系中不再有空隙存在.

戴德金定理与实数的完备性定理(确界定理)实际上是等价的,这到§1.4 中再去论述.

戴德金定理的证明,以及R 中关于加法与乘法的讨论,这里不再详述.

§1.3 无限小数与实数

一、用无限小数定义实数

为了讨论的需要,先把有限小数(包括整数)也表示为无限小数. 对此我们做如下规定:对于正有限小数(包括正整数)x,当 $x=a_0.a_1\cdots a_n$ 时(其中 $0\leqslant a_i\leqslant 9$,$i=1,2,\cdots,n,a_n\neq 0,a_0$ 为非负整数),记

$$x=a_0.a_1\cdots(a_n-1)999\ 9\cdots;$$

而当 $x=a_0$ 为正整数时,则记

$$x=(a_0-1).999\ 9\cdots.$$

例如,把2.001 记为2.000 999 9…,把2 记为1.999 9…. 对于负有限小数(包括负整数)y,则先将正数($-y$)表示为无限小数,再在所得无限小数之前加负号,例如

把 -8.06 记为 $-8.059\ 999\cdots$. 又规定数 0 表示为 $0.000\ 0\cdots$. 于是,任一实数都与某一个确定的无限小数相对应.

我们已经熟知两个有理数比较大小的方法,现在来定义两个实数的大小关系.

定义 1.1　给定两个非负实数

$$x = a_0. a_1\cdots a_n\cdots, \quad y = b_0. b_1\cdots b_n\cdots,$$

其中 a_0, b_0 为非负整数,a_k, $b_k(k=1,2,\cdots)$ 为整数,$0\leqslant a_k\leqslant 9$, $0\leqslant b_k\leqslant 9$. 若有

$$a_k = b_k, \quad k = 0,1,2,\cdots,$$

则称 x 与 y 相等,记为 $x=y$;若 $a_0>b_0$ 或存在非负整数 l,使得

$$a_k = b_k(k = 0,1,\cdots,l) \text{ 而 } a_{l+1} > b_{l+1},$$

则称 x 大于 y(或 y 小于 x),记为 $x>y$(或 $y<x$).

对于负实数 x,y,若按上述规定分别有 $-x=-y$ 与 $-x>-y$,则分别称 $x=y$ 与 $x<y$(或 $y>x$). 另外,自然规定任何非负实数大于任何负实数.

下面要给出用有限小数来比较两个实数大小的等价条件. 作为准备,先做如下定义.

定义 1.2　设 $x=a_0. a_1\cdots a_n\cdots$ 为非负实数. 我们把有理数

$$x^{(n)} = a_0. a_1\cdots a_n, \quad n = 0,1,2,\cdots$$

称为实数 x 的 **n 位不足近似**;而把有理数

$$\overline{x^{(n)}} = x^{(n)} + 10^{-n}, \quad n = 0,1,2,\cdots$$

称为 x 的 **n 位过剩近似**. 对于负实数 $x=-a_0. a_1\cdots a_n\cdots$,其 n 位不足近似与过剩近似分别规定为

$$x^{(n)} =- a_0. a_1\cdots a_n - 10^{-n} \text{ 与 } \overline{x^{(n)}} =- a_0. a_1\cdots a_n.$$

注　不难看出,实数 x 的不足近似 $x^{(n)}$ 当 n 增大时递增,即有 $x^{(0)}\leqslant x^{(1)}\leqslant\cdots\leqslant x^{(n)}\leqslant\cdots$;而过剩近似 $\overline{x^{(n)}}$ 当 n 增大时递减,即有 $\overline{x^{(0)}}\geqslant\overline{x^{(1)}}\geqslant\cdots\geqslant\overline{x^{(n)}}\geqslant\cdots$.

定理 1.1　设

$$x = a_0. a_1\cdots a_n\cdots, \quad y = b_0. b_1\cdots b_n\cdots$$

为两个实数,则 $x>y$ 的充要条件是:存在非负整数 n,使得

$$x^{(n)} > \overline{y^{(n)}}.$$

由于

$$x \geqslant x^{(n)} > \overline{y^{(n)}} \geqslant y,$$

因此命题的充分性是显然的. 命题的必要性证明要用到下一段知识(定义 1.5 后).

二、无限小数的四则运算

我们将应用无限小数递增有界数列必"稳定"于某个小数这一重要性质来建立无限小数的四则运算. 不失一般性,以下讨论的都是非负小数.

设小数数列

$$x_1, x_2, \cdots, x_n, \cdots. \tag{1}$$

若对所有 $k = 1, 2, \cdots$,有 $x_k \leqslant x_{k+1}$,则称数列(1)是递增数列. 若存在整数 M,使对所有 $k = 1, 2, \cdots$,有 $x_k \leqslant M$,则称数列(1)有上界.

定义 1.3 若数列的项 x_n 都是整数,并能找到 n_0,对于所有 $n > n_0$,有 $x_n \equiv \xi$,则称整数数列 $\{x_n\}$ 稳定于 ξ.

容易看出,若整数数列递增,并且有上界 M,那么这数列必稳定于某一整数 $\xi \leqslant M$. 后面定理 1.2 的证明就是建立在这个认识之上的.

现在考虑小数数列

$$\left. \begin{array}{l} a_1 = \alpha_{1,0} . \; \alpha_{1,1} \; \alpha_{1,2} \; \alpha_{1,3} \cdots, \\ a_2 = \alpha_{2,0} . \; \alpha_{2,1} \; \alpha_{2,2} \; \alpha_{2,3} \cdots, \\ \qquad \cdots \cdots \\ a_n = \alpha_{n,0} . \; \alpha_{n,1} \; \alpha_{n,2} \; \alpha_{n,3} \cdots, \\ \qquad \cdots \cdots \end{array} \right\} \tag{2}$$

(2)式的右边相当于一个无限矩阵.

定义 1.4 若对任意 $k = 0, 1, 2, \cdots$,(2)式的第 k 列 $\{\alpha_{n,k}\}$ 稳定于 γ_k,则称数列(2)稳定于 $a = \gamma_0 . \gamma_1 \gamma_2 \gamma_3 \cdots$,记作

$$a_n \overset{\longrightarrow}{\Rightarrow} a, \tag{3}$$

其中 γ_0 是整数,$\gamma_k(k = 1, 2, \cdots)$ 是 $\{0, 1, 2, \cdots, 9\}$ 中某个数.

定理 1.2 若数列(2)为一递增数列,且有上界 M,则此数列必稳定于某个数 a,且有

$$a_n \leqslant a \leqslant M \quad (n = 1, 2, \cdots). \tag{4}$$

*证 由于数列(2)的零列 $\{\alpha_{n,0}\}$ 也是递增的,且有上界 M,因此这个整数数

列稳定于某一非负整数 $\gamma_0 \leqslant M$. 现用归纳法来证明:假若已证得数列(2)中下标不大于 k 的各列分别稳定于 $\gamma_0, \gamma_1, \cdots, \gamma_k$,而且

$$\gamma_0 . \gamma_1 \gamma_2 \cdots \gamma_k \leqslant M,$$

则可保证数列(2)的第 $(k+1)$ 列亦必稳定于某一数字 γ_{k+1},且有不等式

$$\gamma_0 . \gamma_1 \cdots \gamma_k \gamma_{k+1} \leqslant M. \tag{5}$$

事实上,对于充分大的 n_1,当 $n > n_1$ 时,a_n 的小数可表示为

$$a_n = \gamma_0 . \gamma_1 \cdots \gamma_k \alpha_{n,k+1} \alpha_{n,k+2} \cdots \leqslant M.$$

因为 a_n 是递增的,所以对上述 n,数字 $\alpha_{n,k+1} \leqslant 9$,且递增,于是又有充分大的 n_2,当 $n > n_2$ 时,整数列 $\{\alpha_{n,k+1}\}$ 将稳定于某一数字 γ_{k+1},而且

$$\gamma_0 . \gamma_1 \cdots \gamma_k \gamma_{k+1} \leqslant a_n \leqslant M.$$

这就证明了不等式(5)和 $a_n \rightrightarrows a = \gamma_0 . \gamma_1 \cdots \gamma_k \cdots$,并推知(4)式的后部不等式 $a \leqslant M$ 成立.

最后证明对所有 n,有 $a_n \leqslant a$. 若结论不成立,则可以找到自然数 n,使 $a < a_n$. 因此,对某个 k 有

$$a_n = \gamma_0 . \gamma_1 \cdots \gamma_k \alpha_{n,k+1} \alpha_{n,k+2} \cdots,$$

并且 $\gamma_{k+1} < \alpha_{n,k+1}$. 当 n 无限增大时,$\alpha_{n,k+1}$ 递增,并稳定于数 γ_{k+1},由此得到 $\gamma_{k+1} < \gamma_{k+1}$ 的矛盾. 　　　　　　　　　　□

给定两个无限小数

$$x = \alpha_0 . \alpha_1 \alpha_2 \cdots, \quad y = \beta_0 . \beta_1 \beta_2 \cdots,$$

用 $x^{(n)}$ 和 $y^{(n)}$ 分别表示 x 和 y 的 n 位不足近似,则有

定理 1.3　以下数列

$$\left. \begin{array}{l} x^{(n)} + y^{(n)}, \\ (x^{(n)} \cdot y^{(n)})^{(n)}, \\ x^{(n)} - (y^{(n)} + 10^{-n}) \quad (x > y > 0), \\ \left[\dfrac{x^{(n)}}{y^{(n)} + 10^{-n}} \right]^{(n)} \quad (y > 0) \end{array} \right\} \tag{6}$$

都是递增有界数列,从而分别稳定于某个数.

证　由于

$$x^{(n)} + y^{(n)} \leqslant (\alpha_0 + 1) + (\beta_0 + 1),$$

$$(x^{(n)} \cdot y^{(n)})^{(n)} \leqslant (\alpha_0 + 1)(\beta_0 + 1),$$

$$x^{(n)} - (y^{(n)} + 10^{-n}) \leqslant \alpha_0 + 1,$$

$$\left(\frac{x^{(n)}}{y^{(n)} + 10^{-n}}\right)^{(n)} \leqslant \frac{\alpha_0 + 1}{\beta_0 \cdot \beta_1 \cdots \beta_s} \ (\text{其中 } s \text{ 使得 } \beta_s > 0),$$

因此(6)中所有数列都是有界的；又因当 n 增大时，$x^{(n)}$ 递增，$y^{(n)} + 10^{-n}$ 递减，易见这些数列也都是递增的. 由定理 1.2，即有(6)中各数列分别稳定于某个数.　□

定义 1.5　对任意两个无限小数 x, y，我们定义 $x + y$，$x \cdot y$，$x - y$ 和 $\dfrac{x}{y}$ 分别为

$$x^{(n)} + y^{(n)} \rightrightarrows x + y;$$

$$(x^{(n)} \cdot y^{(n)})^{(n)} \rightrightarrows x \cdot y;$$

$$x^{(n)} - (y^{(n)} + 10^{-n}) \rightrightarrows x - y \ (x > y > 0);$$

$$\left(\frac{x^{(n)}}{y^{(n)} + 10^{-n}}\right)^{(n)} \rightrightarrows \frac{x}{y} \ (y > 0).$$

由 $x - y$ 的定义可知：当 $x > y > 0$ 时，必存在 n，使得

$$x^{(n)} - (y^{(n)} + 10^{-n}) = x^{(n)} - \overline{y^{(n)}} > 0.$$

这就是定理 1.1 必要性的证明.

至此，实数的四则运算便有了明确的意义，而与四则运算有关的命题也可被建立起来.

例 1　证明实数的稠密性，即对于任意两个实数 x, y(设 $x > y$)，在它们之间必有无穷多个实数，且有无穷多个有理数.

证　首先，存在 $z = \dfrac{1}{2}(x + y)$，使得 $y < z < x$；再由定理 1.1，存在某整数 n，使得

$$y \leqslant \overline{y^{(n)}} < x^{(n)} \leqslant x,$$

令 $r = \dfrac{1}{2}(\overline{y^{(n)}} + x^{(n)})$(这是一个有理数)，便有

$$y \leqslant \overline{y^{(n)}} < r < x^{(n)} \leqslant x.$$ 　□

例 2　设 a, b 是两个实数. 证明：若对任何正数 ε 有 $a < b + \varepsilon$，则 $a \leqslant b$.

证　用反证法. 若 $a>b$,则对于 $\varepsilon=a-b$ 这个正数,使得 $a=b+\varepsilon$,而这与假设 $a<b+\varepsilon$ 相矛盾. 从而 $a\leqslant b$ 成立.　　　　　　　　　　　　　□

三、确界与确界原理

由前所述,实数系R 被定义为所有无限小数的集合;又当R 中定义了全序关系和四则运算后,R 构成一个阿基米德有序域,而且以有理数域Q 作为它的一个子集. 剩下的问题是要讨论R 的完备性,而这正是R 与Q 的根本区别之所在.

作为准备知识,先给出区间与邻域、有界集与确界等概念.

• 区间　这是大家早就熟悉的,它分为有限区间:

$$(a,b), [a, b], (a,b], [a,b)$$

和无限区间:

$$(-\infty,a), (-\infty, a], (a,+\infty), [a,+\infty), (-\infty,+\infty).$$

有限区间和无限区间统称为区间.

• 邻域　设 $a\in R,\delta>0$. 有以下几种邻域:

点 a 的 δ 邻域:　　　$U(a;\delta)=(a-\delta, a+\delta)$;

点 a 的去心 δ 邻域:　$U^{\circ}(a;\delta)=(a-\delta,a)\bigcup(a, a+\delta)$;

点 a 的 δ 右邻域:　　$U_+(a;\delta)=[a,a+\delta)$;

点 a 的 δ 左邻域:　　$U_-(a;\delta)=(a-\delta,a]$;

去心单侧邻域:　　　　$U^{\circ}_+(a;\delta)=(a, a+\delta)$;

　　　　　　　　　　$U^{\circ}_-(a;\delta)=(a-\delta,a).$

• 有界数集

定义 1.6　设 $S\subset R$. 若存在实数 $M(L)$,使得对任何 $x\in S$,都有 $x\leqslant M(x\geqslant L)$,则称 S 为**有上界(下界)的数集**,数 $M(L)$ 称为 S 的一个上界(下界).

若数集 S 既有上界又有下界,则称 S 为**有界数集**;若 S 不是有界数集(或者无上界,或者无下界),则称 S 为**无界数集**.

容易验证,自然数集N 有下界 0,而无上界;任何有限区间都是有界集;任何无限区间都是无界集;由有限个数组成的数集总是有界集.

• 确界概念　若数集 S 有上界,则显然它有无穷多个上界,而其中最小的一个上界(如果存在)常常具有重要的作用,称它为数集 S 的上确界. 同样,有下界的数集必定有无穷多个下界,称其中最大的一个下界(如果存在)为该数集的下确界. 下面给出上确界和下确界的精确定义.

定义 1.7　设 $S\subset R$. 若实数 η 满足:

(i) 对一切 $x\in S$,有 $x\leqslant\eta$,即 η 是 S 的一个上界;

(ii) 对任何 $\varepsilon>0$, 存在 $x_\varepsilon \in S$, 使 $x_\varepsilon > \eta - \varepsilon$, 即任何小于 η 的数 $\eta - \varepsilon$ 必定不是 S 的上界. 则称数 η 为数集 S 的**上确界**, 记作

$$\eta = \sup S.$$

定义 1.8 设 $S \subset R$. 若实数 ξ 满足:

(i) 对一切 $x \in S$, 有 $x \geqslant \xi$, 即 ξ 是 S 的一个下界;

(ii) 对任何 $\varepsilon>0$, 存在 $x_\varepsilon \in S$, 使 $x_\varepsilon < \xi + \varepsilon$, 即任何大于 ξ 的数 $\xi + \varepsilon$ 必定不是 S 的下界. 则称数 ξ 为数集 S 的**下确界**, 记作

$$\xi = \inf S.$$

上确界与下确界统称为**确界**.

例 3 试按确界定义验证: 数集

$$S = \{ x \in Q \mid x \geqslant 0, \text{ 且 } x^2 < 2 \}$$

的下确界为 0, 上确界为 $\sqrt{2}$.

证 (1) 先证 $\inf S = 0$. 由于 $\xi = 0$ 是 S 的最小元, 因此它同时又是 S 的一个下界; 而且对任何 $\varepsilon > 0$, 存在 $0 \in S$, 使 $0 < \xi + \varepsilon = \varepsilon$. 这就证得 $\xi = 0$ 为 S 的最大下界, 即 S 的下确界.

(2) 对任何 $x \in S$, 由 $x^2 < 2$ 可知 $x < \sqrt{2}$, 即 $\eta = \sqrt{2}$ 是 S 的一个上界; 又对任何 $\varepsilon > 0$(不妨设 $\varepsilon \leqslant 1$), 利用有理数在 R 中的稠密性, 存在 $x_\varepsilon \in S$, 使 $\sqrt{2} - \varepsilon < x_\varepsilon < \sqrt{2}$. 于是证得

$$\sup S = \sqrt{2}. \qquad \square$$

注 1 由上(下)确界定义可见, 若数集 S 存在上(下)确界, 则它们一定是惟一的, 而且

$$\inf S \leqslant \sup S.$$

注 2 从例 3 看到, 数集 S 的确界可能属于 S, 也可能不属于 S. 当 S 的上(下)确界属于 S 时, 它必定就是 S 中的最大(小)元, 反之亦然.

例 4 设数集 S 有上确界, 且 $\eta = \sup S \notin S$. 证明:

(1) 存在数列 $\{a_n\} \subset S$, 使 $\lim\limits_{n \to \infty} a_n = \eta$;

(2) 存在严格递增数列 $\{a_n\} \subset S$, 使 $\lim\limits_{n \to \infty} a_n = \eta$.

证 (1) 根据假设条件, $\forall a \in S$, 有 $a < \eta$; 且 $\forall \varepsilon > 0$, $\exists a' \in S$, 使

$$\eta - \varepsilon < a' < \eta.$$

现依次取 $\varepsilon = \dfrac{1}{n}$, $n = 1, 2, \cdots$,相应地存在 $a_n \in S$,使

$$\eta - \frac{1}{n} < a_n < \eta, \quad n = 1, 2, \cdots.$$

由迫敛性易知 $\lim\limits_{n \to \infty} a_n = \eta$.

(2) 为了使上面得到的 $\{a_n\}$ 是严格递增的,只要从 $n = 2$ 起,改取

$$\varepsilon_2 = \min\left\{\frac{1}{2}, \ \eta - a_1\right\},$$

$$\varepsilon_n = \min\left\{\frac{1}{n}, \ \eta - a_{n-1}\right\}, \quad n = 3, 4, \cdots,$$

就能保证

$$a_1 = \eta - (\eta - a_1) \leqslant \eta - \varepsilon_2 < a_2,$$

$$a_{n-1} = \eta - (\eta - a_{n-1}) \leqslant \eta - \varepsilon_n < a_n, \quad n = 3, 4, \cdots. \qquad \square$$

注　本例是常会用到的一个重要命题. 显然,把命题中的上确界改为下确界时,相应的命题仍成立(证明留做习题).

下面来证明实数系的完备性定理,即确界原理.

定理 1.4(确界原理)　设 S 为非空实数集. 若 S 有上(下)界,则在R中 S 存在上(下)确界.

证　这里只证明关于上确界的结论,关于下确界的结论可类似地证明.

为便于叙述起见,不妨设 S 中含有非负实数. 由于 S 有上界,故可找到非负整数 n,使得

(1) 对于任何 $x \in S$,有 $x < n + 1$;

(2) 存在 $a_0 \in S$,使 $a_0 \geqslant n$.

对半开区间 $[n, \ n+1)$ 作 10 等分,分点为

$$n.1, \ n.2, \cdots, n.9.$$

则存在 $0, 1, 2, \cdots, 9$ 中的一个数 n_1,使得

(1) 对于任何 $x \in S$, 有 $x < n.n_1 + 10^{-1}$;

(2) 存在 $a_1 \in S$,使 $a_1 \geqslant n.n_1$.

再对半开区间 $[n.n_1, n.n_1 + 10^{-1})$ 作 10 等分,则存在 $0, 1, 2, \cdots, 9$ 中的一个数 n_2,使得

(1) 对于任何 $x \in S$, 有 $x < n.n_1 n_2 + 10^{-2}$;

(2) 存在 $a_2 \in S$,使 $a_2 \geqslant n.n_1 n_2$.

继续不断地 10 等分在前一步骤中得到的半开区间,对任何 $k=1,2,\cdots$,存在 $0,1,2,\cdots,9$ 中的一个数 n_k,使得

(1) 对于任何 $x\in S$,有

$$x < n.\, n_1\, n_2\cdots n_k + 10^{-k};\tag{7}$$

(2) 存在 $a_k\in S$,使

$$a_k \geqslant n.\, n_1\, n_2\cdots n_k.\tag{8}$$

将上述步骤无限地进行下去,得到实数

$$\eta = n.\, n_1\, n_2\cdots n_k\cdots.$$

以下证明 $\eta=\sup S$:

(i) 倘若 η 不是 S 的上界,即存在 $x\in S$ 使 $x>\eta$,则依据定理 1.1,存在非负整数 k,使得

$$x^{(k)} > \overline{\eta^{(k)}} = n.\, n_1\, n_2\cdots n_k + 10^{-k},$$

从而得到

$$x > n.\, n_1\, n_2\cdots n_k + 10^{-k}.$$

而这与不等式(7)相矛盾,于是证得 η 必定是 S 的上界.

(ii) 任给 $\alpha<\eta$,则存在 k,使 $\eta^{(k)}>\overline{\alpha^{(k)}}$,即

$$n.\, n_1\, n_2\cdots n_k > \overline{\alpha^{(k)}}.$$

根据构造 η 的不等式(8),存在 $a^*\in S$,使 $a^*\geqslant\eta^{(k)}$,从而有

$$a^* \geqslant \eta^{(k)} > \overline{\alpha^{(k)}} \geqslant \alpha.$$

这就证得 $\eta=\sup S$. □

注意,上述确界原理在实数系 R 上才得以成立,而在有理数系 Q 上却是不一定成立的. 例如前面例 3 中的数集 S,在 R 中存在上确界 $\sqrt{2}$,而在 Q 中却不存在该上确界.

例 5 设 A,B 为非空数集,满足:对一切 $x\in A$ 和 $y\in B$,都有 $x\leqslant y$. 证明:A 存在上确界,B 存在下确界,且

$$\sup A \leqslant \inf B.\tag{9}$$

证 由假设,数集 B 中任一数 y 都是 A 的上界,数集 A 中任一数 x 都是 B 的下界,根据确界原理,$\sup A$ 与 $\inf B$ 都存在. 下面来证明不等式(9).

对任何 $y\in B$,y 是 A 的一个上界,故 $\sup A\leqslant y$. 而此式又表明 $\sup A$ 是 B 的一个下界,故又有 $\sup A\leqslant\inf B$. □

例 6 设 A, B 为非空有界数集, $S = A \cup B$. 证明：

(i) $\sup S = \max\{\sup A, \sup B\}$;

(ii) $\inf S = \min\{\inf A, \inf B\}$.

证 这里只证明 (i). 类似地可证 (ii), 我们把它留作习题.

由假设, $S = A \cup B$ 显然也是非空有界数集, 因而 S 的上、下确界也都存在. 对任何 $x \in S$, 有 $x \in A$ 或 $x \in B$, 由此推知

$$x \leqslant \sup A \quad \text{或} \quad x \leqslant \sup B,$$

从而又有

$$x \leqslant \max\{\sup A, \sup B\} \Rightarrow \sup S \leqslant \max\{\sup A, \sup B\}.$$

另一方面, 对任何 $x \in A$, 有 $x \in S$, 于是有

$$x \leqslant \sup S \Rightarrow \sup A \leqslant \sup S;$$

同理又有 $\sup B \leqslant \sup S$. 由此推得

$$\sup S \geqslant \max\{\sup A, \sup B\}.$$

综上, 证得 $\sup S = \max\{\sup A, \sup B\}$.   □

四、用确界来定义实指数的乘幂

幂函数 $y = x^a$ 和指数函数 $y = a^x$ 都涉及乘幂, 而在初等数学课程中只给出了有理指数乘幂的定义, 即对于 $a > 0$, $a \neq 1$ 和 $r = \dfrac{p}{q}$ (p, q 为正整数), 定义

$$a^r = (a^{\frac{1}{q}})^p = (\sqrt[q]{a})^p;$$

对于负有理数 $r = -\dfrac{p}{q}$, 则定义

$$a^{-\frac{p}{q}} = 1 / a^{\frac{p}{q}};$$

还规定了 $a^0 = 1$. 于是, 有理指数乘幂有如下性质：

(i) $a^r > 0$, $\forall r \in \mathbf{Q}$;   (10)

(ii) $a > 1$, $r \in \mathbf{Q}^+$ 时, $a^r > 1$;   (11)

(iii) $\forall r_1, r_2 \in \mathbf{Q}$, $r_1 < r_2$, 则有

$$\begin{cases} a^{r_1} < a^{r_2} & (a > 1), \\ a^{r_1} > a^{r_2} & (0 < a < 1); \end{cases}$$ (12)

(iv) $\forall\, r, s \in \mathbf{Q}$，有

$$\begin{cases} a^r \cdot a^s = a^{r+s}, \\ (a^r)^s = a^{rs}. \end{cases} \tag{13}$$

下面我们借助确界来定义无理指数幂，使它与有理指数幂一起构成实指数乘幂，并具有与有理指数幂相同的基本性质.

定义 1.9　给定实数 $a>0, a\neq 1, x$ 为无理数，我们规定

$$a^x \xlongequal{\text{def}} \begin{cases} \sup\{a^r \mid r \in \mathbf{Q}, \text{且 } r < x\} & (a > 1), \tag{14} \\ \inf\{a^r \mid r \in \mathbf{Q}, \text{且 } r < x\} & (0 < a < 1). \tag{15} \end{cases}$$

注 1　对于任何有理数 $r<x$，当取另一有理数 $r_0>x$ 时，由有理指数幂的性质(12)，得知

$$a>1 \text{ 时有 } a^r < a^{r_0}, \qquad 0 < a < 1 \text{ 时有 } a^r > a^{r_0}.$$

这说明 $a>1(0<a<1)$ 时，数集 $\{a^r \mid r\in\mathbf{Q}, \text{且 } r<x\}$ 有上(下)界 a^{r_0}，依据确界原理，定义式(14)右边的上确界与式(15)右边的下确界都存在.

注 2　当 x 为有理数时，有理指数幂 a^x 同样可用式(14)与式(15)右边的确界形式来表示. 理由如下——设 $a>1(0<a<1$ 时可类似地证明)，并记

$$M = \sup\{a^r \mid r \in \mathbf{Q}, \text{且 } r < x\},$$

需证 $M = a^x$. 事实上，$\forall\, r < x$，由 $a^r < a^x$，首先得到 $M \leqslant a^x$. 另一方面，$\forall\, \varepsilon > 0$，对于 $\varepsilon' = \dfrac{\varepsilon}{a^x - \varepsilon} > 0$(设 $\varepsilon < a^x$)，当取正整数 $N > \dfrac{a-1}{\varepsilon'}$ 时，有

$$(1 + \varepsilon')^N > 1 + N\varepsilon' > a \Rightarrow a^{\frac{1}{N}} < 1 + \varepsilon'.$$

再取 $r<x$，使 $x - r = \dfrac{1}{N}(r = x - \dfrac{1}{N} \in \mathbf{Q})$，则有

$$0 < a^r < a^x \Rightarrow 1 < \frac{a^x}{a^r} = a^{\frac{1}{N}} < 1 + \varepsilon'.$$

故得

$$a^r > \frac{a^x}{1 + \varepsilon'} = \frac{a^x}{1 + \dfrac{\varepsilon}{a^x - \varepsilon}} = a^x - \varepsilon, \quad a^x < a^r + \varepsilon \leqslant M + \varepsilon.$$

利用例 2，由 ε 的任意性便有 $a^x \leqslant M$. 综上证得 $a^x = M$.

这样，无论 x 是有理数还是无理数，a^x 都可用式(14)和式(15)来统一表示.

下面依次来证明实指数幂的性质.

性质 1　$a^x > 0, \forall\, x \in \mathbb{R}$.

证　当 $a > 1$ 时取 $r_1 \in \mathbb{Q}$, 使 $r_1 < x$, 由定义式 (14) 得 $a^{r_1} \leqslant a^x$, 而 $a^{r_1} > 0$; 当 $0 < a < 1$ 时取 $r_2 \in \mathbb{Q}$, 使 $r_2 > x$, 则对一切有理数 $r < x$, 有 $a^r > a^{r_2}$, 由定义式 (15), $a^x \geqslant a^{r_2} > 0$.　　　　□

性质 2　$a > 1, x \in \mathbb{R}^+$ 时 $a^x > 1$.

证　因 $x > 0$, 由稠密性, 必有 $r \in \mathbb{Q}$, 使 $x > r > 0$. 又由式 (14), $a^x \geqslant a^r > 1$.　　　　□

性质 3　$\forall\, x_1, x_2 \in \mathbb{R}, x_1 < x_2$, 则有

$$\begin{cases} a^{x_1} < a^{x_2} & (a > 1), \\ a^{x_1} > a^{x_2} & (0 < a < 1). \end{cases}$$

证　设 $a > 1$ ($0 < a < 1$ 的情形可类似地证明). 取 $r_1, r_2 \in \mathbb{Q}$, 使 $x_1 < r_1 < r_2 < x_2$. 对任何有理数 $r < x_1$, 则有 $a^r < a^{r_1} < a^{r_2}$. 再由定义式 (14), 得

$$a^{x_1} \leqslant a^{r_1} < a^{r_2} \leqslant a^{x_2}.　　　　□$$

性质 4　$\forall\, \alpha, \beta \in \mathbb{R}$, 有 $a^\alpha \cdot a^\beta = a^{\alpha+\beta}$.

*证　不妨设 $a > 1$. $\forall\, \varepsilon > 0$, 根据定义式 (14) 和上确界概念, 对于

$$\varepsilon' = \frac{\varepsilon}{a^\alpha + a^\beta} > 0,$$

存在有理数 r, s, 使 $r < \alpha, s < \beta$, 并使

$$a^\alpha - \varepsilon' < a^r, \ a^\beta - \varepsilon' < a^s,$$

当 ε 足够小时, 总可使 $a^\alpha - \varepsilon' > 0, a^\beta - \varepsilon' > 0$. 于是由性质 3, 得到

$$a^{r+s} < a^{\alpha+\beta},$$

而 $a^{r+s} = a^r \cdot a^s > (a^\alpha - \varepsilon')(a^\beta - \varepsilon')$, 故有

$$a^\alpha \cdot a^\beta < a^{\alpha+\beta} + \varepsilon'(a^\alpha + a^\beta - \varepsilon')$$

$$< a^{\alpha+\beta} + \varepsilon'(a^\alpha + a^\beta)$$

$$= a^{\alpha+\beta} + \varepsilon.$$

由 ε 的任意性, 便得 $a^\alpha \cdot a^\beta \leqslant a^{\alpha+\beta}$.

另一方面, 由 $a^{\alpha+\beta}$ 的确界定义, $\forall\, \varepsilon > 0, \exists\, p \in \mathbb{Q}$, 使 $p < \alpha + \beta$, 并使

$$a^{\alpha+\beta} - \varepsilon < a^p.$$

再取 $r,s\in\mathbf{Q}$, 使 $r<\alpha,s<\beta,p<r+s$. 则由性质 3, 得出

$$a^p < a^{r+s} = a^r \cdot a^s < a^\alpha \cdot a^\beta,$$

$$a^{\alpha+\beta} - \varepsilon < a^p < a^\alpha \cdot a^\beta.$$

由 ε 的任意性, 又证得 $a^{\alpha+\beta} \leqslant a^\alpha \cdot a^\beta$. 综上, $a^{\alpha+\beta} = a^\alpha \cdot a^\beta$ 成立. □

注 1 事实上, 由性质 3 关于指数函数 $f(x) = a^x$ 在 $(-\infty, +\infty)$ 上为严格单调, 已能方便地证明此函数的连续性. 再利用连续性, 从有理数 α,β 所满足的性质 $a^\alpha \cdot a^\beta = a^{\alpha+\beta}$, $(a^\alpha)^\beta = a^{\alpha\beta}$ 出发, 通过取极限, 就能得出上述性质对任意实数 α,β 同样成立.

注 2 国外有不少微积分教材采用积分形式

$$\log x = \int_1^x \frac{1}{t}\mathrm{d}t, \quad x > 0$$

来定义对数函数(它的底数为 e);而后把指数函数定义为它的反函数, 并由此导出对数函数和指数函数的一系列性质.

§1.4 实数完备性的等价命题

实数系的完备性已由确界原理(定理 1.4)所揭示. 与确界原理相等价的还有六大命题, 这就是以下的定理 1.5 至定理 1.10.

定理 1.5(戴德金定理) 设 (A,A') 构成对 R 的一个分划, 即满足:A 与 A′ 皆非空;$A \cup A' = R$;$\forall\, x \in A, \forall\, x' \in A'$, 必有 $x < x'$. 则或者 A 有最大元, 或者 A′ 有最小元.

定理 1.6(单调有界定理) 任何单调有界数列一定有极限.

定理 1.7(区间套定理) 设 $\{[a_n, b_n]\}$ 是一个区间套, 即满足:

$1°\ [a_n, b_n] \supset [a_{n+1}, b_{n+1}], n = 1, 2, \cdots;$

$2°\ \lim\limits_{n\to\infty}(b_n - a_n) = 0.$

则存在惟一一点 $\xi \in [a_n, b_n], n = 1, 2, \cdots$.

定理 1.8(有限覆盖定理) 设 H 是闭区间 $[a,b]$ 的一个无限开覆盖, 即 $H = \{(\alpha,\beta)\}$ 为一无限个开区间的集合, 且 $[a,b]$ 中每一点都含于 H 中至少一个开区间 (α,β) 之内. 则在 H 中必存在有限个开区间, 它们成为 $[a,b]$ 的一个有限开覆盖.

定理 1.9(聚点定理) 直线上任意有界无限点集 S 至少有一个聚点 ξ, 即在 ξ 的任意小邻域内都含有 S 中无限多个点(ξ 本身可以属于 S, 也可以不属于 S).

定理 1.10(柯西准则) 数列 $\{a_n\}$ 收敛的充要条件是:对于任给的正数 ε, 总

存在某一相应的正整数 N,只要 $n, m > N$,总有

$$| a_m - a_n | < \varepsilon.$$

下面来证明这七个定理的等价性,图 1.1 所示为证明的顺序.

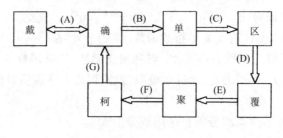

图 1.1

　　(A) 证明确界原理与戴德金定理互相等价.

　　证　(1) 用确界原理证明戴德金定理:设R的任一分划为(A, A'),由于A'中每一数皆为A的上界,故由确界原理,A有上确界 $a = \sup A$. 又由分划定义($A \cup A' = R$),a 或者属于A,或者属于A'.

　　若 $a \in A$,则因 $\forall x \in A, x \leqslant a$,故 a 为A中最大元.

　　若 $a \in A'$,则 a 必为A'中最小元. 如若不然,必定 $\exists b \in A'$,使 $b < a$;但由 b 是A的上界,而 a 是A的最小上界,故 $a \leqslant b$,两者矛盾.　　　　　□

　　(2) 用戴德金定理证明确界原理:设 S 为一非空有上界的数集,并设 S 中无最大元(否则,S 中的最大元即为 S 的上确界). 现令 S 在R中全体上界组成的集合作为A',令$A = R \setminus A'$,则(A, A')构成R的一个分划,且 $S \subset A$. 由戴德金定理,或者A有最大元,或者A'有最小元. 因为A中任一数 a 都不是 S 的上界,故存在某 $s \in S \subset A$,使 $s > a$,这说明A无最大元. 因而A'一定有最小元 η,于是证得 η 为 S 的最小上界,即存在 $\eta = \sup S$.

　　仿此可证非空有下界的数集必有下确界.　　　　　□

　　戴德金定理更直观地描述了实数系的连续性,也就是说,数直线上每一点都对应着惟一一个实数.

　　(B) 用确界原理证明单调有界定理.

　　证　设$\{a_n\}$为递增数列,且有上界. 由确界原理,存在上确界 $a = \sup\{a_n\}$,下面来证明 a 又是$\{a_n\}$的极限.

　　事实上,任给 $\varepsilon > 0$,由上确界定义,存在 $a_N \in \{a_n\}$,使 $a_N > a - \varepsilon$;又由$\{a_n\}$为递增数列,故当 $n > N$ 时都有 $a - \varepsilon < a_N \leqslant a_n$. 另一方面,由于 a 是$\{a_n\}$的一个上界,故对一切 n 都有 $a_n \leqslant a < a + \varepsilon$. 所以,当 $n > N$ 时,有

$$a - \varepsilon < a_n < a + \varepsilon,$$

即 $\lim\limits_{n \to \infty} a_n = a$. □

(C) 用单调有界定理证明区间套定理.

证 设 $\{[a_n, b_n]\}$ 为一区间套. 由区间套定义,$\{a_n\}$ 为一递增数列,并以任一 b_n 为其上界,因而存在极限 $\lim\limits_{n \to \infty} a_n = \xi$,且 $a_n \leqslant \xi$, $n = 1, 2, \cdots$. 同理,$\{b_n\}$ 为递减数列,且有

$$\lim_{n \to \infty} b_n = \lim_{n \to \infty} (b_n - a_n) + \lim_{n \to \infty} a_n$$

$$= 0 + \xi = \xi \leqslant b_n, \quad n = 1, 2, \cdots.$$

这样就证得 $\xi \in [a_n, b_n]$, $n = 1, 2, \cdots$.

最后证明上述 ξ 是惟一的. 倘若另有一数 $\xi' \in [a_n, b_n]$, $n = 1, 2, \cdots$,则由

$$| \xi - \xi' | \leqslant b_n - a_n \to 0 \, (n \to \infty),$$

推知 $\xi' = \xi$. □

区间套定理有一重要推论,在用区间套定理证明其他命题时,经常会用到它.

推论 设 $\{[a_n, b_n]\}$ 为一区间套,$\xi \in [a_n, b_n]$, $n = 1, 2, \cdots$. 则对于任给的 $\varepsilon > 0$,存在 $N > 0$,当 $n > N$ 时,有

$$[a_n, b_n] \subset U(\xi; \varepsilon).$$

(D) 用区间套定理证明有限覆盖定理.

证(反证法) 设 $H = \{(\alpha, \beta)\}$ 为区间 $[a, b]$ 的一个无限开覆盖,并设不能用 H 中有限个开区间来覆盖 $[a, b]$.

把 $[a, b]$ 等分为两个子区间,则其中至少有一个子区间"不能用 H 中有限个开区间来覆盖",记这个子区间为 $[a_1, b_1] \subset [a, b]$, $b_1 - a_1 = \dfrac{b - a}{2}$. 再把 $[a_1, b_1]$ 等分为两个子区间,同样有其中至少一个子区间"不能用 H 中有限个开区间来覆盖",记之为 $[a_2, b_2]$, $b_2 - a_2 = \dfrac{b - a}{2^2}$. 将上述步骤无限地进行下去,一般有

$$[a_n, b_n] \subset [a_{n-1}, b_{n-1}], \quad n = 1, 2, \cdots,$$

$$\lim_{n \to \infty} (b_n - a_n) = \lim_{n \to \infty} \frac{b - a}{2^n} = 0,$$

且每个 $[a_n, b_n]$ 都"不能用 H 中有限个开区间来覆盖". 显然,$\{[a_n, b_n]\}$ 构成一个区间套,由区间套定理,存在惟一一点 $\xi \in [a_n, b_n]$, $n = 1, 2, \cdots$. 但因

$\xi \in [a, b]$，它必含于 H 中某一开区间 (α, β) 之内. 设 $\varepsilon = \min\{\xi - \alpha, \beta - \xi\} > 0$，由区间套定理的推论，当 n 足够大时，就有

$$[a_n, b_n] \subset U(\xi; \varepsilon) \subset (\alpha, \beta).$$

这说明 $[a_n, b_n]$ 只需用 H 中一个开区间 (α, β) 便能将它覆盖，这与构造 $[a_n, b_n]$ 的假设"…"相矛盾. 所以，必存在 H 的某一有限子集便能覆盖 $[a, b]$，即存在某一正整数 K 和

$$\{(\alpha_i, \beta_i) \mid i = 1, 2, \cdots, K\} \subset H,$$

使得 $[a, b] \subset \bigcup\limits_{i=1}^{K} (\alpha_i, \beta_i)$.   □

(E) 用有限覆盖定理证明聚点定理.

证 设 S 为实轴上有界无限点集. 由有界假设，存在 $M > 0$，使 $S \subset [-M, M]$. 这样，S 若有聚点，必定位于 $[-M, M]$ 之中. 现用反证法（以便运用覆盖定理）来证明聚点的存在.

倘若 $[-M, M]$ 中任一点都不是 S 的聚点，则对每一 $x \in [-M, M]$，必有相应的 $\delta_x > 0$，使得在 $U(x; \delta_x)$ 内至多只有 $x \in S$. 于是，这种邻域的全体形成对 $[-M, M]$ 的一个无限开覆盖：

$$H = \{U(x; \delta_x) \mid x \in [-M, M]\}.$$

由有限覆盖定理，H 中存在有限个开区间

$$\widetilde{H} = \{U(x_i; \delta_{x_i}) \mid i = 1, 2, \cdots, K\} \subset H,$$

便能覆盖 $[-M, M]$，当然 $\widetilde{H}$ 也覆盖了 S. 但是由 $U(x_i; \delta_{x_i})$ 的原意，在其中至多只有 $x_i \in S$，故在 $\widetilde{H}$ 所含的 K 个邻域中总共至多只有 K 个点属于 S. 这说明 $\widetilde{H}$ 只覆盖了 S 中有限个点，这与 S 为无限点集相矛盾. 所以在 $[-M, M]$ 中一定有 S 的聚点.   □

聚点定理有一个重要推论，在用聚点定理证明别的命题时，经常会用到它.

推论（致密性定理） 有界数列必含有收敛的子列. 即若存在 $M > 0$，满足 $|a_n| \leqslant M$，$n = 1, 2, \cdots$，则必有 $\{a_{n_k}\} \subset \{a_n\}$，使 $\lim\limits_{k \to \infty} a_{n_k} = a$ 存在.

(F) 用聚点定理证明柯西准则.

证 必要性. 若 $\{a_n\}$ 收敛，$\lim\limits_{n \to \infty} a_n = a$，则由极限定义，$\forall \varepsilon > 0$，$\exists N > 0$，当 $n > N$ 时，有

$$|a_n - a| < \frac{\varepsilon}{2}.$$

于是,对任何 $n,m>N$,有

$$| \, a_n - a_m \, | \leqslant | \, a_n - a \, | + | \, a_m - a \, | < \varepsilon,$$

所以柯西条件成立.

充分性. 当柯西条件满足时,首先可证$\{a_n\}$为有界数列. 这是因为对于 $\varepsilon=1$, $\exists N_1 \in N^+$,当 $n \geqslant N_1$, $m=N_1$ 时,有

$$| \, a_n \, | - | \, a_{N_1} \, | \leqslant | \, a_n - a_{N_1} \, | < 1 \Rightarrow | \, a_n \, | \leqslant | \, a_{N_1} \, | + 1.$$

令 $M = \max\{| \, a_1 \, |, | \, a_2 \, |, \cdots, | \, a_{N_1-1} \, |, | \, a_{N_1} \, | + 1\}$,则有

$$| \, a_n \, | \leqslant M, \quad n = 1, 2, \cdots.$$

由于$\{a_n\}$为有界数列,故由致密性定理,$\{a_n\}$存在收敛的子列$\{a_{n_k}\}$,设 $\lim\limits_{k \to \infty} a_{n_k} = a$. 最后来证明$\{a_n\}$也以 a 为极限.

由柯西条件与收敛定义,$\forall \varepsilon>0$,$\exists K \geqslant N$,当 k, n, $m>K$ 时,有

$$| \, a_n - a_m \, | < \frac{\varepsilon}{2}, \qquad | \, a_{n_k} - a \, | < \frac{\varepsilon}{2}.$$

因此当$n>K$,同时有 $n_k \geqslant k>K$ 时,就有

$$| \, a_n - a \, | \leqslant | \, a_n - a_{n_k} \, | + | \, a_{n_k} - a \, | < \varepsilon,$$

即证得 $\lim\limits_{n \to \infty} a_n = a$. □

*(G) 用柯西准则证明确界原理.

证 设 S 为非空有上界的数集. 由阿基米德性,对任何正数 a,恒有正整数 K,使 $\lambda = K_a$ 为 S 的上界,而 $\lambda - a = (K-1)a$ 不是 S 的上界. 现取 $a = \frac{1}{n}$,$n=1$, $2, \cdots$,相应地存在 K_n 和 $\lambda_n = \frac{K_n}{n}$,使得 λ_n 是 S 的上界,而 $\lambda_n - \frac{1}{n}$ 不是 S 的上界. 下面先证明$\{\lambda_n\}$满足柯西条件.

由于 $\lim\limits_{n \to \infty} \frac{1}{n} = 0$,故 $\forall \varepsilon>0$,$\exists N>0$,使当 $n, m>N$ 时,有

$$\frac{1}{n} < \varepsilon, \qquad \frac{1}{m} < \varepsilon.$$

又因 $\lambda_n - \frac{1}{n}$ 不是 S 的上界,故 $\exists b_n \in S$,使得 $b_n > \lambda_n - \frac{1}{n}$;而 λ_m 是 S 的上界,故 $b_n \leqslant \lambda_m$. 将此两式相减,得到

$$\lambda_n - \lambda_m < \frac{1}{n};$$

同理又有 $\lambda_m - \lambda_n < \frac{1}{m}$. 故 $n, m > N$ 时,满足

$$|\lambda_n - \lambda_m| < \max\left(\frac{1}{n}, \frac{1}{m}\right) < \varepsilon.$$

依据柯西准则,推知 $\{\lambda_n\}$ 收敛,记 $\lim\limits_{n\to\infty} \lambda_n = \eta$.

最后证明 $\eta = \sup S$. 首先,$\forall\, x \in S$,因 $x \leqslant \lambda_n$,故有 $x \leqslant \eta$. 再有,$\forall\, \delta > 0$,当 n 足够大时,能使

$$\frac{1}{n} < \frac{\delta}{2}, \quad \eta - \frac{\delta}{2} < \lambda_n < \eta + \frac{\delta}{2};$$

于是对于前面的 $b_n\left(> \lambda_n - \frac{1}{n}\right)$,推知

$$b_n > \eta - \frac{\delta}{2} - \frac{\delta}{2} = \eta - \delta.$$

这就证得结论成立.   □

下面举两个应用实数完备性等价命题的例题.

例 1 证明:$\{a_n\}$ 为有界数列的充要条件是 $\{a_n\}$ 的一切子列 $\{a_{n_k}\}$ 都有收敛子列 $\{a_{n_{k_j}}\}$.

证 必要性. 已知 $\{a_n\}$ 为有界数列,则其任一子列 $\{a_{n_k}\}$ 也是有界数列. 根据致密性定理,$\{a_{n_k}\}$ 必存在收敛的子列 $\{a_{n_{k_j}}\} \subset \{a_{n_k}\}$.

充分性. 已知 $\{a_n\}$ 的任一子列都有收敛的"子子列". 此时,倘若 $\{a_n\}$ 为无界数列,则必有某一子列 $\{a_{n_k}\}$ 为无穷大数列,即

$$\lim_{k\to\infty} a_{n_k} = \infty.$$

于是,$\{a_{n_k}\}$ 的所有子列 $\{a_{n_{k_j}}\}$ 也都是无穷大数列. 这与 $\{a_{n_k}\}$ 必有收敛子列相矛盾,所以 $\{a_n\}$ 只能是有界数列.   □

例 2 设 $\{a_n\}$ 为收敛数列. 试证 $\{a_n\}$ 的上确界与下确界中,至少有一个属于 $\{a_n\}$.

证 首先,因收敛数列必定有界,故 $\{a_n\}$ 的上、下确界

$$\eta = \sup\{a_n\}, \quad \xi = \inf\{a_n\}$$

都存在. 现设 $\{a_n\}$ 中有无穷多项互不相同(否则,从某一项起所有的项都相同,则此数列的上、下确界都属于该数列),这时有正、反两种证明方法.

证一 设 $\lim\limits_{n\to\infty} a_n = a$. 取足够小的 $\varepsilon > 0$,使得在 $(a-\varepsilon, a+\varepsilon)$ 之外还有 N 项,不妨设它们是 $a_1, a_2, \cdots, a_N$. 记

$$a^* = \max\{a_1, a_2, \cdots, a_N\},$$

$$a_* = \min\{a_1, a_2, \cdots, a_N\}.$$

若 $a^* \geqslant a + \varepsilon$,则 $a^* = \eta \in \{a_n\}$;若 $a_* \leqslant a - \varepsilon$,则 $a_* = \xi \in \{a_n\}$.

证二 倘若 $\xi \notin \{a_n\}$, $\eta \notin \{a_n\}$,根据 §1.3 的例 4,$\exists \{a'_{n_k}\}, \{a''_{n_k}\} \subset \{a_n\}$,使得

$$\lim_{k\to\infty} a'_{n_k} = \xi, \quad \lim_{k\to\infty} a''_{n_k} = \eta.$$

但由 $\{a_n\}$ 收敛于 a,则其任一子列都收敛于 a,从而 $\xi = \eta = a$. 这导致 $a_n \equiv a$, $n = 1, 2, \cdots$,与假设 $\{a_n\}$ 中有无穷多项互不相同相矛盾. 所以,ξ 与 η 中至少有一个属于 $\{a_n\}$.　　　　□

说明 上面第一种证法是直接由定义出发,找出收敛数列必定存在最大项或最小项. 而第二种证法则是利用了 §1.3 中例 4 的结论,证明 $\{a_n\}$ 的上、下确界不可能都不属于 $\{a_n\}$. 如果读者已经掌握了该例命题,那么第二种证法理应作为首选的证法.

* §1.5　上极限与下极限

有关数列的聚点,它与数集(或点集)的聚点在表述上稍有区别,其定义如下:

定义 1.10 若在数 a 的任意小邻域内含有数列 $\{a_n\}$ 中的无限多项,则称 a 为数列 $\{a_n\}$ 的一个聚点.

显然,若 $\{a_n\}$ 收敛,则其极限即为 $\{a_n\}$ 的聚点(且惟一). 若 $\{a_n\}$ 有收敛子列,则该子列的极限必为 $\{a_n\}$ 的一个聚点;反之,若 $\{a_n\}$ 存在聚点 a,则必存在子列 $\{a_{n_k}\} \subset \{a_n\}$,使

$$\lim_{k\to\infty} a_{n_k} = a.$$

由此可见,数列的聚点也可用它的收敛子列的极限来定义.

定理 1.11 有界数列 $\{a_n\}$ 至少有一个聚点,且存在最大聚点与最小聚点.

证 首先,由致密性定理立刻知道 $\{a_n\}$ 必有收敛子列,亦即必有聚点. 下面证

明存在最大聚点(类似地可证存在最小聚点).

设 $|a_n| \leqslant M$, $n = 1, 2, \cdots$,并记 $[\alpha_1, \beta_1] = [-M, M]$. 将 $[\alpha_1, \beta_1]$ 二等分为两个子区间 $[\alpha_1, r_1]$ 和 $[r_1, \beta_1]$. 若 $[r_1, \beta_1]$ 中含有 $\{a_n\}$ 的无限多项,则取 $[\alpha_2, \beta_2] = [r_1, \beta_1]$,否则取 $[\alpha_2, \beta_2] = [\alpha_1, r_1]$. 再将 $[\alpha_2, \beta_2]$ 二等分为两个子区间,类似地选取其中之一作为 $[\alpha_3, \beta_3]$. …. 如此无休止地做下去,得到一个区间套 $\{[\alpha_n, \beta_n]\}$,其中每个 $[\alpha_n, \beta_n]$ 都含有 $\{a_n\}$ 的无限多项,且在其右边都至多出现 $\{a_n\}$ 的有限项. 于是存在 $\xi \in [\alpha_n, \beta_n]$,$n = 1, 2, \cdots$,且对任给的 $\varepsilon > 0$ 和充分大的 n,均有 $[\alpha_n, \beta_n] \subset U(\xi; \varepsilon)$,这说明 ξ 是 $\{a_n\}$ 的一个聚点.

倘若 $\{a_n\}$ 有更大的聚点 $\zeta > \xi$,则当取 $\delta = \dfrac{1}{2}(\zeta - \xi)$ 时,在邻域 $U(\zeta; \delta)$ 内将含有 $\{a_n\}$ 的无限多项. 然而当 n 充分大时,此邻域将完全落在 $[\alpha_n, \beta_n]$ 的右边,这与区间列 $[\alpha_n, \beta_n]$ 的选取原则相矛盾. 从而证得上述 ξ 是 $\{a_n\}$ 的最大聚点. □

定义 1.11 有界数列 $\{a_n\}$ 的最大聚点 $\bar{a}$ 和最小聚点 $\underline{a}$ 分别称为 $\{a_n\}$ 的上极限和下极限,记作

$$\bar{a} = \varlimsup_{n \to \infty} a_n, \quad \underline{a} = \varliminf_{n \to \infty} a_n.$$

显然,$\varliminf\limits_{n \to \infty} a_n \leqslant \varlimsup\limits_{n \to \infty} a_n$.

例 1 证明:$\lim\limits_{n \to \infty} a_n = a$ 的充要条件是

$$\varlimsup_{n \to \infty} a_n = \varliminf_{n \to \infty} a_n = a. \tag{1}$$

证 必要性. 当 $\lim\limits_{n \to \infty} a_n = a$ 存在时,由子列定理,$\{a_n\}$ 的任一无限子列都收敛于 a,即 a 为该数列的惟一聚点,从而 a 既是 $\{a_n\}$ 的最大聚点,又是最小聚点.

充分性. 当 $\{a_n\}$ 的上、下极限同为 a 时,$\{a_n\}$ 的聚点惟一. 于是,$\forall \varepsilon > 0$,在邻域 $U(a; \varepsilon)$ 之外至多只有 $\{a_n\}$ 中有限个项(否则,在此邻域之外将另有聚点,与聚点惟一相矛盾). 由数列极限定义,知道 $\lim\limits_{n \to \infty} a_n = a$. □

最大聚点与最小聚点是对上、下极限的一种定性的描述. 下面二定理给出了上、下极限概念的一种更加定量化的,也就更加确切的含义.

定理 1.12 设 $\{a_n\}$ 为有界数列. 则有

$1°$ $\bar{a}$ 为 $\{a_n\}$ 的上极限的充要条件是:$\forall \varepsilon > 0$,$\{a_n\}$ 中大于 $\bar{a} - \varepsilon$ 的项有无限多个,而大于 $\bar{a} + \varepsilon$ 的项至多为有限个;

$2°$ $\underline{a}$ 为 $\{a_n\}$ 的下极限的充要条件是:$\forall \varepsilon > 0$,$\{a_n\}$ 中小于 $\underline{a} + \varepsilon$ 的项有无限多个,而小于 $\underline{a} - \varepsilon$ 的项至多为有限个.

证 这里只证明 $1°$(类似地可证 $2°$).

必要性. 设 $\overline{a} = \varlimsup\limits_{n\to\infty} a_n$. $\overline{a}$ 作为 $\{a_n\}$ 的一个聚点, $\forall\,\varepsilon > 0$, 在 $(\overline{a} - \varepsilon, \overline{a} + \varepsilon)$ 内含有 $\{a_n\}$ 中的无限多个项, 故"$\{a_n\}$ 中大于 $\overline{a} - \varepsilon$ 的项有无限多个"成立. 又若存在某个 $\varepsilon_0 > 0$, 在 $\overline{a} + \varepsilon_0$ 右边有 $\{a_n\}$ 中无限多个项, 则 $\{a_n\}$ 在 $\overline{a} + \varepsilon_0$ 右边必另有一聚点, 这与 $\overline{a}$ 为 $\{a_n\}$ 的最大聚点相矛盾. 所以,"$\{a_n\}$ 中大于 $\overline{a} + \varepsilon$ 的项至多为有限个"也成立.

充分性. 由条件, $\forall\,\varepsilon > 0$, 在 $U(\overline{a};\varepsilon)$ 内有 $\{a_n\}$ 中的无限多个项, 故 $\overline{a}$ 是 $\{a_n\}$ 的一个聚点. 又若 $\{a_n\}$ 另有一聚点 $a' > \overline{a}$, 则对于 $\varepsilon_0 = \dfrac{1}{2}(a' - \overline{a}) > 0$, 在 $U(a';\varepsilon_0)$ 内必有 $\{a_n\}$ 中无限多个项, 而这与条件"在 $\overline{a} + \varepsilon_0 = a' - \varepsilon_0$ 右边只有 $\{a_n\}$ 中有限项"相矛盾. 所以 $\overline{a}$ 又是 $\{a_n\}$ 的最大聚点, 即 $\overline{a}$ 为 $\{a_n\}$ 的上极限. $\qquad\square$

定理 1.13 设 $\{a_n\}$ 为有界数列. 则有

1° $\overline{a}$ 为 $\{a_n\}$ 的上极限的充要条件是

$$\overline{a} = \lim_{n\to\infty} \sup_{k\geqslant n}\{a_k\}; \tag{2}$$

2° $\underline{a}$ 为 $\{a_n\}$ 的下极限的充要条件是

$$\underline{a} = \lim_{n\to\infty} \inf_{k\geqslant n}\{a_k\}. \tag{3}$$

证 这里只证明 1°(类似地可证 2°). 设

$$h_n = \sup_{k\geqslant n}\{a_k\} = \sup\{a_n, a_{n+1}, \cdots\},$$

显然 $\{h_n\}$ 为一单调递减数列. 由于 $\{a_n\}$ 有界, 因此 $\{h_n\}$ 也有界, 从而存在极限 $\lim\limits_{n\to\infty} h_n = \overline{a}$. 现在来证明 $\overline{a}$ 为 $\{a_n\}$ 的上极限, 即 $\overline{a}$ 是 $\{a_n\}$ 的一个聚点, 且若 a' 为 $\{a_n\}$ 的另一聚点, 则 $a' \leqslant \overline{a}$.

由 $\lim\limits_{n\to\infty} h_n = \overline{a}$, 故对于 $\varepsilon = 1$, 存在 $m_1 \in \mathbf{N}^+$, 使 $\overline{a} - 1 < h_{m_1} < \overline{a} + 1$, 即

$$\overline{a} - 1 < \sup\{a_{m_1}, a_{m_1+1}, \cdots\} < \overline{a} + 1.$$

依上确界定义, 存在 $n_1 \geqslant m_1$, 使得

$$\overline{a} - 1 < a_{n_1} < \overline{a} + 1;$$

同理, 对于 $\varepsilon = \dfrac{1}{2}$, 存在 n_2, 使得

$$\overline{a} - \frac{1}{2} < a_{n_2} < \overline{a} + \frac{1}{2};$$

一般地, 对于 $\varepsilon = \dfrac{1}{k}$, 存在 n_k, 使得

$$\overline{a} - \frac{1}{k} < a_{n_k} < \overline{a} + \frac{1}{k}, \qquad k = 1, 2, \cdots.$$

如此得到的子列 $\{a_{n_k}\} \subset \{a_n\}$，显然有 $\lim\limits_{k \to \infty} a_{n_k} = \overline{a}$，所以 $\overline{a}$ 是 $\{a_n\}$ 的一个聚点.

如果 $\{a_n\}$ 另有聚点 a'，即存在 $\{a_{n_k'}\} \subset \{a_n\}$ 使得

$$\lim_{k \to \infty} a_{n_k'} = a'.$$

由 $\{h_n\}$ 的定义，必有 $a_{n_k'} \leqslant h_{n_k'}$，从而又有

$$a' = \lim_{k \to \infty} a_{n_k'} \leqslant \lim_{k \to \infty} h_{n_k'} = \overline{a}.$$

这就证得 $\overline{a}$ 是 $\{a_n\}$ 的最大聚点.

反之，设 $\overline{a}$ 是 $\{a_n\}$ 的最大聚点. 由 $\overline{a}$ 为聚点，必存在 $\{a_{n_k}\} \subset \{a_n\}$，使 $\lim\limits_{k \to \infty} a_{n_k} = \overline{a}$；同时又由 $a_{n_k} \leqslant h_{n_k}$，可知

$$\overline{a} = \lim_{k \to \infty} a_{n_k} \leqslant \lim_{k \to \infty} h_{n_k} = \lim_{n \to \infty} h_n.$$

倘若 $\overline{a} < \lim\limits_{n \to \infty} h_n = a'$，则由前面充分性证明已知，$a'$ 必为 $\{a_n\}$ 的一个聚点，从而与 $\overline{a}$ 为最大聚点相矛盾. 所以又证得

$$\overline{a} = \lim_{n \to \infty} h_n. \qquad\qquad\qquad □$$

注　由于 $h_n = \sup\limits_{k \geqslant n} \{a_k\}$ 是递减数列，因此

$$\lim_{n \to \infty} \sup_{k \geqslant n} \{a_k\} = \inf_{n \geqslant 1} \sup_{k \geqslant n} \{a_k\}.$$

与此同理，由于 $l_n = \inf\limits_{k \geqslant n} \{a_k\}$ 为递增数列，因此

$$\lim_{n \to \infty} \inf_{k \geqslant n} \{a_k\} = \sup_{n \geqslant 1} \inf_{k \geqslant n} \{a_k\}.$$

这样，定理 1.13 中的 (2)，(3) 两式又可改写为

$$\overline{a} = \inf_{n \geqslant 1} \sup_{k \geqslant n} \{a_k\}, \tag{2$'$}$$

$$\underline{a} = \sup_{n \geqslant 1} \inf_{k \geqslant n} \{a_k\}. \tag{3$'$}$$

用定理 1.12 和定理 1.13 较易着手处理与上、下极限有关的问题. 在不少教科书中，直接用定理 1.13 中的 (2) 式和 (3) 式作为上极限和下极限的定义.

例 2　设 $\{a_n\}$ 与 $\{b_n\}$ 都为有界数列. 试证上、下极限的以下两个性质:

(1) 若 $a_n \leqslant b_n (n = 1, 2, \cdots)$，则

$$\overline{\lim_{n \to \infty}} a_n \leqslant \overline{\lim_{n \to \infty}} b_n, \qquad \underline{\lim_{n \to \infty}} a_n \leqslant \underline{\lim_{n \to \infty}} b_n;$$

(2) $\varliminf\limits_{n\to\infty} a_n + \varliminf\limits_{n\to\infty} b_n \leqslant \varliminf\limits_{n\to\infty}(a_n + b_n)$

$$\leqslant \left\{ \begin{array}{l} \varliminf\limits_{n\to\infty} a_n + \varlimsup\limits_{n\to\infty} b_n \\[2mm] \varlimsup\limits_{n\to\infty} a_n + \varliminf\limits_{n\to\infty} b_n \end{array} \right\}$$

$$\leqslant \varlimsup\limits_{n\to\infty}(a_n + b_n) \leqslant \varlimsup\limits_{n\to\infty} a_n + \varlimsup\limits_{n\to\infty} b_n.$$

证 (1) 由于当 $k \geqslant n$ 时,

$$a_k \leqslant b_k \leqslant \sup_{k\geqslant n}\{b_k\},$$

$$\Rightarrow \sup_{k\geqslant n}\{a_k\} \leqslant \sup_{k\geqslant n}\{b_k\},$$

因此令 $n\to\infty$,即得 $\varlimsup\limits_{n\to\infty} a_n \leqslant \varlimsup\limits_{n\to\infty} b_n$.

同理可证下极限的情形.

(2) 由于

$$\inf_{k\geqslant n}\{a_k\} + \inf_{k\geqslant n}\{b_k\} \leqslant \inf_{k\geqslant n}\{a_k + b_k\} \leqslant \left\{ \begin{array}{l} \inf\limits_{k\geqslant n}\{a_k\} + \sup\limits_{k\geqslant n}\{b_k\} \\[2mm] \sup\limits_{k\geqslant n}\{a_k\} + \inf\limits_{k\geqslant n}\{b_k\} \end{array} \right\}$$

$$\leqslant \sup_{k\geqslant n}\{a_k + b_k\} \leqslant \sup_{k\geqslant n}\{a_k\} + \sup_{k\geqslant n}\{b_k\},$$

因此令 $n\to\infty$,即得所求不等式. □

例3 利用上、下极限来证明柯西准则(充分性).

证 已知 $\{a_n\}$ 满足柯西条件,即 $\forall\,\varepsilon>0$,$\exists\,N>0$,当 $n, m > N$ 时,有

$$-\varepsilon < a_n - a_m < \varepsilon.$$

现暂时固定 $m > N$,由 $a_n < a_m + \varepsilon$,可得

$$\varlimsup\limits_{n\to\infty} a_n \leqslant a_m + \varepsilon.$$

再令 $m\to\infty$,取下极限后得到

$$\varlimsup\limits_{n\to\infty} a_n \leqslant \varliminf\limits_{m\to\infty} a_m + \varepsilon = \varliminf\limits_{n\to\infty} a_n + \varepsilon,$$

由 ε 的任意性,上式相当于

$$\varlimsup\limits_{n\to\infty} a_n \leqslant \varliminf\limits_{n\to\infty} a_n.$$

然而一般应有 $\varlimsup\limits_{n\to\infty} a_n \geqslant \varliminf\limits_{n\to\infty} a_n$,故证得

$$\varlimsup\limits_{n\to\infty} a_n = \varliminf\limits_{n\to\infty} a_n.$$

由例 1 推知$\{a_n\}$必定收敛.　　　　　　　　　　　　　　　　　　　□

　　说明　除了例 1 和例 2 以外,上、下极限的其余性质放在后面习题中(第 17,18 题).

习　　题

1. 把§1.3 例 4 改为关于下确界的相应命题,并加以证明.

2. 证明§1.3 例 6 的(2).

3. 设 A,B 为有界数集,且 $A \cap B \neq \varnothing$. 证明:

(1) $\sup(A \cap B) \leqslant \min\{\sup A, \sup B\}$;

(2) $\inf(A \cap B) \geqslant \max\{\inf A, \inf B\}$;

并举出等号不成立的例子.

4. 设 A,B 为非空有界数集. 定义数集

$$A + B = \{c = a + b \mid a \in A,\ b \in B\},$$

证明:

(1) $\sup(A + B) = \sup A + \sup B$;

(2) $\inf(A + B) = \inf A + \inf B$.

5. 设 A,B 为非空有界数集,且它们所含元素皆非负. 定义数集

$$AB = \{c = ab \mid a \in A,\ b \in B\},$$

证明:

(1) $\sup(AB) = \sup A \cdot \sup B$;

(2) $\inf(AB) = \inf A \cdot \inf B$.

6. 证明:一个有序域如果具有完备性,则必定具有阿基米德性.

7. 试用确界原理证明区间套定理.

8. 试用区间套定理证明确界原理.

9. 试用区间套定理证明单调有界定理.

* 10. 试用区间套定理证明聚点定理.

* 11. 试用有限覆盖定理证明区间套定理.

12. 设 S 为一非空有界数集. 证明:

$$\sup_{x,y \in S} |x - y| = \sup S - \inf S.$$

13. 证明:若数集 S 存在聚点 ξ,则必能找出一个各项互异的数列$\{x_n\} \subset S$,使 $\lim\limits_{n \to \infty} x_n = \xi$.

* 14. 设 S 为实轴上的一个无限点集. 试证:若 S 的任一无限子集必有属于 S 的聚点,则

(1) S 为有界集;

(2) S 的所有聚点都属于 S.

* 15. 证明:若 $\sup\{a_n\} = \xi \notin \{a_n\}$,则必有 $\overline{\lim\limits_{n \to \infty}} a_n = \xi$. 举例说明,当上述 $\xi \in \{a_n\}$时,结论不一定成立.

* 16. 指出下列数列的上、下极限:

(1) $\{1+(-1)^n\}$；

(2) $\left\{(-1)^n \dfrac{n}{2n+1}\right\}$；

(3) $\left\{\sqrt[n]{|\cos\dfrac{n\pi}{3}|}\right\}$；

(4) $\left\{\dfrac{2n}{n+1}\sin\dfrac{n\pi}{4}\right\}$；

(5) $\left\{\dfrac{n^2+1}{n}\sin\dfrac{\pi}{n}\right\}$．

*17. 设 $\{a_n\}$ 为有界数列，证明：

(1) $\varlimsup_{n\to\infty}(-a_n)=-\varliminf_{n\to\infty} a_n$；

(2) $\varliminf_{n\to\infty}(-a_n)=-\varlimsup_{n\to\infty} a_n$．

*18. 设 $\varliminf\limits_{n\to\infty} a_n>0$．证明：

(1) $\varlimsup_{n\to\infty}\dfrac{1}{a_n}=\dfrac{1}{\varliminf\limits_{n\to\infty} a_n}$；

(2) $\varliminf_{n\to\infty}\dfrac{1}{a_n}=\dfrac{1}{\varlimsup\limits_{n\to\infty} a_n}$；

(3) 若 $\varlimsup\limits_{n\to\infty} a_n \cdot \varlimsup\limits_{n\to\infty}\dfrac{1}{a_n}=1$，或 $\varliminf\limits_{n\to\infty} a_n \cdot \varliminf\limits_{n\to\infty}\dfrac{1}{a_n}=1$，则 $\{a_n\}$ 必定收敛．

第二章 连 续 性

建立在实数理论基础上的数学分析,从研究一元函数微积分入手,继而研究多元实值函数和向量值函数的微积分. 在这一章里,我们将介绍函数概念的逐步演进,函数极限和连续性概念的统一定义,连续函数的主要性质以及它在不动点问题上的应用.

§2.1 n 维欧氏空间

一、$\mathbf{R}^n$ 中的点集

所有 n 个有序实数组($x_1 , x_2 , \cdots , x_n$)的全体称为 **n 维向量空间**,简称 **n 维空间**. 其中每个有序实数组称为 n 维空间中的一个**向量**(或一个**点**),记作

$$x = \begin{bmatrix} x_1 \\ x_2 \\ \vdots \\ x_n \end{bmatrix}.$$

一般约定向量总是如上所示的列向量;用 x^{T} 表示向量 x 的**转置**,即

$$x^{\mathrm{T}} = [x_1 , x_2 , \cdots , x_n],$$

或 $x = [x_1 , x_2 , \cdots , x_n]^{\mathrm{T}}$. 向量 x 中的数 $x_1 , x_2 , \cdots , x_n$ 是这个向量(或点)的 n 个**分量**(或**坐标**).

设 $x = [x_1 , x_2 , \cdots , x_n]^{\mathrm{T}}, y = [y_1 , y_2 , \cdots , y_n]^{\mathrm{T}}$ 为任意两个向量,α 为任一实数. 则 x 与 y 之和为

$$x + y = [x_1 + y_1 , x_2 + y_2 , \cdots , x_n + y_n]^{\mathrm{T}};$$

α 与 x 的**数乘**为

$$\alpha x = [\alpha x_1 , \alpha x_2 , \cdots , \alpha x_n]^{\mathrm{T}};$$

x 与 y 的**内积**为

$$x^{\mathrm{T}} y = x_1 y_1 + x_2 y_2 + \cdots + x_n y_n.$$

内积具有如下性质:

1° $x^{\mathrm{T}}x \geqslant 0$(当且仅当 x 为零向量时等号成立);

2° $x^{\mathrm{T}}y = y^{\mathrm{T}}x$;

3° $\alpha(x^{\mathrm{T}}y) = (\alpha x)^{\mathrm{T}}y = x^{\mathrm{T}}(\alpha y)$;

4° $(x+y)^{\mathrm{T}}z = x^{\mathrm{T}}z + y^{\mathrm{T}}z$.

定义了内积的 n 维空间称为 **n 维欧几里得空间**,简称 **n 维欧氏空间**,记作 R^n.

利用内积来定义向量的**模**为

$$\| x \| = (x^{\mathrm{T}}x)^{1/2} = \left(\sum_{i=1}^{n} x_i^2 \right)^{1/2}.$$

向量的模具有如下性质:

1° $\| x \| \geqslant 0$(当且仅当 x 为零向量时等号成立);

2° $\| \alpha x \| = |\alpha| \cdot \| x \|$;

3° $\| x+y \| \leqslant \| x \| + \| y \|$(三角形不等式);

4° $|x^{\mathrm{T}}y| \leqslant \| x \| \cdot \| y \|$(柯西-施瓦茨不等式).

R^n 中任意两点 x 与 y 的**距离**定义为

$$\rho(x, y) = \| x - y \| = \sqrt{\sum_{i=1}^{n}(x_i - y_i)^2}.$$

如此定义的距离显然有与模相仿的性质,例如

$$\rho(x, z) \leqslant \rho(x, y) + \rho(y, z) \text{(三角形不等式).}$$

下面是 R^n 中点集的例子,读者不难从 R^2 或 R^3 中相应的例子去认识它.

例 1 点集 $B = \{ x \in \mathrm{R}^n \mid \| x \| = r \}$,表示以原点 O 为中心,$r$ 为半径的 n 维球面,即

$$B: x_1^2 + x_2^2 + \cdots + x_n^2 = r^2.$$

例 2 以点 a 为中心的 n 维**邻域**:

$$U(a; \delta) = \begin{cases} \{ x \in \mathrm{R}^n \mid \| x - a \| < \delta \} & \text{(球形邻域)}; \\ \{ x \in \mathrm{R}^n \mid | x_i - a_i | < \delta, \quad i = 1, 2, \cdots, n \} & \text{(方形邻域)}. \end{cases}$$

同样用 $U^\circ(a; \delta)$ 表示相应的去心邻域.

例 3 点集

$$L = \{ x \in \mathrm{R}^n \mid c^{\mathrm{T}}x = d, \ c \neq \mathbf{0} \},$$

当 $n=2$ 时为 R^2 中的一条直线,当 $n=3$ 时为 R^3 中的一个平面,一般称 L 为 R^n 中的一个超平面,即

$$L: c_1 x_1 + c_2 x_2 + \cdots + c_n x_n = d.$$

例 4　设 $\varphi_1(t), \varphi_2(t), \cdots, \varphi_n(t)$ 是 $t \in [\alpha, \beta]$ 上的 n 个连续函数,则称

$$x = \varphi(t) = [\varphi_1(t), \varphi_2(t), \cdots, \varphi_n(t)]^{\mathrm{T}}, \quad t \in [\alpha, \beta]$$

为 $\mathbf{R}^n$ 中的一条**连续曲线**. 特别当它为

$$x = at + b = [a_1 t + b_1, a_2 t + b_2, \cdots, a_n t + b_n]^{\mathrm{T}}, \quad t \in (-\infty, +\infty)$$

时,表示 $\mathbf{R}^n$ 中的一条**直线**.

$\mathbf{R}^n$ 中联结已知两点 x', x'' 的直线段为

$$x = (x'' - x') t + x'$$

$$= [(x''_1 - x'_1) t + x'_1, \cdots, (x''_n - x'_n) t + x'_n]^{\mathrm{T}}, \quad t \in [0, 1].$$

$\mathbf{R}^n$ 中的**折线**,由首尾衔接的若干条直线段所构成.

由 $\mathbf{R}^n$ 中的距离、邻域、直线与折线的定义,又可讨论点与点集的关系,并建立 $\mathbf{R}^n$ 中某些特殊点集的概念.

设 $S \subset \mathbf{R}^n$ 为一点集,$a \in \mathbf{R}^n$ 为一点. a 与 S 之间有如下各种关系:

内点　若存在 $\delta > 0$,使 $U(a; \delta) \subset S$,则称点 a 是 S 的一个内点;S 中所有内点组成的集合称为 S 的内部,记作 $\mathrm{int}\, S$(或 S°).

外点　若存在 $\delta > 0$,使 $U(a; \delta) \cap S = \varnothing$,则称点 a 是 S 的一个外点;S 的所有外点组成的集合称为 S 的外部.

界点　对于任意小的 $\varepsilon > 0$,若在 $U(a; \varepsilon)$ 内既有属于 S 的点,又有不属于 S 的点,即满足

$$U(a; \varepsilon) \cap S \neq \varnothing,$$

$$U(a; \varepsilon) \not\subset S,$$

则称点 a 是 S 的一个界点;S 的所有界点组成的集合称为 S 的边界,记为 ∂S.

显然,S 的内点必属于 S;S 的外点必不属于 S;S 的界点可能属于 S,也可能不属于 S.

例 5　设 $E = U(O; r) = \{ x \in \mathbf{R}^n \mid \| x \| < r \}$. 容易知道 E 中的点都是 E 的内点,即 $E = \mathrm{int}\, E$;而例 1 中的点集 B 恰好就是 E 的边界,即 $B = \partial E$,而且 E 的所有界点都不属于 E.

例 6　设 $F = \left\{ x_k \in \mathbf{R}^2 \mid x_k = \left(\dfrac{1}{k}, \dfrac{1}{k} \right), k = 1, 2, \cdots \right\}$. 显见此平面点集中的所有点以及原点 $O(0, 0)$ 都是 F 的界点. 这是因为 F 中的点 x_k 是离散的,在点 x_k 的任意小邻域内既含有 F 中的点 x_k 自身,又含有不属于 F 的点;而当 $k \to +\infty$ 时,

$x_k \rightarrow O$,故在点 O 的任意小邻域内既含有 F 中无限多个点,当然也含有不属于 F 的点(例如点 O 自身).

以上点与点集的关系是按"内-外"而论的. 另外,还可按在点 a 的近旁是否聚集着点集 S 的无限多个点来讨论两者间的关系.

聚点   对于任意小的正数 ε,若在 $U(a;\varepsilon)$ 内含有 S 中的无限多个点,则称点 a 是 S 的一个聚点;S 的所有聚点组成的集合称为 S 的导集,记作 S^d(或 S').

孤立点   若存在 $\delta > 0$,使得在 $U(a;\delta)$ 内只有一点 $a \in S$,即

$$U(a;\delta) \bigcap S = \{a\},$$

则称点 a 是 S 的一个孤立点.

显然,点集 S 的孤立点必属于 S;而 S 的聚点则可能属于 S,也可能不属于 S. 前面例6中点集 F 所属的点 $x_k(k=1,2,\cdots)$ 都是 F 的孤立点,而原点 O 则是 F 的惟一聚点.

以下结论可由定义直接推出:

1° 内点必为聚点;

2° 不属于点集的界点必为该点集的聚点;

3° 属于点集的界点或者是孤立点,或者是聚点;

4° 聚点或者是内点,或者是界点;

5° 孤立点必为界点;

6° 既非孤立点又非聚点,则必为外点;反之亦然.

按照点集中所含点的特征,又可进一步定义 R^n 中某些重要的特殊点集.

开集   设 $S \subset R^n$. 若 S 中每一点都是 S 的内点,即 int$S = S$,则称 S 是 R^n 中的一个开集.

闭集   设 $S \subset R^n$. 若 S 的一切聚点都属于 S,即

$$S^d \subset S \quad \text{或} \quad S^d \bigcup S = S,$$

则称 S 是 R^n 中的一个闭集.

前面所举例2中的邻域 $U(a;\delta)$ 和例5中的开球 E 都是开集;例1中的 n 维球面 B、例3中的超平面 L 以及例4中的连续曲线 $x = \varphi(t)$ 都是闭集;而例6中的点集 F 既不是开集(x_k 均非内点),又不是闭集(其聚点 O 不属于 F). 此外,R^n 本身既是开集又是闭集;并规定空集 $\varnothing$ 也是既开又闭的集合(这是因为一般可证:若 S 是 R^n 中的闭集,则 $S^c = R^n \setminus S$ 是开集;反之,S 是开集,则 S^c 是闭集. 而空集 $\varnothing$ 可看作 R^n 的余集,故作此规定是合适的).

开域   若 $S \subset R^n$ 为非空开集,且 S 中任意两点都可用一条完全含于 S 的有限折线连接起来,则称 S 为 R^n 中的一个开域. 简单地说,开域就是非空连通开集.

闭域　开域连同它的边界组成的集合称为闭域. 即若 S 为一开域,则 $\bar{S}=$ $S\cup\partial S$就是一个闭域.

注意,把闭域说成是"连通闭集"或"去除边界后为一开域的集合"等,都是错误的.

区域　开域、闭域与开域连同其一部分界点的集合,统称为区域.

例如,R 中各种形式的区间都是 R 中的区域;下面图 2.2 中的点集 $\{(x, y)\in$ $R^2\mid a^2< x^2+y^2\leqslant b^2\}$也是 R^2 中的一个区域,它由开域 $\{(x, y)\in R^2\mid a^2< x^2+y^2$ $< b^2\}$连同其一部分界点(外圆边界)所构成.

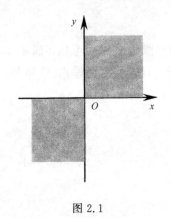

图 2.1

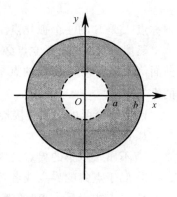

图 2.2

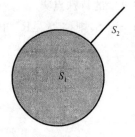

图 2.3

图 2.1 所示的点集 $\{(x, y)\in R^2\mid xy\geqslant 0\}$虽然是 R^2 中的一个连通闭集,但并非闭域,也不是区域. 因为它是由开集 $\{(x, y)\in R^2\mid xy> 0\}$(不是开域)连同其边界所成的点集.

图 2.3 所示的点集 $S= S_1\cup S_2$ 是 R^2 中的一个闭集,但不是闭域. 事实上,去除其边界后所得的集合虽然为一开域:

$$\text{int} S = S\setminus\partial S = \text{int} S_1,$$

但因$\partial(\text{int} S)=\partial S_1\neq\partial S$,所以 S 不满足闭域的定义.

例 7　设 $S\subset R^n$,S^d 为 S 的导集,S^c 为 S 的余集. 试证:S 为 R^n 中一个闭集的充要条件为

$$S = \text{int} S\cup\partial S \text{ 或 } S^c = \text{int}(S^c).$$

证　由闭集定义,S 满足 $S= S\cup S^d$. 下面分别证明:

$$S = S \bigcup S^d \overset{①}{\Longrightarrow} S = \text{int}S \bigcup \partial S \overset{②}{\Longrightarrow} S^c = \text{int}(S^c)$$

$$③$$

① $\forall a \in \partial S, a$ 或者是 S 的聚点,或者是 S 的孤立点,由条件 $S^d \subset S$,故恒有 $a \in S$,所以 $\partial S \subset S$. 而 $\text{int}\,S \subset S$,这就证得

$$\text{int}\,S \bigcup \partial S \subset S.$$

反之显然有 $S \subset \text{int}\,S \bigcup \partial S$,故证得

$$S = \text{int}\,S \bigcup \partial S.$$

② $\forall a \in S^c$,由假设$(\partial S \subset S)$,a 必为 S 的外点,故 $\exists \delta > 0$,使 $U(a;\delta) \bigcap S = \varnothing$,从而有 $U(a;\delta) \subset S^c$,这说明 $a \in \text{int}(S^c)$,即

$$S^c \subset \text{int}(S^c);$$

反之显然有 $\text{int}(S^c) \subset S^c$. 从而证得

$$S^c = \text{int}(S^c).$$

③ 这里只需证: $\forall a \in S^d$,必有 $a \in S$. 倘若不然,则 $a \in S^c$,由假设 S^c 中的点必为 S^c 的内点,则 $\exists \delta > 0$,使 $U(a;\delta) \subset S^c$,而这与 a 为 S 的聚点相矛盾.　　□

注　本例事实上证得了以下两个重要结论:

(i) S 为闭集又等价于 $S = S \bigcup \partial S$,亦即 $\partial S \subset S$;这又同时证得了"闭域必为闭集".

(ii) 闭集的余集必为开集;开集的余集必为闭集.

有界点集　设点集 $S \subset R^n$. 若存在 $r > 0$,使得

$$S \subset U(O; r),$$

其中 O 是 R^n 的坐标原点(O 也可换成别的固定点),则称 S 是 R^n 中的一个有界点集,否则,$\forall r > 0$,必 $\exists a \in S$,使 $a \notin U(O; r)$,则称 S 是 R^n 中的一个无界点集.

点集的直径　所谓点集 $S \subset R^n$ 的直径,就是

$$d(S) = \sup_{x', x'' \in S} \rho(x', x'').$$

当且仅当 $d(S)$ 为有限数时,S 为有界点集. 前面例 1、例 2、例 5、例 6 以及图 2.2、图 2.3 中的点集都是有界点集;而例 3 中的超平面以及图 2.1 中的点集则为无界点集.

二、R^n 的完备性

反映实数系 R(即 R^1)完备性的几个等价命题,构成了一元函数极限理论的基

础. 现在把这些命题推广到 R^n，它们反映了 R^n 的完备性，并成为多元函数极限理论的基础. 下面先给出 R^n 中收敛点列的定义.

定义 2.1　设点列 $\{P_k\} \subset R^n$，$P_0 \in R^n$ 为一固定点. 若对任给的 $\varepsilon > 0$，存在 $K \in N^+$，使得当 $k > K$ 时，恒有

$$P_k \in U(P_0; \varepsilon), \tag{1}$$

则称点列 $\{P_k\}$ **收敛**于定点 P_0，记作

$$\lim_{k \to \infty} P_k = P_0, \ 或 \ P_k \to P_0 \quad (k \to \infty).$$

若记

$$P_k = [x_1^{(k)}, \cdots, x_n^{(k)}]^T, \quad P_0 = [x_1^{(0)}, \cdots, x_n^{(0)}]^T,$$

且取方形邻域

$$U(P_0; \varepsilon) = \{[x_1, \cdots, x_n]^T \in R^n \ \big| \ |x_i - x_i^{(0)}| < \varepsilon, \ i = 1, \cdots, n\},$$

此时关系式 (1) 即为 $|x_i^{(k)} - x_i^{(0)}| < \varepsilon$, $i = 1, \cdots, n$. 所以 $\lim\limits_{k \to \infty} P_k = P_0$ 也就等价于

$$\lim_{k \to \infty} x_i^{(k)} = x_i^{(0)}, \quad i = 1, \cdots, n. \tag{2}$$

又若以 $\rho_k = \rho(P_k, P_0)$ 表示点 P_k 与点 P_0 的距离，则 $\lim\limits_{k \to \infty} P_k = P_0$ 又等价于

$$\lim_{k \to \infty} \rho_k = \lim_{k \to \infty} \rho(P_k, P_0) = 0. \tag{3}$$

由于点列极限与 (2)，(3) 这两种数列形式的极限等价，因此可将数列极限的柯西准则推广至 R^n 中点列的极限.

定理 2.1（柯西准则）　点列 $\{P_k\} \subset R^n$ 收敛的充要条件为：任给 $\varepsilon > 0$，存在 $K \in N^+$，使得当 $k > K$ 时，对一切自然数 p 恒有

$$\rho(P_k, P_{k+p}) = \|P_k - P_{k+p}\| < \varepsilon. \tag{4}$$

证　必要性. 设 $\lim\limits_{k \to \infty} P_k = P_0$，由定义 1，任给 $\varepsilon > 0$，存在 $K \in N^+$，当 $k > K$ 时，恒有

$$\rho(P_k, P_0) < \frac{\varepsilon}{2}, \quad \rho(P_{k+p}, P_0) < \frac{\varepsilon}{2}.$$

从而由三角形不等式即可证得

$$\rho(P_k, P_{k+p}) \leqslant \rho(P_k, P_0) + \rho(P_{k+p}, P_0) < \varepsilon.$$

充分性. 当不等式 (4) 成立时，同时有

$$| \ x_i^{(k+p)} - x_i^{(k)} | \leqslant \rho(P_k, \ P_{k+p}) < \varepsilon, \quad i = 1, \cdots, n.$$

这说明 $\{x_i^{(k)}\}$，$i = 1, \cdots, n$ 都满足柯西条件，这 n 个数列都收敛. 设

$$\lim_{k \to \infty} x_i^{(k)} = x_i^{(0)}, \quad i = 1, \cdots, n,$$

故由等价形式(2)得知

$$\lim_{k \to \infty} P_k = [\ x_1^{(0)}, \cdots, x_n^{(0)}\ ]^{\mathrm{T}} = P_0. \hspace{3cm} \square$$

类似地，也称满足柯西准则条件的点列为**柯西列**或**基本列**. 于是定理 2.1 又可简述为："$\{P_k\}$ 为收敛点列的充要条件是 $\{P_k\}$ 为一基本列".

区间套定理在 $\mathbf{R}^n$ 上的推广，是下述闭域套定理.

定理 2.2(闭域套定理)　设 $\{D_k\}$ 是 $\mathbf{R}^n$ 中的一个**闭域套**，即 $\{D_k\}$ 是 $\mathbf{R}^n$ 中的一列闭域，且满足：

(i) $D_k \supset D_{k+1}$，$k = 1, 2, \cdots$；

(ii) $d_k = d(D_k) \to 0$，$k \to \infty$.

则存在惟一一点 $P_0 \in D_k$，$k = 1, 2, \cdots$.

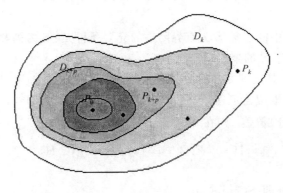

图 2.4

证　如图 2.4 所示，任取点列 $P_k \in D_k$，$k = 1, 2, \cdots$. 由于 $D_{k+p} \subset D_k$，因此 $P_{k+p} \in D_k$，从而

$$\rho(P_k, \ P_{k+p}) \leqslant d_k \to 0, \quad k \to \infty.$$

由定理 2.1 知道 $\{P_k\}$ 收敛，设

$$\lim_{k \to \infty} P_k = P_0.$$

再由

$$P_{k+p} \in D_{k+p} \subset D_k,$$

当任意取定 k，而令 $p \to \infty$ 时，P_0 为 D_k 的一个聚点. 又因 D_k 为闭域，从而必为闭集（根据例 7），便证得 $P_0 \in D_k$，$k = 1, 2, \cdots$.

最后证明 P_0 的惟一性. 若还有 $P'_0 \in D_k$，$k = 1, 2, \cdots$，则由

$$0 \leqslant \rho(P_0, P'_0) \leqslant \rho(P_0, P_k) + \rho(P'_0, P_k) \leqslant 2 d_k \to 0 \quad (k \to \infty),$$

得到 $\rho(P_0, P'_0) = 0$，即 $P'_0 = P_0$.　　　　　　　　　　　　　　　□

注　当把闭域套 $\{D_k\}$ 改为闭集套时，定理 2.2 的结论仍成立（这时不妨称之为**闭集套定理**）.

定理 2.3（聚点定理）　若 $S \subset \mathbf{R}^n$ 为一有界无限点集，则 S 在 $\mathbf{R}^n$ 中至少有一个聚点.

（证明从略.）

类似于 §1.4 中聚点定理的推论（致密性定理）和例 1，以及该章习题第 14 题中的命题，在 $\mathbf{R}^n$ 中也有相应的推论.

推论 1（致密性定理）　$\mathbf{R}^n$ 中的有界点列 $\{P_k\}$ 必有收敛子列 $\{P_{k_j}\}$.

推论 2　$\mathbf{R}^n$ 中的无限点集 S 为有界集的充要条件是：S 的任一无限子集必有聚点.

推论 3　$\mathbf{R}^n$ 中的点集 S 为有界闭集的充要条件是：S 为**列紧集**，即 S 的任一无限子集必有属于 S 的聚点.

其中，推论 1 是定理 2.3 的特殊情形；推论 2 与推论 3 的证明留作习题.

定理 2.4（有限覆盖定理）　设 $S \subset \mathbf{R}^n$ 为一有界闭集；$H = \{E_\alpha\}$ 为一族开集，并是 S 的一个无限覆盖. 则在 H 中必能选出有限子集

$$\widetilde{H} = \{ E_{\alpha_i} \mid i = 1, 2, \cdots, m \} \subset H,$$

用 $\widetilde{H}$ 便能覆盖 S（即 $S \subset \bigcup_{i=1}^{m} E_{\alpha_i}$）.

（证明从略.）

最后说明一点，在 $\mathbf{R}^n$（$n > 1$）中的点列无所谓单调性；$\mathbf{R}^n$ 中的点集一般也不是数集，没有上、下确界的概念. 所以，实数系中的单调有界性定理和确界定理在一般 $\mathbf{R}^n$ 中没有与之直接对应的命题.

§2.2　函数概念的演进

"函数"这个词是由莱布尼兹引进数学的，他使用这个术语主要是针对某些类型的数学表达式. 后来人们认识到莱布尼兹的函数概念在范围上太受限制，这个词的意义从那时以来经历了许多阶段的演变与推广.

当今,函数的通常意义是这样的:给定两个集合 X 和 Y,函数是把 X 的每个元素 x 和 Y 中的一个且只有一个元素 y 联系起来的一个对应(或映射). 集合 X 叫做函数的定义域,与 X 中元素相联系的 Y 中元素所组成的集合叫做函数的值域(它可以是也可以不是 Y 的全部).

如果用字母 f 表示上面所说的函数,则 $y=f(x)$ 就是与 $x \in X$ 所对应的函数值,函数 f 的值域则表示成 $f(X) \subset Y$. 在映射意义下,$y=f(x)$ 又称为 x 在映射 f 之下的像,x 称为 y 的原像,记作

$$f: X \to Y,$$

$$x \mapsto y.$$

习惯上又把上述 x 称为自变量,y 称为因变量. 在最通俗的函数定义中(例如在初中阶段),甚至简单地把因变量(即函数值)称为函数. 这是因为低年龄的学生无法理解函数的抽象含义,不明白"对应"、"映射"、"与……相联系"这类用词究竟指的是什么? 再后来,这些不很确切的用语终究未能获得数学家的首肯.

数学家们最终接受的关于"函数"的定义,很好地体现了将直观概念与严格的数学相结合的方法. 由于数学各领域中最基本、最通用的概念是集合的概念,因此一种既能明确 $f(x)$ 是什么,又能用集合来体现的函数定义,采用了具有特定性质的有序偶的形式. 为此,先简单介绍一下关于有序偶的知识.

有序偶(a,b) 必须由 a 与 b 这两个元素以及它们的顺序来决定. 如果把它看作一个不定义的述语,则如下性质:

"若 $(a,b)=(c,d)$,则 $a=c$,$b=d$"

理应看成一个公理. 因为这个性质是关于有序偶惟一有意义的事实,没有必要多去考虑有序偶"究竟"是什么.

也许有人觉得,除非先定义有序偶,从而使其基本性质成为一个定理,才能使他满意. 下面这段用集合形式来定义有序偶的文字,就是为这部分读者而写下的.

包含两个元素 a 和 b 的集合 $\{a,b\}$ 显然不能作为有序偶 (a,b) 的定义,因为由它无法确定 a 或 b 哪一个是首位元素. 一种可取的选择是如下比较奇特的集合

$$\{\{a\},\{a,b\}\},$$

该集合有两个元素 $\{a\}$ 和 $\{a,b\}$,各元素本身又是一个集合,其中 $\{a\}$ 包含一个元素 a,$\{a,b\}$ 包含两个元素 a 和 b. 由此便可明确有序偶 (a,b) 的首位元素就是 $\{a\}$ 中的 a,次位元素就是 $\{a,b\}$ 中的另一元素 b.

定义 2.2 我们定义有序偶为如下集合:

$$(a,b)=\{\{a\},\{a,b\}\}.$$

用这样奇特的集合来定义有序偶,目的只是为了由它能导出基本性质,此外再

无其他原因.

　　*定理 2.5　若 $(a,b)=(c,d)$,则 $a=c$, $b=d$.

　　证　依定义 1,原假设即为

$$\{\{a\},\{a,b\}\}=\{\{c\},\{c,d\}\}.$$

由于 a 是 $\{a\}$ 与 $\{a,b\}$ 的惟一公共元,c 是 $\{c\}$ 与 $\{c,d\}$ 的惟一公共元,因此 $a=c$ 得证. 于是有

$$\{\{a\},\{a,b\}\}=\{\{a\},\{a,d\}\},$$

下面分两种情形来证明 $b=d$.

　　情形一　若 $b=a$,则 $\{a,b\}=\{a\}$,并有

$$\{\{a\},\{a,b\}\}=\{\{a\},\{a\}\}=\{\{a\}\}.$$

这时,由 $\{\{a\}\}=\{\{a\},\{a,d\}\}$,推知

$$\{a,d\}=\{a\},$$

即得 $d=a=b$.

　　情形二　若 $b\neq a$,此时 b 在 $\{\{a\},\{a,b\}\}$ 的一个元中,而不在另一元中. 因此,b 亦必在 $\{\{a\},\{a,d\}\}$ 的一个元中,而不在另一元中. 而这只有当 b 在 $\{a,d\}$ 中才成立,由此立刻推知 $b=d$.　　　　　　　　　　　　　　　　　　　□

　　下面用有序偶的集合来定义函数.

　　定义 2.3　函数 f 是具有下列性质的有序偶的集合:若 (x,y) 和 (x,z) 都在该集合内,则必有 $y=z$(意即该集合 f 不能包含具有相同第一元素的相异有序偶);f 的定义域是有序偶所有第一元素 x 的集合. 根据以上规定,对定义域内任一 x,存在惟一的 y,能使 $(x,y)\in f$;这个惟一的 y 若用 $f(x)$ 表示,此时则有

$$(x,y)=(x,f(x)).$$

　　有了这个定义,我们便达到了目的:关于函数 f,重要的是对于它的定义域内每一元素 x,都有惟一的元素 $f(x)$ 随之而定. 而且上述抽象定义仍有着直观的想像余地:当 x,y 都是实数,且把有序偶 (x,y) 看成 $\mathbf{R}^2$ 中的一个点时,f 作为这些点的集合,即为以往所熟知的关于 $y=f(x)$ 的图像. 如果 $x=[\,x_1,x_2\,]^{\mathrm{T}}$ 表示 $\mathbf{R}^2$ 中的点,y 为实数,则 (x,y) 可以看作 $\mathbf{R}^3$ 中的点,f 作为这些点的集合,即为二元函数 $y=f(x_1,x_2)$ 的图像.

　　与定义 2.3 相类似地,也有把函数 f 定义成一种"关系"的,这里不再去说它.

　　向量值函数　如果在函数 f 的定义中,定义域 $\mathrm{X}\in\mathbf{R}^n$,函数值域 $f(\mathrm{X})\subset\mathrm{Y}\subset\mathbf{R}^m$,则函数

$$f: \mathrm{X}\to\mathrm{Y}$$

一般称为向量值函数(或称向量函数,也简称函数).

例如,空间曲线的参数方程

$$x = x(t), \quad y = y(t), \quad z = z(t), \quad t \in [\alpha, \beta],$$

就可看作 $n=1$, $m=3$ 的向量函数;曲面的参数方程

$$x = x(u, v), \quad y = y(u, v), \quad z = z(u, v), \quad (u, v) \in D,$$

则为一个 $n=2$, $m=3$ 的向量函数;又如三元实值函数 $u=u(x, y, z)$ 的梯度

$$\operatorname{grad} u = \left[\frac{\partial u}{\partial x}, \frac{\partial u}{\partial y}, \frac{\partial u}{\partial z}\right]^{\mathrm{T}}$$

就是一个 $n=m=3$ 的向量函数.

一般地,当 f 的 m 个**分量函数**(或**坐标函数**)为 f_1, $f_2, \cdots, f_m$ 时,可写作

$$f = \begin{bmatrix} f_1 \\ \vdots \\ f_m \end{bmatrix} \text{ 或 } f(x) = \begin{bmatrix} f_1(x) \\ \vdots \\ f_m(x) \end{bmatrix}, \quad x \in X.$$

于是,两个相同维数的向量函数 f 与 g 在相同的定义域 X 上的**代数和**是

$$f \pm g = \begin{bmatrix} f_1 \pm g_1 \\ \vdots \\ f_m \pm g_m \end{bmatrix};$$

一个实数 α 与一个向量函数的**数乘**是

$$\alpha f = \begin{bmatrix} \alpha f_1 \\ \vdots \\ \alpha f_m \end{bmatrix};$$

f 与 g 的**内积**是

$$f^{\mathrm{T}} g = g^{\mathrm{T}} f = f_1 g_1 + \cdots + f_m g_m;$$

两个向量函数 f 与 h 的**复合函数**是

$$h \circ f: X \xrightarrow{f} Y \xrightarrow{h} Z$$

$$(X \in \mathbf{R}^n, f(X) \subset Y \subset \mathbf{R}^m, h(Y) \subset Z \subset \mathbf{R}^r),$$

或

$$h \circ f = \begin{bmatrix} h_1 \circ f \\ \vdots \\ h_r \circ f \end{bmatrix},$$

其中 $(h_i \circ f)(x) = h_i(f_1(x), \cdots, f_m(x))$, $x \in X$, $i = 1, 2, \cdots, r$.

例如,设

$$h(y) = \begin{bmatrix} y_1^2 + y_2^2 + y_3^2 \\ y_1 y_2 y_3 \end{bmatrix}, \quad f(x) = \begin{bmatrix} x_1 e^{x_2} \\ \sin x_2 \\ \ln(x_1 + x_2) \end{bmatrix},$$

则有

$$(h \circ f)(x) = \begin{bmatrix} x_1^2 e^{2x_2} + \sin^2 x_2 + \ln^2(x_1 + x_2) \\ x_1 e^{x_2} \sin x_2 \ln(x_1 + x_2) \end{bmatrix}.$$

§2.3　函数极限和连续的一般定义

首先回忆一下一元实值函数 f 在点 x_0 存在极限 A 的定义:"设 f 在 $U^\circ(x_0; \eta)$ 有定义,对于任给的 $\varepsilon > 0$,存在 $\delta > 0 (\delta \leqslant \eta)$,当 $0 < |x - x_0| < \delta$ 时,$|f(x) - A| < \varepsilon$,此时记 $\lim_{x \to x_0} f(x) = A$."

为了使极限概念具有更广泛的适应性,可以把上面"f 在 $U^\circ(x_0; \eta)$ 有定义"改为"f 在某 $X \subset R$ 有定义,x_0 为 X 的一个聚点". 这样,极限定义便改为:任给 $\varepsilon > 0$,存在 $\delta > 0$,当 $x \in U^\circ(x_0; \delta) \bigcap X$ 时,$|f(x) - A| < \varepsilon$. 此时称"在集合 X 上当 $x \to x_0$ 时,$f(x)$ 以 A 为极限",并记作

$$\lim_{\substack{x \to x_0 \\ x \in X}} f(x) = A.$$

这两种意义的极限有如下关系:

$$\lim_{x \to x_0} f(x) = A \Leftrightarrow \begin{cases} \forall X \subset U^\circ(x_0; \eta), \text{使得 } x_0 \text{ 为 } X \text{ 的聚点}, \\ \text{此时恒有 } \lim_{\substack{x \to x_0 \\ x \in X}} f(x) = A. \end{cases}$$

例如,对于 $f(x) = \sin \dfrac{1}{x}$,当取

$$\mathrm{X}_1 = \left\{ \frac{n}{n^2\pi + 1} \right\}, \quad \mathrm{X}_2 = \left\{ \frac{2n}{(4n^2 + n)\pi + 2} \right\}, \quad n \in \mathrm{N}^+$$

时,有

$$\lim_{\substack{x \to 0 \\ x \in \mathrm{X}_1}} \sin \frac{1}{x} = \lim_{n \to \infty} \sin\left(n\pi + \frac{1}{n} \right) = 0,$$

$$\lim_{\substack{x \to 0 \\ x \in \mathrm{X}_2}} \sin \frac{1}{x} = \lim_{n \to \infty} \sin\left(2n\pi + \frac{\pi}{2} + \frac{1}{n} \right) = 1.$$

所以,极限 $\lim\limits_{x \to 0} \sin \dfrac{1}{x}$ 不存在.

极限概念的推广,受益最多的是多元函数和向量值函数. 以下是最一般的向量值函数的极限定义.

定义 2.4　设 $\mathrm{X} \subset \mathrm{R}^n$, $f: \mathrm{X} \to \mathrm{R}^m$, $\mathrm{D} \subset \mathrm{X}$, x_0 是 D 的一个聚点. 若存在 $\mathrm{A} \in \mathrm{R}^m$,对于任给的 $\varepsilon > 0$,总有 $\delta > 0$,使得

$$f(\mathrm{U}^\circ(x_0; \delta) \cap \mathrm{D}) \subset \mathrm{U}(\mathrm{A}; \varepsilon),$$

则称在集合 D 上当 $x \to x_0$ 时,$f(x)$ 以 A 为极限,记作

$$\lim_{\substack{x \to x_0 \\ x \in \mathrm{D}}} f(x) = \mathrm{A}.$$

此定义的几何描述如图 2.5 所示.

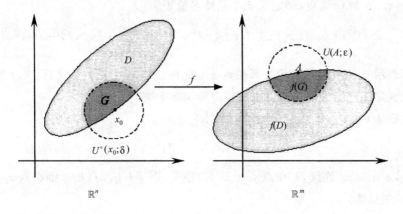

图 2.5

容易验证，$\lim\limits_{\substack{x \to x_0 \\ x \in D}} f(x) = A$ 与以下任何一种描述都是等价的：

(i) $\lim\limits_{\substack{x \to x_0 \\ x \in D}} \| f(x) - A \| = 0$;

(ii) 设 $f = [f_1, \cdots, f_m]^{\mathrm{T}}, A = [A_1, \cdots, A_m]^{\mathrm{T}}$，则有

$$\lim\limits_{\substack{x \to x_0 \\ x \in D}} f_i(x) = A_i, \quad i = 1, 2, \cdots, m;$$

(iii) （柯西准则）　任给 $\varepsilon > 0$，存在 $\delta > 0$，当 $x', x'' \in U°(x_0; \delta) \bigcap D$ 时，恒有

$$\| f(x') - f(x'') \| < \varepsilon.$$

以下是函数连续的一般定义.

定义 2.5　设 $D \subset X \subset R^n, x_0 \in D, f: X \to R^m$. 若任给 $\varepsilon > 0$，存在 $\delta > 0$，使得

$$f(U(x_0; \delta) \bigcap D) \subset U(f(x_0); \varepsilon), \tag{1}$$

则称 f 关于集合 D 在点 x_0 连续. 在不致混淆或 $D = X$ 的情形下，简称 f 在点 x_0 连续.

如果 f 在 D 上每一点都连续，则称 f 为 D 上的一个**连续函数**.

特别是，当定义 2.5 中的点 x_0 为 D 的孤立点时，由孤立点的定义，存在某邻域 $U(x_0; \delta)$，在此邻域内只有 D 中惟一一点 x_0，此时

$$f(U(x_0; \delta) \bigcap D) = \{ f(x_0) \},$$

故(1)式自然成立. 所以说，孤立点恒为连续点.

若 x_0 是 D 的聚点，则定义 2.5 显然等价于

$$\lim\limits_{\substack{x \to x_0 \\ x \in D}} f(x) = f(x_0) \text{ 或 } \lim\limits_{\substack{x \to x_0 \\ x \in D}} f_i(x) = f_i(x_0), \quad i = 1, 2, \cdots, m,$$

而后者表示 f 的所有分量函数都在点 x_0（关于 D）连续. 正因为这样，关于实值连续函数的那些性质大部分都可推广到向量函数中来.

定理 2.6　设 $X \subset R^n, Y \subset R^m, Z \subset R^r, x_0 \in X$;

$$f, g: X \to Y; \quad h: Y \to Z; \quad \alpha: X \to R.$$

若 f, g, α 在点 x_0 连续，h 在点 $y_0 = f(x_0)$ 连续，则 $f \pm g, \alpha f, h \circ f$ 都在点 x_0 连续.

（证明从略）

定理 2.7　函数 $f: X \to R^m$ 在点 $x_0 \in X \subset R^n$ 连续的充要条件是：对任何收敛于 x_0 的点列 $\{x_k\} \subset X$，均使点列 $\{f(x_k)\} \subset R^m$ 收敛于 $f(x_0)$.

证　必要性. $\forall \varepsilon > 0$，因 f 在点 x_0 连续，故 $\exists \delta > 0$，使当 $\| x - x_0 \| < \delta$ 且

$x \in X$ 时, 有 $\| f(x) - f(x_0) \| < \varepsilon$. 又因 $\lim\limits_{k \to \infty} x_k = x_0$, 故对上述 δ, $\exists K > 0$, 当 $k > K$ 时, 有 $\| x_k - x_0 \| < \delta$, 从而也有

$$\| f(x_k) - f(x_0) \| < \varepsilon,$$

此即 $\lim\limits_{k \to \infty} f(x_k) = f(x_0)$.

充分性. 倘若 f 在点 x_0 不连续, 则 $\exists \varepsilon_0 > 0$, 对任一 $\delta = \dfrac{1}{k}$, $k = 1, 2, \cdots$, 总能取得相应的 $x_k \in X$, 使 $\| x_k - x_0 \| < \dfrac{1}{k}$, 而且

$$\| f(x_k) - f(x_0) \| \geqslant \varepsilon_0, \quad k = 1, 2, \cdots. \tag{2}$$

显然, 这里得到的 $\{ x_k \}$ 收敛于 x_0, 但 (2) 式表示 $\{ f(x_k) \}$ 不会收敛于 $f(x_0)$. 这与题设条件相矛盾. 所以 f 必在点 x_0 连续. □

按照定义 2.5 所定义的连续性, 是一个函数在其定义域 (X) 的某一子集 (D) 上的连续性. 这就是说, 函数的连续性并不一定非要在其整个定义域上讨论不可 (极限概念也是如此), 这样做的好处经常体现在多元函数微积分学里. 例如, 一个三元实值函数 $f(x, y, z)$, 其定义域是 R^3 中的某一区域 G, 但在讨论 f 沿空间光滑曲线 $L \subset G$ (或曲面 $S \subset G$) 的曲线积分 (或曲面积分) 时, 经常假设 f 沿 L (或 S) 连续, 而不一定需要 f 在 G 上连续, 这些情形中的 L 或 S 就是定义 2.5 中的 D. 再如在讨论向量函数

$$F = [P(x, y, z), Q(x, y, z), R(x, y, z)]^T$$

的第二型曲线积分或曲面积分时, 同样会遇到类似的问题. 所以, 按定义 2.5 引入连续性的一般定义是合适的.

再有, 依据定义 2.5 得到 "函数在其定义域的孤立点处必定连续" 这一结论后, 我们在讨论初等函数的连续性时, 就可大胆地说: "初等函数在其定义域上处处连续." 而不必说成是: "初等函数在其有定义的区间 (或区域) 上处处连续". 即使是

$$f(x) = \sqrt{x - 1} + \sqrt{1 - x}$$

这样一个只定义在一点 $x = 1$ 的函数, 说它在这一点连续, 同样是正确的.

§2.4 连续函数的整体性质

向量值函数在一点连续, 它在这点近旁所具有的局部性质, 除没有局部保号性定理外, 其他都与实值连续函数相类似 (有关局部有界性的命题见章末习题第 10 题).

以下是实值连续函数在有界闭域(或有界闭集)上的整体性质在向量函数形式下的推广.

定理 2.8 设 $D \subset R^n$ 为一有界闭集. 若 $f: D \to R^m$ 为 D 上的连续函数,则 $f(D) \subset R^m$ 必定也是一个有界闭集.

证 先用反证法证 $f(D)$ 为有界集. 倘若 $f(D)$ 无界,则存在点列 $\{x_k\} \subset D$, 使 $\|f(x_k)\| > k$, $k = 1, 2, \cdots$. 由于 D 是有界闭集,因此存在 $\{x_{k_j}\} \subset \{x_k\}$,使

$$\lim_{j \to \infty} x_{k_j} = x_0 \in D.$$

又因 f 在点 x_0 连续,故 $\|f(x)\|$ 在点 x_0 局部有界,这与 $\|f(x_{k_j})\| > k_j \geqslant j$, $j = 1, 2, \cdots$ 相矛盾.

再证 $f(D)$ 为闭集,即若 y_0 为 $f(D)$ 的任一聚点,欲证 $y_0 \in f(D)$. 设 $y_k = f(x_k) \in f(D)$, $\lim_{k \to \infty} y_k = y_0$. 由于 $\{x_k\} \subset D$ 有界,因此存在收敛子列 $\{x_{k_j}\} \subset \{x_k\}$, $\lim_{j \to \infty} x_{k_j} = x_0 \in D$. 又因 f 在 x_0 连续,从而有

$$y_0 = \lim_{j \to \infty} y_{k_j} = \lim_{j \to \infty} f(x_{k_j}) = f(x_0) \in f(D). \qquad \square$$

定理 2.8 指出:连续映射把有界闭集映射为有界闭集.

定理 2.9 设 $D \subset R^n$ 为一有界闭集. 若 $f: D \to R^m$ 为 D 上的连续函数,则 $f(D)$ 的直径是可达的,即存在 $x', x'' \in D$,使

$$\|f(x') - f(x'')\| = \sup_{x_1, x_2 \in D} \|f(x_1) - f(x_2)\|.$$

证 (i) 先证 $m = 1$,即 f 为实值函数的情形. 由定理 2.8 已知 $f(D)$ 为有界数集,故存在

$$s = \inf f(D), \quad S = \sup f(D).$$

可证必有一点 $x' \in D$,使 $f(x') = S$(同理可证存在 $x'' \in D$,使 $f(x'') = s$). 倘若不然,对任何 $x \in D$,都有 $S - f(x) > 0$,则对于正值连续函数

$$F(x) = \frac{1}{S - f(x)},$$

F 在 D 上亦有界. 另一方面,因 f 在 D 上不能达到上确界 S,所以存在收敛点列 $\{x_k\} \subset D$,使 $\lim_{k \to \infty} f(x_k) = S$. 于是有 $\lim_{k \to \infty} F(x_k) = +\infty$,导致与 F 在 D 上有界的结论相矛盾. 从而证得 f 在 D 上能取得最大值 S 和最小值 s;也就是说,$f(D)$ 的直径 $S - s$ 是可达的.

(ii) 对于 $m \geqslant 2$,f 为向量值函数的情形,只需考察

$$g(x_1, x_2) = \| f(x_1) - f(x_2) \|,$$

它是定义在 $D \times D \subset \mathbf{R}^{2n}$ 上的一个实值函数. 由于 $D \times D$ 仍为一有界闭集,因此由上面已证得的(i),g 在 $D \times D$ 上存在最大值,即有 $x', x'' \in D$,使得

$$g(x', x'') = \| f(x') - f(x'') \| = \sup_{x_1, x_2} \| f(x_1) - f(x_2) \|,$$

故命题结论成立.　　　　　　　　　　　　　　　　　　　　　　　　　　　　　□

下述定理是实值连续函数具有介值性的推广.

定理 2.10　设 $D \subset \mathbf{R}^n$ 是一道路连通集,即 D 中任意两点之间能用一条完全含于 D 的连续曲线把它们连接起来. 若 f 是 D 上的连续函数,则 $f(D) \subset \mathbf{R}^m$ 必定也是一个道路连通集.

证　任给 $y', y'' \in f(D)$,必有 $x', x'' \in D$,使

$$y' = f(x'), \qquad y'' = f(x'').$$

因为 D 是道路连通的,所以存在连线曲线

$$x = \varphi(t) \in D, \quad t \in [\alpha, \beta],$$

$$x' = \varphi(\alpha), \quad x'' = \varphi(\beta).$$

由定理 2.6,复合函数 $f \circ \varphi : [\alpha, \beta] \to \mathbf{R}^m$ 也是连续的,且

$$f(\varphi(t)) \subset f(D), \qquad t \in [\alpha, \beta],$$

$$f(\varphi(\alpha)) = y', \qquad f(\varphi(\beta)) = y''.$$

这表示在 $f(D)$ 中存在连续曲线 $y = f(\varphi(t))$,$t \in [\alpha, \beta]$,能把 y' 和 y'' 连接起来,即 $f(D)$ 也是道路连通集.　　　　　　　　　　　　　　　　　　　　　　□

定理 2.11(一致连续性定理)　设 $D \subset \mathbf{R}^n$ 为一有界闭集. 若 $f : D \to \mathbf{R}^m$ 是 D 上的连续函数,则 f 在 D 上必定一致连续,即对于任给的 $\varepsilon > 0$,存在只依赖于 ε 的 $\delta > 0$,只要 $x', x'' \in D$,且满足 $\| x' - x'' \| < \delta$,就有

$$\| f(x') - f(x'') \| < \varepsilon.$$

证　这里用致密性定理来证明. 倘若 f 在 D 上连续而不一致连续,则存在某个 $\varepsilon_0 > 0$,对于任何 $\delta > 0$,例如 $\delta = \dfrac{1}{k}$,$k = 1, 2, \cdots$,总有相应的点 $x'_k, x''_k \in D$,虽然 $\| x'_k - x''_k \| < \dfrac{1}{k}$,但是

$$\| f(x'_k) - f(x''_k) \| \geqslant \varepsilon_0.$$

由于 D 为有界闭集,因此存在收敛子列 $\{ x'_{k_j} \} \subset \{ x'_k \}$,使 $\lim_{j \to \infty} x'_{k_j} = x_0 \in D$. 再在

$\{x''_k\}$ 中取出与 $\{x'_{k_j}\}$ 下标相同的子列 $\{x''_{k_j}\}$, 由于

$$\parallel x'_{k_j} - x''_{k_j} \parallel < \frac{1}{k_j} \leqslant \frac{1}{j} \to 0, \quad j \to \infty,$$

因此有 $\lim\limits_{j\to\infty} x''_{k_j} = \lim\limits_{j\to\infty} x'_{k_j} = x_0$. 利用 f 在 x_0 连续, 得到

$$\lim_{j\to\infty} \parallel f(x'_{k_j}) - f(x''_{k_j}) \parallel = \parallel f(x_0) - f(x_0) \parallel = 0.$$

而这与 $\parallel f(x'_{k_j}) - f(x''_{k_j}) \parallel \geqslant \varepsilon_0 > 0$ 相矛盾, 所以 f 在 D 上为一致连续.　　□

连续性与一致连续性有诸多不同的性质. 例如在有界开集上的连续函数在此开集上不一定有界; 但若该函数在有界开集上一致连续, 则它在该开集上必定有界. 下例所证结论便是这一区别的缘由.

例 1　证明: 若 $E \subset R^n$ 为有界开集, 则函数 $f: E \to R^m$ 在 E 上为一致连续的充要条件是: f 在 E 上连续, 且对任何点 $x_0 \in \partial E$, 极限 $\lim\limits_{\substack{x \to x_0 \\ x \in E}} f(x)$ 都存在.

证　必要性. 已知 f 在 E 上一致连续, 故 $\forall \varepsilon > 0, \exists \delta > 0$, 当 $x', x'' \in E$ 且 $\parallel x' - x'' \parallel < \delta$ 时, $\parallel f(x') - f(x'') \parallel < \varepsilon$. 现任取一点 $x_0 \in \partial E$, 当

$$0 < \parallel x' - x_0 \parallel < \frac{\delta}{2}, \quad 0 < \parallel x'' - x_0 \parallel < \frac{\delta}{2},$$

且 $x', x'' \in E$ 时, 由于

$$\parallel x' - x'' \parallel \leqslant \parallel x' - x_0 \parallel + \parallel x'' - x_0 \parallel < \frac{\delta}{2} + \frac{\delta}{2} = \delta,$$

因此便有 $\parallel f(x') - f(x'') \parallel < \varepsilon$. 这表示当 $x \to x_0 (x \in E)$ 时, 满足 f 存在极限的柯西条件, 故存在极限 $\lim\limits_{\substack{x \to x_0 \\ x \in E}} f(x)$.

充分性. $\forall x_0 \in \partial E$, 由于极限 $\lim\limits_{\substack{x \to x_0 \\ x \in E}} f(x)$ 存在, 因此若令

$$f^*(x) = \begin{cases} f(x), & x \in E, \\ \lim\limits_{\substack{x' \to x \\ x' \in E}} f(x'), & x \in \partial E, \end{cases}$$

则 f^* 便在有界闭集 $\bar{E} = E \cup \partial E$ 上连续. 根据定理 2.11, f^* 在 $\bar{E}$ 上一致连续, 从而 f^* 在 E 上也一致连续. 而在 E 上 $f^* = f$, 所以证得 f 在 E 上一致连续.　　□

本例命题说明: 如果 f 在有界开集 E 上一致连续, 则 f 在 E 上的连续性能被延拓到 E 的边界 ∂E. 再由定理 2.8, 便容易证得 f 在 E 上有界 (即 $f(E)$ 为有界集).

§2.5 不动点与压缩映射原理简介

一、问题的提出

解方程

$$f(x) = 0 \tag{1}$$

是数学中的一个常见问题. 方程的求解既需要在理论上保证解的存在性,又要有有效的求解方法. 在微积分学中,前者有连续函数的介值性定理(或零点存在定理);后者有二分法与牛顿切线法等逼近方法(分别示于图 2.6(a)与(b)). 但这些方法不便于推广至多变量方程组(即向量方程)的情形.

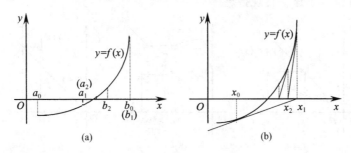

图 2.6

本节将应用连续性和极限的柯西准则来介绍不动点方法,即压缩映射原理.

定义 2.6 设 $\varphi: D \to R^n (D \subset R^n)$. 若存在 $x^* \in D$,使满足

$$\varphi(x^*) = x^*, \tag{2}$$

则称 x^* 是映射 φ 在 D 上的一个**不动点**.

顾名思义,不动点即为经映射后,像与原像相同的点. 特别当 $n=1$ 时,满足(2)式的点 x^* 就是曲线 $y=\varphi(x)$ 与直线 $y=x$ 的交点(交点的横坐标或纵坐标).

如果不动点的存在性问题与计算方法问题得以解决,那么方程(1)的求解问题(其中的 $f: D \to R^n$)便可化为关于映射

$$\varphi(x) = x \pm f(x) \tag{3}$$

的不动点问题.

二、求不动点的迭代格式

一种常被用来求不动点的迭代格式是:任给 x_0(适当靠近不动点 x^*),并令

$$x_1 = \varphi(x_0), \qquad x_2 = \varphi(x_1) = \varphi(\varphi(x_0)),$$

$$\cdots, x_k = \varphi(x_{k-1}) = \underbrace{\varphi \circ \varphi \circ \cdots \circ \varphi}_{k \uparrow}(x_0), \cdots.$$

如果 φ 连续,且 $\lim\limits_{k \to \infty} x_k = x^*$ 存在,则由

$$x^* = \lim_{k \to \infty} x_k = \lim_{k \to \infty} \varphi(x_{k-1}) = \varphi(\lim_{k \to \infty} x_{k-1}) = \varphi(x^*),$$

便知 $\{x_k\}$ 的极限即为 φ 的不动点.

　　然而上述迭代计算过程并非必定收敛. 如图 2.7 所示(图中为一元实值函数的情形),其中图(a)与图(b)是收敛的,而图(c)则是发散的. 直观上看,这似乎与函数 φ 在其不动点附近的变化率的大小有关(图(c)中的 φ 太陡). 下面所述的压缩映射原理证实了这一直观猜想.

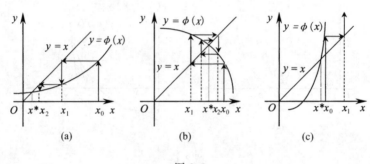

图 2.7

三、压缩映射原理

　　定义 2.7　设 $D \subset \mathbf{R}^n, \varphi: D \to \mathbf{R}^n$,且满足

　　(i) $\varphi(D) \subset D$(即 $\varphi: D \to D$);

　　(ii) 存在常数 $q(0 < q < 1)$,使对一切 $x', x'' \in D$,恒有

$$\| \varphi(x') - \varphi(x'') \| \leqslant q \| x' - x'' \|.$$

这时称 φ 为 D 上的一个**压缩映射**.

　　定理 2.12(压缩映射原理)　若 $D \subset \mathbf{R}^n$ 为一闭域,φ 为 D 上的一个压缩映射,则 φ 在 D 上有且只有一个不动点.

　　证　由定义 2.7 的(ii),易知 φ 在 D 上连续. 又由(i),任取 $x_0 \in D$,必有

$$x_k = \varphi(x_{k-1}) \in D, \quad k = 1, 2, \cdots.$$

下面来验证点列 $\{x_k\}$ 满足柯西条件.

　　首先,有

$$\parallel x_2 - x_1 \parallel \ = \ \parallel \varphi(x_1) - \varphi(x_0) \parallel \ \leqslant q \parallel x_1 - x_0 \parallel,$$

$$\parallel x_{k+1} - x_k \parallel \ \leqslant q \parallel x_k - x_{k-1} \parallel \ \leqslant \cdots \leqslant q^k \parallel x_1 - x_0 \parallel, \quad k = 1, 2, \cdots.$$

由此再估计 $\{x_k\}$ 中任意两项之间的距离:对任意正整数 k, p,有

$$\parallel x_{k+p} - x_k \parallel \ \leqslant \ \parallel x_{k+p} - x_{k+p-1} \parallel + \cdots + \parallel x_{k+1} - x_k \parallel$$

$$\leqslant (q^{k+p-1} + \cdots + q^k) \parallel x_1 - x_0 \parallel$$

$$= \frac{q^k(1 - q^p)}{1 - q} \parallel x_1 - x_0 \parallel$$

$$< \frac{q^k}{1 - q} \parallel x_1 - x_0 \parallel \ \to 0(k \to \infty).$$

所以,$\forall \varepsilon > 0, \exists K > 0$,当 $k > K$ 时,对一切正整数 p,恒有

$$\parallel x_{k+p} - x_k \parallel \ < \varepsilon.$$

这样就证得 $\{x_k\}$ 收敛,且因 D 为闭域,必使

$$\lim_{k \to \infty} x_k = x^* \in D.$$

对迭代式 $x_k = \varphi(x_{k-1})$ 两边各取 $k \to \infty$ 的极限,由 φ 为连续便得 $x^* = \varphi(x^*)$,所以 x^* 为 φ 在 D 上的一个不动点. 又若 φ 在 D 上另有一不动点 x^{**},则由

$$\parallel x^* - x^{**} \parallel \ = \ \parallel \varphi(x^*) - \varphi(x^{**}) \parallel \ \leqslant q \parallel x^* - x^{**} \parallel,$$

立即得到 $x^* = x^{**}$,所以 φ 在 D 上的不动点是惟一的. □

为简明起见,下面举一个求解一元方程的例子.

例 1 用不动点方法求方程

$$x^3 - x^2 - 1 = 0 \tag{4}$$

的解.

分析 设 $f(x) = x^3 - x^2 - 1$,由

$$f'(x) = 3x\left(x - \frac{2}{3}\right), \quad f''(x) = 6\left(x - \frac{1}{3}\right),$$

和 $f(1) = -1, f(2) = 3$,不难用微分学知识获得曲线 $y = f(x)$ 的大致形状,并知道在区间 $(1, 2)$ 内存在方程 (4) 的惟一实根.

如果借助数学软件来解此方程,并画出 $y = f(x)$ 的图像,这是一件很方便的事. 例如采用本书附录中所介绍的 MATLAB 来做这件事,其程序和结果如下:

```
syms x;                          %设定符号变量(x)
hold on;                         %图形保留
s=x^3-x^2-1;                     %给出符号表达式(s)
ezplot(s,[-1.5,2.5]);           %在给定范围内画出函数(s)的图形
plot([-1.5,2.5],[0,0]);         %画出二坐标轴
plot([0,0],[-8,10]);
double(solve(s))                 %按 double 数据形式求解方程 s=0
ans=                             %答案
    1.4656
   -0.2328+0.7926i
   -0.2328-0.7926i
```

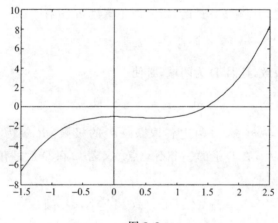

图 2.8

　　当然,如此方便的应用程序,在其内核之中必须依赖快速、有效的计算方法.
我们刚才所学的不动点与压缩映射原理,就是这类方法的一个理论依据.

　　回到问题要求的不动点方法来讨论,首先按(3)式引入

$$\varphi(x) = x - f(x) = x - x^3 + x^2 + 1. \tag{5}$$

由于 $\varphi(2)=-1\notin[1,2]$,而且

$$|\varphi(2)-\varphi(1)| = 3 > |2-1|,$$

因此(5)式所示的 φ 在区间[1,2]上不满足压缩映射定义(定义 2.7)的条件.

　　解　由以上分析知道,直接由(5)式所示的 φ 不能满足压缩映射原理(定理
2.12)的条件. 有两种方法可用来克服现在遇到的困难:其一是缩小求根的搜索范
围;其二是对原始方程(4)作等价变形. 我们这里采用第二种方法,例如把方程(4)

变形为

$$g(x) = x - \sqrt[3]{x^2+1} = 0, \qquad x \in [1,2]. \tag{6}$$

这样做的指导思想是使得 $g(x)$ 在 $[1,2]$ 上的变化率比 $f(x)$ 要小得多. 然后改令

$$\varphi(x) = x - g(x) = \sqrt[3]{x^2+1}, \quad x \in [1,2]. \tag{7}$$

此时,由

$$\varphi'(x) = \frac{2x}{3}(x^2+1)^{-\frac{2}{3}} > 0, \qquad x \in [1,2],$$

可知 φ 在 $[1,2]$ 上递增;而

$$1 < \varphi(1) = \sqrt[3]{2}, \qquad \varphi(2) = \sqrt[3]{5} < 2,$$

故 $\varphi([1,2]) \subset [1,2]$. 又由

$$\varphi''(x) = \frac{2}{9}(x^2+1)^{-\frac{5}{3}}(3-x^2), \quad \varphi''(\sqrt{3}) = 0,$$

又知

$$|\varphi'(x)| \leqslant \varphi'(\sqrt{3}) = \frac{1}{\sqrt{3} \cdot \sqrt[3]{2}} = q < 1, \quad x \in [1,2];$$

从而,$\forall\, x', x'' \in [1,2]$,恒有

$$|\varphi(x') - \varphi(x'')| = |\varphi'(\xi)| \cdot |x' - x''| \leqslant q|x' - x''|.$$

这样,由(7)式所示的 φ 在 $[1,2]$ 上为一压缩映射. 根据定理 2.12,知道 φ 在 $[1,2]$ 中存在惟一的不动点 x^*,而这也就是方程(6)(亦即是方程(4))的实根.

由 $x_k = \sqrt[3]{x_{k-1}^2+1}$,$k=1,2,\cdots$ 构造的数列,对于任何 $x_0 \in [1,2]$,都有同一的 $x^* = \lim\limits_{k \to \infty} x_k$. 例如取 $x_0 = 1$,逐次计算 x_k 的值如表 1 所示(取 5 位有效数字).

表 1

k	x_k	k	x_k	k	x_k	k	x_k	k	x_k
0	1	4	1.4465	8	1.4648	12	1.4655	16	1.4656
1	1.2599	5	1.4569	9	1.4652	13	1.4656		$\vdots$
2	1.3728	6	1.4616	10	1.4654	14	1.4655		$\vdots$
3	1.4235	7	1.4638	11	1.4655	15	1.4656	∞	1.4656

显然,把方程(4)改写成方程(6)的做法不是惟一的. 例如,我们再把(4)式改写成

$$h(x) = x - 1 - \frac{1}{x^2} = 0, \quad x \in [1,2],$$

且令

$$\varphi(x) = x - h(x) = 1 + \frac{1}{x^2}. \tag{8}$$

由于

$$\varphi'(x) = -2x^{-3} < 0, \quad \varphi''(x) = 6x^{-4} > 0,$$

$$|\varphi'(x)| \leqslant |\varphi'(1)| = 2, \quad x \in [1,2],$$

我们难以验证由(8)式所定义的 φ 在[1,2]上是否为一压缩映射.

如果把求根的范围适当缩小为 $\left[\sqrt{2}, \frac{3}{2}\right]$,此时

$$h(\sqrt{2}) < 0, \qquad h\left(\frac{3}{2}\right) > 0;$$

且有

$$|\varphi'(x)| \leqslant |\varphi'(\sqrt{2})| = \frac{1}{\sqrt{2}} < 1;$$

$$\sqrt{2} < \frac{13}{9} = \varphi\left(\frac{3}{2}\right) \leqslant \varphi(x) \leqslant \varphi(\sqrt{2}) = \frac{3}{2}, \quad x \in \left[\sqrt{2}, \frac{3}{2}\right].$$

可见(8)式所示的 φ 在 $\left[\sqrt{2}, \frac{3}{2}\right]$ 上为一压缩映射. 再按 $x_k = 1 + \frac{1}{x_{k-1}^2}$ 递推计算不动点 x^* 的收敛过程如表 2 所示(取 5 位有效数字).

表 2

k	x_k	k	x_k	k	x_k	k	x_k
0	$\sqrt{2}$	5	1.4711	10	1.4650	15	1.4656
1	1.5	6	1.4621	11	1.4659	16	1.4655
2	1.4444	7	1.4678	12	1.4653	17	1.4656
3	1.4793	8	1.4642	13	1.4657	$\vdots$	$\vdots$
4	1.4570	9	1.4665	14	1.4655	∞	1.4656

习　题

1. 设 $x, y \in \mathbf{R}^n$，证明：

$$\| x + y \|^2 + \| x - y \|^2 = 2(\| x \|^2 + \| y \|^2).$$

*2. 设 $S \subset \mathbf{R}^n$，点 $x \in \mathbf{R}^n$ 到集合 S 的距离定义为

$$\rho(x, S) = \inf_{y \in S} \rho(x, y).$$

证明：(1) 若 S 是闭集，$x \notin S$，则 $\rho(x, S) > 0$；

(2) 若 $\bar{S} = S \cup S^d$（称为 S 的闭包），则

$$\bar{S} = \{ x \in \mathbf{R}^n \mid \rho(x, S) = 0 \}.$$

3. 证明：S^d 必为闭集；

4. 证明：∂S 必为闭集；

*5. 设 $S \subset \mathbf{R}^n$，x_0 为 S 的任一内点，x_1 为 S 的任一外点．证明：联结 x_0 与 x_1 的直线段必与 ∂S 至少有一交点．

6. 证明聚点定理的推论 2 和推论 3.

7. 设 $X \subset \mathbf{R}^n$，$f: X \to \mathbf{R}^m$，$A, B \subset X$．证明：

(1) $f(A \cup B) = f(A) \cup f(B)$；

(2) $f(A \cap B) \subset f(A) \cap f(B)$；

(3) 若 f 为一一映射，则 $f(A \cap B) = f(A) \cap f(B)$.

8. 设 $f, g: \mathbf{R}^n \to \mathbf{R}^m$，$a \in \mathbf{R}^n$，$b, c \in \mathbf{R}^m$，且

$$\lim_{x \to a} f(x) = b, \quad \lim_{x \to a} g(x) = c.$$

证明：

(1) $\lim\limits_{x \to a} \| f(x) \| = \| b \|$，当 $\| b \| = 0$ 时可逆；

(2) $\lim\limits_{x \to a} [f^{\mathrm{T}}(x) g(x)] = b^{\mathrm{T}} c$.

9. 设 $D \subset \mathbf{R}^n$，$f: D \to \mathbf{R}^m$．试证：若存在正数 k, r，对任何 $x, y \in D$ 满足

$$\| f(x) - f(y) \| \leqslant k \| x - y \|^r,$$

则 f 在 D 上连续，且一致连续．

10. 设 $D \subset \mathbf{R}^n$，$f: D \to \mathbf{R}^m$．试证：若 f 在点 $x_0 \in D$ 连续，则 f 在 x_0 近旁局部有界．

11. 设 $f: \mathbf{R}^n \to \mathbf{R}^m$ 为连续函数，$A \subset \mathbf{R}^n$ 为任一开集，$B \subset \mathbf{R}^n$ 为任一闭集．试问 $f(A)$ 是否必为开集？$f(B)$ 是否必为闭集？为什么？

12. 设 $D \subset \mathbf{R}^n$，$\varphi: D \to \mathbf{R}^n$．试举例说明：

(1) 仅有 $\varphi(D) \subset D$，φ 不一定为一压缩映射；

(2) 仅有存在 $q (0 < q < 1)$，使对任何 $x', x'' \in D$，满足

$$\| \varphi(x') - \varphi(x'') \| \leqslant q \| x' - x'' \|,$$

此时 φ 也不一定为一压缩映射．

13. 讨论 a, b 取怎样的值时,能使下列函数在指定的区间上成为一个压缩映射:

(1) $\varphi_1(x) = x$, $x \in [a, b]$;

(2) $\varphi_2(x) = x^2$, $x \in [-a, a]$;

(3) $\varphi_3(x) = \sqrt{x}$, $x \in [a, b]$;

(4) $\varphi_4(x) = ax + b$, $x \in [0, a]$.

14. 试用不动点方法证明方程

$$x + \ln x = 0$$

在 $\left[\dfrac{1}{2}, \dfrac{2}{3} \right]$ 上有惟一解;并用迭代法求出这个解(精确到 4 位有效数字).

15. 设 $B = \{x \in \mathbf{R}^n \mid \rho(x, x_0) \leqslant r\}$ 为一个 n 维闭球(球心为 x_0),$f: B \to \mathbf{R}^n$. 试证:若存在正数 $q(0 < q < 1)$,使对一切 $x', x'' \in B$,都有

$$\| f(x') - f(x'') \| \leqslant q \| x' - x'' \|,$$

$$\| f(x_0) - x_0 \| \leqslant (1 - q) r,$$

则 f 在 B 中有惟一的不动点.

第三章 微 分 学

本章前四节依次介绍可微性概念的统一定义,可微函数的性质,微分中值定理以及它在凸性分析中的作用;最后的第五节通过列举较多例题,显示微分学基本理论的综合应用.

§3.1 可微性的统一定义

无论是一元还是多元实值函数的可微性概念,都是建立在局部线性近似的基础上的.例如,一元函数 $f(x)$ 在点 x_0 可微,按其定义是指存在实数 a,使得当 $x \in U(x_0)$ 时,有

$$f(x) - f(x_0) = a(x - x_0) + o(x - x_0), \tag{1}$$

或者写成

$$\lim_{x \to x_0} \frac{f(x) - f(x_0) - a(x - x_0)}{x - x_0} = 0, \tag{1'}$$

而且进一步知道,上面的 $a = f'(x_0)$;并把

$$a(x - x_0) = f'(x_0) \Delta x \qquad (\Delta x = x - x_0)$$

称为 f 在点 x_0 的微分.

同样地,n 元实值函数 $f(x) = f(x_1, x_2, \cdots, x_n)$ 在点 $x^{(0)} = [x_1^{(0)}, x_2^{(0)}, \cdots, x_n^{(0)}]^T$ 可微,是指存在一个常向量 $A = [a_1, a_2, \cdots, a_n]^T$,使得当 $x \in U(x^{(0)}) \subset \mathbf{R}^n$ 时,有

$$f(x) - f(x^{(0)}) = A^T(x - x^{(0)}) + o(\| x - x^{(0)} \|), \tag{2}$$

或者写成

$$\lim_{x \to x^{(0)}} \frac{f(x) - f(x^{(0)}) - A^T(x - x^{(0)})}{\| x - x^{(0)} \|} = 0. \tag{2'}$$

而且进一步知道,这里的

$$A = \left[\frac{\partial f}{\partial x_1}, \frac{\partial f}{\partial x_2}, \cdots, \frac{\partial f}{\partial x_n} \right]_{x = x^{(0)}}^T ;$$

并把

$$A^{T}(x - x^{(0)}) = \sum_{i=1}^{n} \frac{\partial f(x^{(0)})}{\partial x_i}(x_i - x_i^{(0)})$$

称为 f 在点 $x^{(0)}$ 的微分.

在(1)或(1)′中的 $a(x - x_0)$ 与(2)或(2)′中的 $A^{T}(x - x^{(0)})$,两者具有相同的形式和内涵.因此我们也把(2)式中的 A^{T} 称为 n 元实值函数 f 在点 $x^{(0)}$ 的"导数"(以前称其为梯度 $\mathrm{grad} f(x^{(0)})$),并同样记作 $f'(x^{(0)})$.尤其是把 $a(x - x_0)$ 和 $A^{T}(x - x^{(0)})$ 分别作为 R 和 R^n 中的线性变换来认识时,我们会很自然地建立起一般向量函数的可微性与向量函数的"导数"的概念.

定义 3.1 设 $D \subset R^n$ 为一开集,$f: D \to R^m$,$x^{(0)} \in D$. 如果存在矩阵 $A_{m \times n}$(只与 $x^{(0)}$ 有关),使得 $x \in U(x^{(0)}) \subset D$ 时,有

$$f(x) - f(x^{(0)}) = A(x - x^{(0)}) + o(\| x - x^{(0)} \|), \tag{3}$$

或者

$$\lim_{x \to x^{(0)}} \frac{f(x) - f(x^{(0)}) - A(x - x^{(0)})}{\| x - x^{(0)} \|} = 0, \tag{3′}$$

这时称向量函数 f 在点 $x^{(0)}$ **可微**(或可导),并称 $A(x - x^{(0)})$ 为 f 在点 $x^{(0)}$ 的**微分**,而称其中的矩阵 A 为向量函数 f 在点 $x^{(0)}$ 的**导数**,仍记作 $f'(x^{(0)})$.因而形式

$$A(x - x^{(0)}) = f'(x^{(0)})(x - x^{(0)})$$

同样是 $f(x) - f(x^{(0)})$ 的一个线性逼近,只是当 $m \geq 2$ 时它不再是一实数,而是一个 m 维向量.

如果 f 在 D 中每一点都可微,则称 f 是 D 上的一个**可微函数**.下面来导出矩阵 A 中元素与 f 的分量函数的偏导数之间的联系.为此设

$$f(x) = \begin{bmatrix} f_1(x) \\ \vdots \\ f_m(x) \end{bmatrix}, A = \begin{bmatrix} a_{11} & \cdots & a_{1n} \\ \vdots & & \vdots \\ a_{m1} & \cdots & a_{mn} \end{bmatrix} = \begin{bmatrix} A_1^T \\ \vdots \\ A_m^T \end{bmatrix},$$

其中 $A_i^T = [a_{i1}, \cdots, a_{in}]$,$i = 1, 2, \cdots, m$. 此时,式(3)等价于

$$f_i(x) - f_i(x^{(0)}) = A_i^T(x - x^{(0)}) + o_i(\| x - x^{(0)} \|),$$
$$i = 1, 2, \cdots, m. \tag{4}$$

其中 o_i 是 $o = [o_1, \cdots, o_m]^T$ 的第 i 个高阶无穷小分量.

(4) 式表示 f 的每个分量函数在点 $x^{(0)}$ 可微,由多元实值函数可微的结论知道:

$$a_{ij} = \frac{\partial f_i}{\partial x_j}\bigg|_{x=x^{(0)}}, \quad i=1,2,\cdots,m, \quad j=1,2,\cdots,n.$$

于是,当 f 在点 $x^{(0)}$ 可微时,f 在点 $x^{(0)}$ 的导数为

$$f'(x^{(0)}) = \begin{bmatrix} \dfrac{\partial f_1}{\partial x_1} & \cdots & \dfrac{\partial f_1}{\partial x_n} \\ \vdots & & \vdots \\ \dfrac{\partial f_m}{\partial x_1} & \cdots & \dfrac{\partial f_m}{\partial x_n} \end{bmatrix}_{x=x^{(0)}}. \tag{5}$$

(5) 式所示的矩阵又叫做 f 的**雅可比**(Jacobi)**矩阵**,也常记作 $J_f(x^{(0)})$. 为方便起见,又把(5)式中的每一列称为 f 对相应自变量的偏导数,即把

$$\frac{\partial f}{\partial x_j}\bigg|_{x=x^{(0)}} \stackrel{\text{def}}{=\!=\!=} \begin{bmatrix} \dfrac{\partial f_1}{\partial x_j} \\ \vdots \\ \dfrac{\partial f_m}{\partial x_j} \end{bmatrix}_{x=x^{(0)}}, \quad j=1,2,\cdots,n \tag{6}$$

称为 f 在点 $x^{(0)}$ 对 $x_j(j=1,2,\cdots,n)$ 的**偏导数**. 联系式(5)与式(6),就有

$$f'(x^{(0)}) = \left[\frac{\partial f}{\partial x_1}, \cdots, \frac{\partial f}{\partial x_n}\right]_{x=x^{(0)}}.$$

由于向量函数的可微性等价于它的所有分量函数的可微性,因此有关实值函数可微性的必要条件与充分条件同样适用于向量函数.

定理 3.1 若向量函数 f 在点 $x^{(0)}$ 可微,则 f 在点 $x^{(0)}$ 必连续.

定理 3.2 若向量函数 f 在点 $x^{(0)}$ 可微,则由(6)式所示的 f 在点 $x^{(0)}$ 的所有偏导数都存在;这时由 n 个偏导数按列排列而成的矩阵 $J_f(x^{(0)})$ 便是 f 在点 $x^{(0)}$ 的导数 $f'(x^{(0)})$.

定理 3.3 若向量函数 f 在点 $x^{(0)}$ 的某邻域 $U(x^{(0)})$ 内处处存在偏导数 $\frac{\partial f(x)}{\partial x_j}(j=1,2,\cdots,n)$,且所有这 n 个偏导数在点 $x^{(0)}$ 连续,则 f 在点 $x^{(0)}$ 必定可微.

例 1 设 $D=\{x=[x_1,x_2]^T \mid -\infty<x_1<+\infty, x_2>0\}$ 为一开集,$f: D \rightarrow R^4$,

且

$$f(x) = \left[\, x_1^2 x_2^3,\ \mathrm{e}^{x_1 + x_2},\ x_2,\ x_1 \ln x_2 \,\right]^\mathrm{T}.$$

试求 $f'(x), x \in D$ 和 $f'(x^{(0)}), x^{(0)} = [1,1]^\mathrm{T}$.

解　按以上定义,可得

$$f'(x) = \begin{bmatrix} 2\,x_1 x_2^3 & 3\,x_1^2 x_2^2 \\ \mathrm{e}^{x_1+x_2} & \mathrm{e}^{x_1+x_2} \\ 0 & 1 \\ \ln x_2 & x_1/x_2 \end{bmatrix}, \quad f'(x^{(0)}) = \begin{bmatrix} 2 & 3 \\ \mathrm{e}^2 & \mathrm{e}^2 \\ 0 & 1 \\ 0 & 1 \end{bmatrix}.$$

§3.2　可微函数的性质

下述定理给出了可微函数与连续函数之间进一步的联系,它使不少可微性命题的证明更加简便.

定理 3.4　设 $\mathrm{U}(x^{(0)}) \subset \mathrm{R}^n, f: \mathrm{U}(x^{(0)}) \to \mathrm{R}^m. f$ 在点 $x^{(0)}$ 可微的充要条件是:存在一个 $m \times n$ 的矩阵函数

$$\mathrm{F}: \mathrm{U}(x^{(0)}) \to \mathrm{R}^{mn},$$

它在点 $x^{(0)}$ 连续(相当于它的 n 个列向量函数都在点 $x^{(0)}$ 连续),并有

$$f(x) - f(x^{(0)}) = \mathrm{F}(x)(x - x^{(0)}),\ x \in \mathrm{U}(x^{(0)}); \tag{7}$$

而且进一步知道 $\mathrm{F}(x^{(0)}) = f'(x^{(0)})$.

证　我们先把定义 3.1 中的(3)式改写成如下等价形式:存在 $\eta: D \to \mathrm{R}^m$,使得

$$\left.\begin{aligned} f(x) - f(x^{(0)}) &= \mathrm{A}(x - x^{(0)}) + \eta(x) \parallel x - x^{(0)} \parallel, \\ \lim_{x \to x^{(0)}} \eta(x) &= \mathbf{0}. \end{aligned}\right\} \tag{8}$$

必要性.已知(8)式成立.于是当 $x \neq x^{(0)}$ 时,有

$$\begin{aligned} f(x) - f(x^{(0)}) &= f'(x^{(0)})(x - x^{(0)}) + \eta(x) \parallel x - x^{(0)} \parallel \\ &= \left[f'(x^{(0)}) + \frac{\eta(x)}{\parallel x - x^{(0)} \parallel}(x - x^{(0)})^\mathrm{T} \right](x - x^{(0)}). \quad (9) \end{aligned}$$

现令

$$F(x) = \begin{cases} f'(x^{(0)}) + \dfrac{\eta(x)}{\| x - x^{(0)} \|} (x - x^{(0)})^{\mathrm{T}}, & x \neq x^{(0)} \\ f'(x^{(0)}), & x = x^{(0)}. \end{cases} \tag{10}$$

因为

$$\| F(x) - F(x^{(0)}) \| = \left\| \eta(x) \frac{(x - x^{(0)})^{\mathrm{T}}}{\| x - x^{(0)} \|} \right\|$$

$$\leqslant \| \eta(x) \| \to 0, x \to x^{(0)},$$

所以 F 在点 $x^{(0)}$ 连续. 于是,由(10)式所提供的 F(x),使(9)式满足(7)式的要求.

充分性. 若存在满足(7)式且在点 $x^{(0)}$ 连续的矩阵函数 F,则当 $x \neq x^{(0)}$ 时,有

$$f(x) - f(x^{(0)})$$

$$= F(x^{(0)})(x - x^{(0)}) + [F(x) - F(x^{(0)})](x - x^{(0)})$$

$$= F(x^{(0)})(x - x^{(0)}) + \frac{F(x) - F(x^{(0)})}{\| x - x^{(0)} \|}(x - x^{(0)}) \| x - x^{(0)} \|. \tag{11}$$

现在只需令

$$\eta(x) = \begin{cases} \dfrac{F(x) - F(x^{(0)})}{\| x - x^{(0)} \|}(x - x^{(0)}), & x \neq x^{(0)}, \\ \mathbf{0}, & x = x^{(0)}, \end{cases}$$

则因 F 在点 $x^{(0)}$ 连续,可知 $\lim\limits_{x \to x^{(0)}} \eta(x) = \mathbf{0}$,所以(11)式符合 f 在点 $x^{(0)}$ 可微的等价条件(8). 而且总有

$$A = F(x^{(0)}) = f'(x^{(0)}). \qquad\qquad \square$$

例 1　写出定理 3.4 在 $n = m = 1$ 情形下的相应命题,并用以证明一元实值函数的复合可微性定理.

解　当 $n = m = 1$ 时,定理 3.4 即为:

"设 $f(x)$,$x \in U(x_0) \subset \mathbf{R}$. f 在点 x_0 可微的充要条件是:存在 $F(x)$,$x \in U(x_0)$,它在 x_0 连续,并使得

$$f(x) - f(x_0) = F(x)(x - x_0), \quad x \in U(x_0);$$

而且进一步知道 $F(x_0) = f'(x_0)$. "

一元实值函数的复合可微性定理是:"若 $u = g(x)$ 在 x_0 可导,$y = f(u)$ 在 $u_0 = g(x_0)$ 可导,则复合函数 $f(g(x))$ 在 x_0 可导,且有

$$\frac{\mathrm{d}}{\mathrm{d}x} f(g(x))\Big|_{x=x_0} = f'(u_0)\, g'(x_0).\text{"}$$

现证明如下：

由已知 g 在 x_0 可导和 f 在 u_0 可导，必分别存在 $G(x)$ 和 $F(u)$，使得 G 在 x_0 连续，F 在 u_0 连续，并有

$$g(x) - g(x_0) = G(x)(x - x_0),\, G(x_0) = g'(x_0);$$

$$f(u) - f(u_0) = F(u)(u - u_0),\, F(u_0) = f'(u_0).$$

于是，对于复合函数 $h(x) = f(g(x))$，满足

$$\begin{aligned}
h(x) - h(x_0) &= f(g(x)) - f(g(x_0)) \\
&= F(g(x))\big[g(x) - g(x_0)\big] \\
&= F(g(x))G(x)(x - x_0) \\
&= H(x)(x - x_0).
\end{aligned} \tag{12}$$

其中 $H(x) = F(g(x))G(x)$，由 $g(x)$，$G(x)$ 在 x_0 连续，$F(u)$ 在 $u_0 = g(x_0)$ 连续，故 $H(x)$ 在 x_0 连续. 所以(12)式符合 $h(x)$ 在 x_0 可微的充分条件；而且又有

$$\begin{aligned}
h'(x_0) &= H(x_0) = F(g(x_0))G(x_0) \\
&= F(u_0)G(x_0) = f'(u_0)g'(x_0). \qquad \square
\end{aligned}$$

以下是一般向量函数的导数运算性质.

定理 3.5　设 $D \subset \mathbf{R}^n$ 为开集，$f, g: D \to \mathbf{R}^m$ 是两个在点 $x \in D$ 可微的向量函数，c 是实数. 则 $f \pm g, cf, f^{\mathrm{T}}g$ 在点 x 也都可微，且有

$$(f \pm g)'(x) = f'(x) \pm g'(x),$$

$$(cf)'(x) = cf'(x),$$

$$(f^{\mathrm{T}}g)'(x) = f^{\mathrm{T}}(x)g'(x) + g^{\mathrm{T}}(x)f'(x).$$

定理 3.6　设 $D \subset \mathbf{R}^n$，$E \subset \mathbf{R}^m$ 均为开集，$f: D \to E$ 在点 $x \in D$ 可微，$g: E \to \mathbf{R}^r$ 在点 $y = f(x)$ 可微. 此时，复合函数 $h = g \circ f: D \to \mathbf{R}^r$ 必在点 x 可微，且有

$$h'(x) = (g \circ f)'(x) = g'(y)f'(x). \tag{13}$$

读者可仿照例1，借助定理 3.4 来证明定理 3.6.

公式(13)也称为向量函数复合求导的链式法则. 若令 $u = g(y)$，$y = f(x)$，并用雅可比矩阵表示时，(13)式又成为

$$
\begin{bmatrix}
\dfrac{\partial u_1}{\partial x_1} & \cdots & \dfrac{\partial u_1}{\partial x_n} \\
\vdots & & \vdots \\
\dfrac{\partial u_r}{\partial x_1} & \cdots & \dfrac{\partial u_r}{\partial x_n}
\end{bmatrix}
=
\begin{bmatrix}
\dfrac{\partial u_1}{\partial y_1} & \cdots & \dfrac{\partial u_1}{\partial y_m} \\
\vdots & & \vdots \\
\dfrac{\partial u_r}{\partial y_1} & \cdots & \dfrac{\partial u_r}{\partial y_m}
\end{bmatrix}
\cdot
\begin{bmatrix}
\dfrac{\partial y_1}{\partial x_1} & \cdots & \dfrac{\partial y_1}{\partial x_n} \\
\vdots & & \vdots \\
\dfrac{\partial y_m}{\partial x_1} & \cdots & \dfrac{\partial y_m}{\partial x_n}
\end{bmatrix}. \tag{14}
$$

例 2 设 $w=[f(x,u),g(y,v)]^{\mathrm{T}}$, $u=\psi(x,y,v)$, $v=\varphi(x,y)$ 都是可微函数. 试求 $w'(x,y)$.

解 按链式法则(13)或(14),求得

$$
w'(x,y)=
\begin{bmatrix}
\dfrac{\partial w_1}{\partial x} & \dfrac{\partial w_1}{\partial y} \\
\dfrac{\partial w_2}{\partial x} & \dfrac{\partial w_2}{\partial y}
\end{bmatrix}
$$

$$
=
\begin{bmatrix}
\dfrac{\partial f}{\partial x}+\dfrac{\partial f}{\partial u}\dfrac{\partial u}{\partial x} & \dfrac{\partial f}{\partial y}+\dfrac{\partial f}{\partial u}\dfrac{\partial u}{\partial y} \\
\dfrac{\partial g}{\partial x}+\dfrac{\partial g}{\partial v}\dfrac{\partial v}{\partial x} & \dfrac{\partial g}{\partial y}+\dfrac{\partial g}{\partial v}\dfrac{\partial v}{\partial y}
\end{bmatrix}
$$

$$
=
\begin{bmatrix}
\dfrac{\partial f}{\partial x}+\dfrac{\partial f}{\partial u}\left(\dfrac{\partial \psi}{\partial x}+\dfrac{\partial \psi}{\partial v}\dfrac{\partial \varphi}{\partial x}\right) & \dfrac{\partial f}{\partial u}\left(\dfrac{\partial \psi}{\partial y}+\dfrac{\partial \psi}{\partial v}\dfrac{\partial \varphi}{\partial y}\right) \\
\dfrac{\partial g}{\partial v}\dfrac{\partial \varphi}{\partial x} & \dfrac{\partial g}{\partial y}+\dfrac{\partial g}{\partial v}\dfrac{\partial \varphi}{\partial y}
\end{bmatrix}. \qquad \square
$$

§3.3 微分中值定理与导函数的性质

一、一元函数微分中值定理补叙

一元实值函数的微分中值定理,通常包括罗尔(Rolle)定理、拉格朗日(Lagrange)定理、柯西(Cauchy)定理与泰勒(Taylor)定理. 它们构成微分学的理论核心,是研究函数性态(如:不定式极限、单调性、极值、凸性、拐点)的有效工具. 证明这些中值定理的出发点是下述费马(Fermat)定理:

定理 3.7 设函数 f 在点 x_0 的某邻域 $U(x_0)$ 内有定义,且在点 x_0 可导. 若 x_0 是 f 的极值点,则必有 $f'(x_0)=0$.

通常由定理 3.7 导出罗尔定理,并以罗尔定理为基础逐步推广,得到拉格朗日定理和柯西定理,再由柯西定理导出泰勒定理. 当然也可以由定理 3.7 直接证明柯西定理,然后把拉格朗日定理和罗尔定理看成柯西定理的特殊形式. 下面的定理就

采用这种途径来处理.

定理 3.8（一般形式的中值定理） 设 f 和 g 是 $[a,b]$ 上的两个连续函数, 在 (a,b) 内都可导. 那么必定存在至少一点 $\xi \in (a,b)$, 使得有

$$[f(b) - f(a)]g'(\xi) = [g(b) - g(a)]f'(\xi). \tag{1}$$

证 作辅助函数

$$h(x) = [f(b) - f(a)]g(x) - [g(b) - g(a)]f(x), \quad x \in [a,b].$$

容易知道 h 在 $[a,b]$ 上连续, 在 (a,b) 内可导, 且有

$$h(a) = f(b)g(a) - f(a)g(b) = h(b).$$

要证 (1) 式成立, 就是要证存在某一点 $\xi \in (a,b)$ 使 $h'(\xi)=0$. 事实上, 这就归为证明关于函数 h 的罗尔定理 (下略).   □

在 (1) 式中, 若 $g'(x) \neq 0, x \in (a,b)$, 而且 $g(a) \neq g(b)$, 则得柯西中值公式:

$$\frac{f(b) - f(a)}{g(b) - g(a)} = \frac{f'(\xi)}{g'(\xi)}.$$

又若 $g(x) = x$, 则又得到拉格朗日中值公式:

$$f(b) - f(a) = f'(\xi)(b - a).$$

再若 $f(a) = f(b)$, 这就是罗尔定理的结论: $f'(\xi) = 0$.

二、导函数的性质

费马定理和微分中值定理除了能用来讨论函数的性态外, 还能对导函数有哪些特殊性质作出研究.

定理 3.9（导数介值定理） 若函数 f 在某区间 I 上可导, $[a,b] \subset I, f'(a) \neq f'(b)$, 则对于在 $f'(a)$ 与 $f'(b)$ 之间的任一实数 μ, 必定至少存在一点 $\xi \in (a, b)$, 使得 $f'(\xi) = \mu$.

证 令 $g(x) = f(x) - \mu x$, 则 $g'(x) = f'(x) - \mu$. 现只需证明存在 $\xi \in (a, b)$, 使 $g'(\xi) = 0$.

不妨设 $f'(a) < \mu < f'(b)$, 于是 $g'(a) < 0, g'(b) > 0$. 由

$$g'(a) = \lim_{x \to a} \frac{g(x) - g(a)}{x - a} < 0,$$

根据极限保号性, 存在 $x_1 \in U^\circ_+(a)$, 使 $g(x_1) < g(a)$; 同理, 由 $g'(b) > 0$, 存在 $x_2 \in U^\circ_-(b)$, 使 $g(x_2) < g(b)$. 由此可见, 连续函数 $g(x)$ 在 $[a,b]$ 上的最小值不可能在端点 a 和 b 处取得, 于是只能在某个内点 $\xi \in (a,b)$ 处取得. 这样, $g(\xi)$ 既

是 g 在 $[a,b]$ 上的最小值,也是 g 的一个极小值. 由费马定理,必使 $g'(\xi)=0$,即 $f'(\xi)=\mu$. □

说明 以前我们知道,连续函数具有介值性. 现在定理 3.9 又告诉我们,导函数无论是否连续,它必定具有介值性;也就是说,导函数不可能出现第一类间断点,这是导函数的一个特殊性质. 下面的导数极限定理是导函数的另一特殊性质.

定理 3.10(导数极限定理) 设 $f(x)$ 在点 x_0 的某邻域 $U(x_0)$ 上连续,在去心邻域 $U^\circ(x_0)$ 内可导. 若极限 $\lim\limits_{x \to x_0} f'(x)$ 存在,则 f 在点 x_0 必定可导,且

$$f'(x_0) = \lim_{x \to x_0} f'(x). \tag{2}$$

证 本定理的证明需要通过分别证明

$$f'_+(x_0) = f'(x_0 + 0) \quad \text{和} \quad f'_-(x_0) = f'(x_0 - 0) \tag{3}$$

来完成.

设 $x \in U^\circ_+(x_0)$. 由 f 在 $[x_0, x]$ 上连续,在 (x_0, x) 内可导,依据拉格朗日定理,存在 $\xi_x \in (x_0, x)$,使得

$$f'(\xi_x) = \frac{f(x) - f(x_0)}{x - x_0}.$$

由于当 $x \to x_0^+$ 时也有 $\xi_x \to x_0^+$,因此对上式取右极限后得到

$$f'_+(x_0) = \lim_{x \to x_0^+} \frac{f(x) - f(x_0)}{x - x_0} = \lim_{x \to x_0^+} f'(\xi_x)$$

$$= \lim_{x \to x_0^+} f'(x) = f'(x_0 + 0).$$

同理可证 (3)式中的后一等式.

因为 $\lim\limits_{x \to x_0} f'(x)$ 存在,所以 $f'(x_0 + 0) = f'(x_0 - 0)$,于是证得 $f'_+(x_0) = f'_-(x_0)$,即 f 在点 x_0 可导,且有(2)式成立. □

注意 当 f 在点 x_0 不连续(从而不可导)时,$\lim\limits_{x \to x_0} f'(x)$ 仍可存在. 例如

$$f(x) = \begin{cases} e^x, & x > 0, \\ \sin x, & x \leqslant 0. \end{cases}$$

由于当 $x \neq 0$ 时,有

$$f'(x) = \begin{cases} e^x, & x > 0, \\ \cos x, & x < 0, \end{cases}$$

因此有

$$f'(0+0) = \lim_{x \to 0^+} f'(x) = \lim_{x \to 0^+} e^x = 1,$$

$$f'(0-0) = \lim_{x \to 0^-} f'(x) = \lim_{x \to 0^-} \cos x = 1,$$

从而 $\lim\limits_{x \to 0} f'(x) = 1$. 然而 f 在 $x=0$ 处却因不连续而不可导, 于是 (2) 式对此 $f(x)$ 不成立.

如果把 $f(x)$ 改为

$$g(x) = \begin{cases} e^x - 1, & x > 0, \\ \sin x, & x \leqslant 0. \end{cases}$$

这时 $g(x)$ 在 $x=0$ 处连续; 当 $x \neq 0$ 时, $g'(x) = f'(x)$, 且

$$\lim_{x \to 0} g'(x) = \lim_{x \to 0} f'(x) = 1.$$

所以 $g(x)$ 满足定理 3.10 的条件, 故有

$$g'(0) = \lim_{x \to 0} g'(x) = 1.$$

由此可见, 在使用等式 (2) 时, 必须检验 f 在点 x_0 是否连续这个必要条件.

*三、向量函数的微分中值不等式

对于最一般的向量函数来说, 其微分中值定理的结论, 通常是一个不等式. 类似于讨论多元实值函数的微分中值定理那样, 这里同样需要假设函数的定义域是一个凸域. 即若任给 x'、$x'' \in D$, 对任何 $\lambda (0 \leqslant \lambda \leqslant 1)$, 必有

$$x = \lambda x' + (1-\lambda) x'' \in D \subset \mathbf{R}^n,$$

则称 D 是 $\mathbf{R}^n$ 中的一个**凸域**. 显然, 凸域 D 的几何特征是其中任意两点的连线都含于 D.

定理 3.11(微分中值不等式) 设 $D \subset \mathbf{R}^n$ 为一凸开域, $f: D \to \mathbf{R}^m$. 若 f 在 D 上可微, 则对任何两点 $a, b \in D$, 必存在相应的点

$$\xi = a + \theta(b-a), 0 < \theta < 1,$$

使得有

$$\| f(b) - f(a) \| \leqslant \| f'(\xi) \| \cdot \| b - a \|^{①}. \tag{4}$$

证 令

$$\varphi(x) = [f(b) - f(a)]^{\mathrm{T}} f(x), \quad x \in D,$$

它是凸域 D 上的一个 n 元实值函数. 由微分中值定理, 存在 a, b 两点连线上的某一点

$$\xi = a + \theta(b - a), \quad 0 < \theta < 1,$$

使得有

$$\varphi(b) - \varphi(a) = \varphi'(\xi)(b - a).$$

一方面, 上式中的

$$\varphi'(\xi) = [f(b) - f(a)]^{\mathrm{T}} f'(\xi);$$

另一方面, 又有

$$\varphi(b) - \varphi(a) = [f(b) - f(a)]^{\mathrm{T}} [f(b) - f(a)]$$
$$= \| f(b) - f(a) \|^{2};$$

所以得到

$$\| f(b) - f(a) \|^{2} = [f(b) - f(a)]^{\mathrm{T}} f'(\xi)(b - a)$$
$$\leqslant \| f(b) - f(a) \| \cdot \| f'(\xi) \| \cdot \| b - a \|.$$

由此约去 $\| f(b) - f(a) \|$ 之后, 即为不等式 (4). □

说明 向量函数的微分中值公式之所以不是一个等式, 其实原因很简单——如果写出 f 的每一个分量函数 $f_i (i = 1, 2, \cdots, m)$ 的微分中值公式:

$$f_i(b) - f_i(a) = f'_i(\xi_i)(b - a), \quad i = 1, 2, \cdots, m,$$

那么, 只有当 $\xi_1 = \xi_2 = \cdots = \xi_m = \xi$ 时, 才能把这 m 个等式合写成向量形式:

$$f(b) - f(a) = f'(\xi)(b - a).$$

然而在通常情况下这是难以保证的.

推论 在定理 3.11 的条件下, 又若 $f'(x)$ 在 D 上有界, 即存在 $M > 0$, 使 $\| f'(x) \| \leqslant M, x \in D$, 则对任何 $a, b \in D$, 必有

$$\| f(b) - f(a) \| \leqslant M \| b - a \|.$$

定理 3.11 及其推论是进一步研究不动点问题和一般反函数组存在定理的有

---

① 这里的 $\| f'(\xi) \|$ 是一个 $m \times n$ 矩阵的模 (范数), 一般地, 矩阵 $A = (a_{ij})_{m \times n}$ 的模有多种定义, 其中之一是 $\| A \| = \sqrt{\sum\limits_{i=1}^{m} \sum\limits_{j=1}^{n} a_{ij}^2}$. 这相当于把 A 看作 mn 维向量, 所以向量模的性质对矩阵模同样成立.

力工具.

§3.4 凸 函 数

凸集与凸函数在许多数学领域里有着特别重要的意义.

定义 3.2 设 $D \subset R^n$ 为凸域, $f: D \to R$. 如果对于 D 中任意两点 x' 与 x'', 以及任一实数 $\lambda(0 < \lambda < 1)$, 恒有

$$f(\lambda x' + (1 - \lambda) x'') \leqslant \lambda f(x') + (1 - \lambda) f(x''), \tag{1}$$

则称 f 是 D 上的一个**凸函数**; 当把(1)式中的"$\leqslant$"改为"$<$"时, f 是 D 上的一个**严格凸函数**. 又若把(1)式中的不等号改向, 则称 f 是**凹(严格凹)函数**.

函数的凸性与函数的连续性、函数的可导性之间存在着密切的联系. 为叙述方便起见, 下面只限于讨论一元凸函数的性质, 对于 $n \geqslant 2$ 的多元凸函数, 这些性质在未加特别声明时也同样成立.

图 3.1 的(a)和(b)分别是一元凸函数和二元凸函数的直观形象.

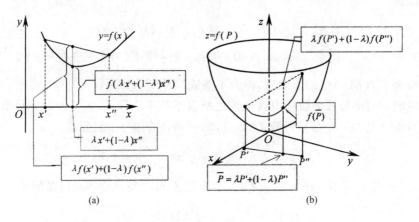

(a)   (b)

图 3.1

定理 3.12 f 在区间 I 上为凸函数的充要条件是: 对一切 $\alpha, \beta, \gamma \in I (\alpha < \beta < \gamma)$, 恒有

$$\frac{f(\beta) - f(\alpha)}{\beta - \alpha} \leqslant \frac{f(\gamma) - f(\alpha)}{\gamma - \alpha} \leqslant \frac{f(\gamma) - f(\beta)}{\gamma - \beta}. \tag{2}$$

证 结论(2)式的意义为: 如图 3.2 所示, 在曲线 $y = f(x)$ 上自左至右任取三点 P, Q, R, 则两两相连所得线段的斜率满足

$$K_{PQ} \leqslant K_{PR} \leqslant K_{QR}.$$

必要性. 由于 $0 < \lambda = \dfrac{\gamma - \beta}{\gamma - \alpha} < 1$, $\beta = \lambda\alpha +$ $(1-\lambda)\gamma$, 而 f 为凸函数, 由定义 3.2 推知

$$f(\beta) = f(\lambda\alpha + (1-\lambda)\gamma) \leqslant \lambda f(\alpha) + (1-\lambda)f(\gamma)$$

$$= \frac{\gamma - \beta}{\gamma - \alpha}f(\alpha) + \frac{\beta - \alpha}{\gamma - \alpha}f(\gamma). \qquad (3)$$

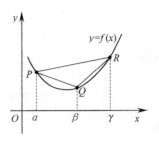

图 3.2

进而得到

$$(\gamma - \alpha)f(\beta) \leqslant (\gamma - \beta)f(\alpha) + (\beta - \alpha)f(\gamma)$$

$$= [(\gamma - \alpha)f(\alpha) - (\beta - \alpha)f(\alpha)] + (\beta - \alpha)f(\gamma), \qquad (4)$$

即

$$(\gamma - \alpha)[f(\beta) - f(\alpha)] \leqslant (\beta - \alpha)[f(\gamma) - f(\alpha)],$$

于是 (2) 式的左部不等式成立. 再把 (4) 式改写成

$$(\gamma - \alpha)f(\beta) \leqslant (\gamma - \beta)f(\alpha) + [(\beta - \gamma)f(\gamma) + (\gamma - \alpha)f(\gamma)],$$

即

$$(\gamma - \beta)[f(\gamma) - f(\alpha)] \leqslant (\gamma - \alpha)[f(\gamma) - f(\beta)],$$

于是 (2) 式的右部不等式也成立.

充分性. 由 α, β, γ 在 I 上的任意性, 从条件不等式 (2) 又可逆推出 (3), 故 f 在 I 上为一凸函数. □

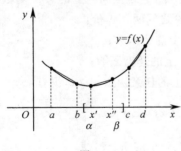

图 3.3

注 当定理 3.12 推广至多元凸函数时, α, β, γ 三点须在同一直线上; 而 $\beta - \alpha, \gamma - \alpha, \gamma - \beta$ 则应分别改写为 $\|\beta - \alpha\|, \|\gamma - \alpha\|, \|\gamma - \beta\|$.

定理 3.13 设 f 是开区间 I 上的一个凸函数. 若 $[\alpha, \beta] \subset I$, 则 f 在 $[\alpha, \beta]$ 上满足利普希茨 (Lipschitz) 条件.

证 如图 3.3 所示, 当取定 $[\alpha, \beta] \subset I$ 后, 由于 I 是开区间, 必能在 I 中选取四点 a, b, c, d, 满足

$$a < b < \alpha < \beta < c < d.$$

应用定理 3.12, 任取 x'、$x'' \in [\alpha, \beta]$, $x' < x''$, 得到

$$\frac{f(b) - f(a)}{b - a} \leqslant \frac{f(x'') - f(x')}{x'' - x'} \leqslant \frac{f(d) - f(c)}{d - c}.$$

现令

$$L = \max\left\{ \left| \frac{f(b) - f(a)}{b - a} \right|, \left| \frac{f(d) - f(c)}{d - c} \right| \right\},$$

则有

$$\left| \frac{f(x'') - f(x')}{x'' - x'} \right| \leqslant L, \quad x', x'' \in [\alpha, \beta].$$

由于上述常数 L 与 $[\alpha, \beta]$ 中的点 x', x'' 无关, 因此 f 在 $[\alpha, \beta]$ 上满足利普希茨条件: $\exists L > 0$, 使

$$| f(x'') - f(x') | \leqslant L | x'' - x' |, \quad \forall x', x'' \in [\alpha, \beta].$$

由 $[\alpha, \beta]$ 在 I 上的任意性, 证得 f 在 I 的任一内闭区间上都满足利普希茨条件. □

由定理 3.12 和定理 3.13, 可得以下两个重要推论:

推论 1　若 f 在开区间 I 上为凸函数, 则 f 在 I 中处处连续.

推论 2　若 f 在开区间 I 上为凸函数, 则 f 在 I 中每一点处的左、右导数都存在.

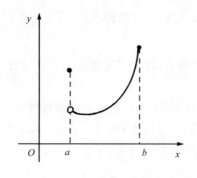

图 3.4

(证明留作习题.)

由以上推论 1 又可知道: 在闭区间 $[a, b]$ 上的任一凸函数, 只可能在端点 a 或 b 处发生间断 (如图 3.4 所示).

定理 3.14　设 f 为区间 I 上的可微函数. 则如下三个结论之间两两等价:

(i) f 为 I 上的凸函数;

(ii) f' 为 I 上的递增函数;

(iii) 对 I 上的任意两点 x_0, x, 恒有

$$f(x) \geqslant f(x_0) + f'(x_0)(x - x_0).$$

证　(i) $\Rightarrow$ (ii)　$\forall x_1, x_2 \in I (x_1 < x_2)$, 以及充分小的 $h > 0$, 使

$$x_1 < x_1 + h < x_2 - h < x_2,$$

据定理 3.12, 有

$$\frac{f(x_1 + h) - f(x_1)}{h} \leqslant \frac{f(x_2) - f(x_1)}{x_2 - x_1} \leqslant \frac{f(x_2) - f(x_2 - h)}{h}.$$

再由 f 可微,当 $h \to 0^{+}$ 时,对上述不等式取极限后得到

$$f'(x_1) \leqslant \frac{f(x_2) - f(x_1)}{x_2 - x_1} \leqslant f'(x_2).$$

所以 f' 为 I 上的递增函数.

(ii)$\Rightarrow$(iii) $\forall [x_0, x] \subset I$,由微分中值定理和 f' 递增,便可证得

$$f(x) - f(x_0) = f'(\xi)(x - x_0) \geqslant f'(x_0)(x - x_0).$$

当 $x < x_0$ 时,也能证得相同结论.故结论(iii)成立.

(iii)$\Rightarrow$(i) $\forall x_1, x_2 \in I, \lambda \in (0,1)$.若记 $x_3 = \lambda x_1 + (1-\lambda) x_2$,则有

$$x_1 - x_3 = (1-\lambda)(x_1 - x_2), \quad x_2 - x_3 = \lambda(x_2 - x_1).$$

根据条件(iii),得到

$$f(x_1) \geqslant f(x_3) + f'(x_3)(x_1 - x_3) = f(x_3) + (1-\lambda) f'(x_3)(x_1 - x_2),$$

$$f(x_2) \geqslant f(x_3) + f'(x_3)(x_2 - x_3) = f(x_3) + \lambda f'(x_3)(x_2 - x_1).$$

由此便证得

$$\lambda f(x_1) + (1-\lambda) f(x_2) \geqslant f(x_3) = f(\lambda x_1 + (1-\lambda) x_2),$$

即 f 为 I 上的凸函数.   □

注   以上论断(iii)的几何意义是:曲线 $y = f(x)$ 上任意一点处的切线(如果存在)恒位于曲线的下方.在 f 为可微函数的前提下,常用切线与曲线的位置关系来表述凸(凹)函数.但是在可微性条件不满足时,凸函数还得用曲线与其任一弦的位置关系来定义.所以,定义 3.2 是凸函数的一般定义.

以下是定理 3.14 的推论.

推论 1   设 f 在区间 I 上二阶可导,则有

$$f \text{ 在 I 上为凸函数} \Leftrightarrow f''(x) \geqslant 0, \quad x \in I.$$

推论 2   设 f 是区间 I 上的可微凸函数,则有

$$x_0 \in I \text{ 是 } f \text{ 的极小值点} \Leftrightarrow f'(x_0) = 0.$$

(证明留作习题.)

定理 3.15(詹森(Jensen)不等式)   设 f 为区间 I 上的凸函数,$x_i \in I, i = 1, 2, \cdots, n, \lambda_i > 0, \sum_{i=1}^{n} \lambda_i = 1$.这时有如下詹森不等式:

$$f(\lambda_1 x_1 + \cdots + \lambda_n x_n) \leqslant \lambda_1 f(x_1) + \cdots + \lambda_n f(x_n). \tag{5}$$

证（用数学归纳法）　当 $n=2$ 时，(5)式即为凸函数的定义式(1). 设 $n=k-1$ 时(5)式成立，即对于 $\alpha_i>0$，$\sum_{i=1}^{k-1} \alpha_i=1$，有

$$f(\alpha_1 x_1+\cdots+\alpha_{k-1} x_{k-1}) \leqslant \alpha_1 f(x_1)+\cdots+\alpha_{k-1} f(x_{k-1}).$$

于是，当 $\lambda_i>0$，$\sum_{i=1}^{k} \lambda_i=1$ 时，只须令

$$\alpha_i=\frac{\lambda_i}{1-\lambda_k}, \quad i=1,2,\cdots,k-1,$$

就有

$$f(\lambda_1 x_1+\cdots+\lambda_{k-1} x_{k-1}+\lambda_k x_k)$$

$$= f\left[(1-\lambda_k)\cdot\frac{\lambda_1 x_1+\cdots+\lambda_{k-1} x_{k-1}}{1-\lambda_k}+\lambda_k x_k\right]$$

$$\leqslant (1-\lambda_k)f\left[\frac{\lambda_1 x_1+\cdots+\lambda_{k-1} x_{k-1}}{1-\lambda_k}\right]+\lambda_k f(x_k)$$

$$= (1-\lambda_k)f(\alpha_1 x_1+\cdots+\alpha_{k-1} x_{k-1})+\lambda_k f(x_k)$$

$$\leqslant (1-\lambda_k)\left[\alpha_1 f(x_1)+\cdots+\alpha_{k-1} f(x_{k-1})\right]+\lambda_k f(x_k)$$

$$= \lambda_1 f(x_1)+\cdots+\lambda_{k-1} f(x_{k-1})+\lambda_k f(x_k). \qquad \square$$

注　由以上证明过程知道，詹森不等式(5)也可用来替换凸函数的定义式(1).

詹森不等式有着广泛的应用（也就是凸函数的应用），特别是由它可以导出其他一些有用的不等式.

例 1　由 $f(x)=\ln x$ 的凸性，利用詹森不等式来导出平均值不等式.

解　由于 $f''(x)=-\dfrac{1}{x^2}<0$，故 f 在 $(0,+\infty)$ 上是凹函数. 对于凹函数，詹森不等式(5)应取反向.

设 $x_i>0$，$i=1,2,\cdots,n$；并取 $\lambda_i=\dfrac{1}{n}$，$i=1,2,\cdots,n$，显然有 $\sum_{i=1}^{n} \lambda_i=1$. 把它们代入反向的(5)式，得到

$$\ln\frac{x_1+\cdots+x_n}{n} \geqslant \frac{1}{n}(\ln x_1+\cdots+\ln x_n)$$

$$= \ln\sqrt[n]{x_1\cdots x_n}.$$

由于 $f(x)=\ln x$ 是递增函数,因此得到

$$\sqrt[n]{x_1 \cdots x_n} \leqslant \frac{x_1 + \cdots + x_n}{n}.$$

再由 $g(x)=-\ln x=\ln \frac{1}{x}$ 为一凸函数,类似地又有

$$-\ln \frac{\frac{1}{x_1} + \cdots + \frac{1}{x_n}}{n} \leqslant -\frac{1}{n}\left(\ln \frac{1}{x_1} + \cdots + \ln \frac{1}{x_n}\right)$$

$$= \ln \sqrt[n]{x_1 \cdots x_n},$$

同理又得

$$\frac{n}{\frac{1}{x_1} + \cdots + \frac{1}{x_n}} \leqslant \sqrt[n]{x_1 \cdots x_n}.$$

把它们综合起来,就是著名的平均值不等式:

$$\frac{n}{\frac{1}{x_1} + \cdots + \frac{1}{x_n}} \leqslant \sqrt[n]{x_1 \cdots x_n} \leqslant \frac{x_1 + \cdots + x_n}{n}. \qquad \Box$$

*例 2 证明:对于 $a_i>0, b_i>0(i=1,2,\cdots,n)$ 和 $p>0, q>0\left(\frac{1}{p}+\frac{1}{q}=1\right)$,
必有

$$\sum_{i=1}^{n} a_i b_i \leqslant \left(\sum_{i=1}^{n} a_i^p\right)^{\frac{1}{p}} \cdot \left(\sum_{i=1}^{n} b_i^q\right)^{\frac{1}{q}}. \qquad (6)$$

证 考虑函数 $f(x)=x^{\frac{1}{q}}$. 由于

$$f'(x) = \frac{1}{q}x^{\frac{1}{q}-1}, f''(x) = \frac{1}{q}\left(\frac{1}{q}-1\right)x^{\frac{1}{q}-2} < 0,$$

因此 f 在 $x>0$ 时为一凹函数. 对于

$$x_i = \frac{b_i^q}{a_i^q}, \quad \lambda_i = \frac{a_i^p}{\sum_{i=1}^{n} a_i^p}, \quad i = 1,2,\cdots,n,$$

代入(5)的反向式后得到

$$\frac{1}{\sum\limits_{i=1}^{n} a_i^p} \left[a_1^p \left(\frac{b_1^q}{a_1^p} \right)^{\frac{1}{q}} + \cdots + a_n^p \left(\frac{b_n^q}{a_n^p} \right)^{\frac{1}{q}} \right] \leqslant \frac{\left(\sum\limits_{i=1}^{n} b_i^q \right)^{\frac{1}{q}}}{\left(\sum\limits_{i=1}^{n} a_i^p \right)^{\frac{1}{q}}}.$$

因 $\frac{1}{p} + \frac{1}{q} = 1$,故 $p - \frac{1}{q} = 1$,于是上式左边化为

$$\frac{1}{\sum\limits_{i=1}^{n} a_i^p} \left[b_1 a_1^{p-\frac{p}{q}} + \cdots + b_n a_n^{p-\frac{p}{q}} \right] = \frac{a_1 b_1 + \cdots + a_n b_n}{\sum\limits_{i=1}^{n} a_i^p},$$

从而证得

$$\sum_{i=1}^{n} a_i b_i \leqslant \sum_{i=1}^{n} a_i^p \cdot \frac{\left(\sum\limits_{i=1}^{n} b_i^q \right)^{\frac{1}{q}}}{\left(\sum\limits_{i=1}^{n} a_i^p \right)^{\frac{1}{q}}} = \left(\sum_{i=1}^{n} a_i^p \right)^{\frac{1}{p}} \left(\sum_{i=1}^{n} b_i^q \right)^{\frac{1}{q}}. \qquad \square$$

不等式(6)叫霍尔德(Hölder)不等式.

§3.5　例题续编

下面例1—例7是一元实值函数微分学的问题.

例1　设 $f(x)$ 在 $[0, +\infty)$ 上可导,且

$$f(0) = 0, \quad 0 \leqslant f'(x) \leqslant f(x).$$

试证:在 $[0, +\infty)$ 上 $f(x) \equiv 0$.

证　由于 $f'(x) - f(x) \leqslant 0$,因此有

$$[e^{-x} f(x)]' = e^{-x} [f'(x) - f(x)] \leqslant 0.$$

从而知道 $g(x) = e^{-x} f(x)$ 在 $[0, +\infty)$ 上为递减函数. 又因 $g(0) = f(0) = 0$,所以

$$e^{-x} f(x) \leqslant 0 \quad \Rightarrow f(x) \leqslant 0, \quad x \in [0, +\infty).$$

另一方面,因 $f'(x) \geqslant 0$, $f(0) = 0$,又推知 $f(x)$ 递增,且有

$$f(x) \geqslant f(0) = 0, \quad x \in [0, +\infty).$$

把两者综合起来,便证得 $f(x) \equiv 0, x \in [0, +\infty)$. $\qquad \square$

例2　证明:若 $f(x)$ 在 $(0, +\infty)$ 内可导,且 $\lim\limits_{x \to +\infty} f'(x) = 0$,则 $\lim\limits_{x \to +\infty} \frac{f(x)}{x} = 0$.

证　$\forall \varepsilon > 0$,由 $\lim\limits_{x \to +\infty} f'(x) = 0$, $\exists A > 0$,使当 $x > A$ 时,有

$$| f'(x) |< \frac{\varepsilon}{2}.$$

在$[A, x]$上使用微分中值定理，$\exists \xi_x \in (A, x)$，使得

$$f(x) - f(A) = f'(\xi_x)(x - A).$$

由此得到

$$\left| \frac{f(x)}{x} \right| = \left| \frac{f(A)}{x} + f'(\xi_x)(1 - \frac{A}{x}) \right|$$

$$\leqslant \left| \frac{f(A)}{x} \right| + | f'(\xi_x) |(1 - \frac{A}{x})$$

$$< \left| \frac{f(A)}{x} \right| + \frac{\varepsilon}{2}.$$

所以当取 $X = \max\left\{ A, \frac{2| f(A) |}{\varepsilon} \right\}$，且 $x > X$ 时，便有

$$\left| \frac{f(x)}{x} \right| < \varepsilon,$$

即证得 $\lim\limits_{x \to +\infty} \dfrac{f(x)}{x} = 0.$ □

注意：条件 $\lim\limits_{x \to +\infty} f'(x) = 0$，并不意味着必有 $\lim\limits_{x \to +\infty} f(x) = c$（常数）．例如

$$f(x) = \ln x, \sqrt{x}, \sin(\ln x), \cdots,$$

虽然当 $x \to +\infty$ 时，这些函数都不趋于常数，但仍能满足 $\lim\limits_{x \to +\infty} f'(x) = 0.$

例3 证明不等式：

$$\frac{\tan x}{x} > \frac{x}{\sin x}, \qquad x \in \left[0, \frac{\pi}{2}\right).$$

证 设 $f(x) = \sin x \tan x - x^2$，只须证明

$$f(x) > 0, \qquad x \in \left[0, \frac{\pi}{2}\right).$$

为此需求出

$$f'(x) = \sin x(1 + \sec^2 x) - 2x,$$

$$f''(x) = \cos x(1 + \sec^2 x) + 2\sin^2 x \sec^3 x - 2,$$

$$f'''(x) = \sin x(5\sec^2 x - 1) + 6\sin^3 x \sec^4 x.$$

由于 $f(x), f'(x), f''(x)$ 在 $x=0$ 处连续,且有

$$f(0) = f'(0) = f''(0) = 0,$$

$$f'''(x) > 0, \quad x \in \left[0, \frac{\pi}{2}\right],$$

因此可相继推得

$$f''(x) \text{ 递增} \Rightarrow f''(x) > f''(0) = 0$$

$$\Rightarrow f'(x) \text{ 递增} \Rightarrow f'(x) > f'(0) = 0$$

$$\Rightarrow f(x) \text{ 递增} \Rightarrow f(x) > f(0) = 0,$$

$$x \in \left[0, \frac{\pi}{2}\right]. \qquad\qquad □$$

例 4   设函数 $f(x)$ 在 $(-\infty, +\infty)$ 上有界,且二阶可导. 证明:存在点 x_0,使得 $f''(x_0)=0$.

分析   若能证得 $f''(x)$ 在 $(-\infty, +\infty)$ 上变号,则由导函数必定具有介值性(定理 3.9),便推知存在 x_0,使 $f''(x_0)=0$(亦即证明 f 必定有拐点).

证(用反证法) 倘若 $f''(x) > 0, x \in (-\infty, +\infty)$,则 $f'(x)$ 严格递增. 现取一点 x_1,使 $f'(x_1) \neq 0$(这种点 x_1 必定存在,否则将使 $f'(x) \equiv 0$,则 $f''(x) \equiv 0$).

若 $f'(x_1) > 0$,则当 $x > x_1$ 时,有

$$f(x) = f(x_1) + f'(\xi)(x - x_1)$$

$$> f(x_1) + f'(x_1)(x - x_1)$$

$$\rightarrow +\infty \quad (x \rightarrow +\infty);$$

又若 $f'(x_1) < 0$,则当 $x < x_1$ 时,又有

$$f(x) = f(x_1) + f'(\eta)(x - x_1)$$

$$> f(x_1) + f'(x_1)(x - x_1)$$

$$\rightarrow +\infty \quad (x \rightarrow -\infty).$$

这样得到的结论 $\lim\limits_{x \to \infty} f(x) = +\infty$ 显然与 $f(x)$ 有界的假设相矛盾,所以 $f''(x)$ 不可能恒大于 0.

同理可证 $f''(x)$ 不可能恒小于 0. 于是 $f''(x)$ 在 $(-\infty, +\infty)$ 上必定变号,由前面分析知道,本例命题成立.   □

例 5   设 $f(x)$ 在区间 I 上为一严格凸函数. 试证:若 $f(x)$ 在 I 上存在极小

值,则极小值点是惟一的.

证 倘若 f 在 I 上存在两个极小值点 a 与 $b(a<b)$,如图 3.5 所示,不妨设 $f(a)\leqslant f(b)$.

由于 f 为严格凸,故 $f(x)$ 在 I 中任何一小段上不能取常值,于是上述 a 与 b 是 f 的严格极小值点.据此,在点 b 左侧近旁总可找到一点 c,满足

$$a<c<b, \quad f(c)>f(b).$$

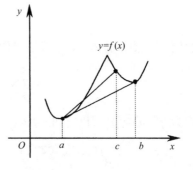

图 3.5

这时,由

$$f(c)-f(a)>f(b)-f(a)\geqslant 0,$$

$$0<c-a<b-a,$$

便可得到

$$\frac{f(c)-f(a)}{c-a}>\frac{f(b)-f(a)}{b-a}.$$

而这与凸函数的充要条件(定理 3.12)相矛盾,故 f 在 I 上只有惟一一个极值点.

□

*例6 设 $f''(x)$ 在 $U(a)$ 内连续,$f''(a)\neq 0$,对于 $a+h\in U(a)$,由微分中值定理,存在 $\theta(0<\theta<1)$,使得有

$$f(a+h)-f(a)=hf'(a+\theta h). \tag{1}$$

试证:$\lim\limits_{h\to 0}\theta=\dfrac{1}{2}$.(此结论表示:当 $|h|$ 越来越小时,中值点 $a+\theta h$ 将越来越靠近 a 与 $a+h$ 的中点.)

证 一方面,对 f' 应用中值定理:

$$f'(a+\theta h)=f'(a)+\theta hf''(a+\theta_1\theta h), \quad 0<\theta_1<1.$$

把它代入(1)式,得到

$$f(a+h)=f(a)+hf'(a)+\theta h^2 f''(a+\theta_1\theta h). \tag{2}$$

另一方面,根据泰勒公式,又有 $\theta_2(0<\theta_2<1)$,使

$$f(a+h)=f(a)+hf'(a)+\frac{1}{2}h^2 f''(a+\theta_2 h). \tag{3}$$

比较(2),(3)两式,得到

$$\theta f''(a + \theta_1 \theta h) = \frac{1}{2} f''(a + \theta_2 h).$$

利用 f'' 在点 a 连续,对上式取极限 $(h \to 0)$,又得

$$f''(a) \lim_{h \to 0} \theta = \frac{1}{2} f''(a).$$

因为 $f''(a) \neq 0$,所以有 $\lim_{h \to 0} \theta = \frac{1}{2}$.   □

例 7 设 $f(x)$ 在 $[0,2]$ 上二阶可导,且当 $x \in [0,2]$ 时,满足

$$|f(x)| \leqslant 1, \ |f''(x)| \leqslant 1.$$

试证: $|f'(x)| \leqslant 2, \ x \in [0,2]$.

证　对于任意取定的 $x \in [0,2]$,由泰勒公式:

$$f(0) = f(x) - x f'(x) + \frac{x^2}{2} f''(\xi_1), \quad 0 < \xi_1 < x;$$

$$f(2) = f(x) + (2 - x) f'(x) + \frac{(2 - x)^2}{2} f''(\xi_2), \quad x < \xi_2 < 2.$$

两式相减后,得到

$$f(2) - f(0) = 2 f'(x) + \frac{(2 - x)^2}{2} f''(\xi_2) - \frac{x^2}{2} f''(\xi_1),$$

$$2 f'(x) = f(2) - f(0) + \frac{1}{2} \left[x^2 f''(\xi_1) - (2 - x)^2 f''(\xi_2) \right],$$

$$2 |f'(x)| \leqslant |f(2)| + |f(0)| + \frac{1}{2} \left[x^2 |f''(\xi_1)| + (2 - x)^2 |f''(\xi_2)| \right]$$

$$\leqslant 1 + 1 + \frac{1}{2} \left[x^2 + (2 - x)^2 \right]$$

$$= (x - 1)^2 + 3 \leqslant 1 + 3 = 4, \ x \in [0,2].$$

这就证得 $|f'(x)| \leqslant 2, x \in [0,2]$.   □

　　注　可给此例一个有趣的力学陈述:作直线运动的物体,如果在 $[0,2]$ 这段时间内,位移与加速度的值都不超过 1,那么在此期间的速度的值就不会超过 2.

　　下面例 8—例 15 是多元实值函数微分学的问题.

　　例 8　设函数

$$f(x, y) = \begin{cases} \dfrac{xy}{\sqrt{x^2 + y^2}}, & x^2 + y^2 \neq 0, \\[3mm] 0, & x^2 + y^2 = 0. \end{cases}$$

试证：f 在 R^2 上连续，f'_x，f'_y 有界，但 f 在原点 $(0,0)$ 处不可微.

    证 (i) 当 $x^2+y^2\neq0$ 时，f 为二元初等函数，处处连续. 而当 $x^2+y^2=0$ 时，因

$$\left|\frac{xy}{\sqrt{x^2+y^2}}-0\right|\leqslant\frac{x^2+y^2}{2\sqrt{x^2+y^2}}$$

$$=\frac{1}{2}\sqrt{x^2+y^2}\to0,\ (x,y)\to(0,0),$$

所以 f 在点 $(0,0)$ 也连续.

    (ii) 容易求得

$$f'_x(x,y)=\begin{cases}\dfrac{y^3}{(x^2+y^2)^{3/2}}, & x^2+y^2\neq0,\\[3mm] 0, & x^2+y^2=0;\end{cases}$$

$$f'_y(x,y)=\begin{cases}\dfrac{x^3}{(x^2+y^2)^{3/2}}, & x^2+y^2\neq0,\\[3mm] 0, & x^2+y^2=0.\end{cases}$$

设 $(x,y)=(\rho\cos\theta,\rho\sin\theta)$，当 $\sqrt{x^2+y^2}=\rho\neq0$ 时，

$$|f'_x(x,y)|=|\sin^3\theta|\leqslant1,\ |f'_y(x,y)|=|\cos^3\theta|\leqslant1,$$

故 $f'_x(x,y)$ 与 $f'_y(x,y)$ 都在 R^2 上有界.

    (iii) 倘若 f 在点 $(0,0)$ 可微，则

$$f(x,y)-f(0,0)=f'_x(0,0)x+f'_y(0,0)y+o(\sqrt{x^2+y^2}),$$

即需满足

$$\frac{xy}{\sqrt{x^2+y^2}}=o(\sqrt{x^2+y^2}).$$

然而，当 $(x,y)\to(0,0)$ 时，$\dfrac{xy}{x^2+y^2}$ 不存在极限，故 f 在点 $(0,0)$ 不可微.   □

    例9 设 f 为一元可微函数. 试证：曲面

$$z^2=(x^2+y^2)f\left(\frac{y}{x}\right) \tag{4}$$

的所有切平面都经过某一定点.

    分析 由空间解析几何知道，二次齐次方程(4)所描述的曲面应该是一个顶点

为原点的锥面. 因此它的所有切平面都应经过坐标原点.

证　下面用微积分方法来证实上述几何猜想.

已知可微曲面 $z = z(x, y)$ 在其上一点 (x, y, z) 的切平面为

$$Z - z = z'_x(x, y)(X - x) + z'_y(x, y)(Y - y).$$

当 $(X, Y, Z) = (0, 0, 0)$ 满足此方程(原点在此切平面上)时,将有

$$z = xz'_x(x, y) + yz'_y(x, y);\tag{5}$$

反之亦然. 为此对所给曲面方程(4)两边同求偏导数,得到

$$\begin{cases} 2zz'_x = 2xf(\dfrac{y}{x}) - \dfrac{y(x^2 + y^2)}{x^2}f'(\dfrac{y}{x}), \\[4mm] 2zz'_y = 2yf(\dfrac{y}{x}) + \dfrac{x(x^2 + y^2)}{x^2}f'(\dfrac{y}{x}). \end{cases}$$

由此又可进一步得出

$$xzz'_x + yzz'_y = (x^2 + y^2)f(\dfrac{y}{x}) = z^2,$$

约去 z 后即为(5)式.　　　　　　　　　　　　　　　　　　　　□

例 10　设开域 $D \subset \mathbf{R}^2$ 如图 3.6(a)所示,其特征为:若点 (x_1, y),$(x_2, y) \in$ D,则连接这两点的线段必含于 D. 如果函数 $f(x, y)$ 在 D 内处处存在偏导数 f'_x, 且 $f'_x(x, y) \equiv 0$,则 f 的函数值只与 y 坐标有关,而与 x 坐标无关.

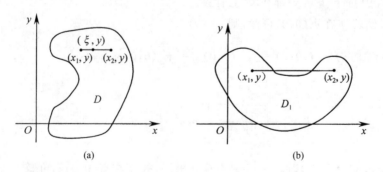

图 3.6

证　任给 (x_1, y),$(x_2, y) \in D$,由微分中值定理,存在点 (ξ, y),$x_1 < \xi < x_2$ (或 $x_2 < \xi < x_1$),使得

$$f(x_2, y) - f(x_1, y) = f'_x(\xi, y)(x_2 - x_1) = 0.$$

这说明,只要 D 内两点的 y 坐标相同,该两点处的函数值也相同,即 f 的取值仅依赖于 y,而与 x 无关. □

说明 如果 D 不具有本例所设的特征,如图 3.6(b)所示的 D_1 那样,此时连接(x_1,y)与(x_2,y)的直线段不一定全部含于 D_1 内,这就无法判断是否有中值点(ξ,y)属于 D_1. 事实上,我们容易构造一个反例来说明这个道理.

例如,设

$$S = \{(x,y) \,\big|\, x > 0, y > 0\},$$

$$D = R^2 \setminus \{(x,y) \,\big|\, x = 0, y \geqslant 0\},$$

$$f(x,y) = \begin{cases} y^2, & (x,y) \in S, \\ 0, & (x,y) \in D \setminus S. \end{cases}$$

此函数的图象如图 3.7 所示.虽然有

$$f'_x(x,y) \equiv 0, (x,y) \in D,$$

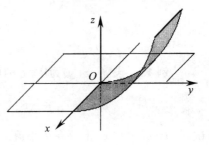

但由 $f(-1,1)=0,f(1,1)=1$,可见 $f(x,y)$ 的值在 D 上并不完全由 y 坐标所决定.其原因在于 f 的定义域 D 不含有正向 y 轴,使它不具有图 3.6(a)所示的特征.

图 3.7

例 11 设可微函数 $f(x,y)$在R^2 上满足

$$y\frac{\partial f}{\partial x} = x\frac{\partial f}{\partial y}.$$

试证:在极坐标系里,$f(x,y)$只是 r 的函数(与 θ 无关).

证 对于复合函数

$$u = f(x,y), \quad x = r\cos\theta, \quad y = r\sin\theta,$$

由于

$$\frac{\partial u}{\partial \theta} = \frac{\partial f}{\partial x}\frac{\partial x}{\partial \theta} + \frac{\partial f}{\partial y}\frac{\partial y}{\partial \theta}$$

$$= \frac{\partial f}{\partial x}(-r\sin\theta) + \frac{\partial f}{\partial y}(r\cos\theta)$$

$$= -y\frac{\partial f}{\partial x} + x\frac{\partial f}{\partial y} = 0,$$

因此据例 10,知道 f 与 θ 无关而只与 r 有关. □

说明　如果把本例中 f 的定义域R^2 改为开域 $D \subset R^2$,则由例 10 的讨论,要使 $f(x,y)$ 只与 r 有关,D 应有如下特征:当以原点为中心用圆弧连接 D 内任意两点 (r,θ_1) 与 (r,θ_2)(这是极径 r 相同,极角 θ 不同的两点),该圆弧应全部含于 D,如图 3.8(a)所示.否则,如果像该图之(b)那样,连接 (r,θ_1) 与 (r,θ_2) 的圆弧可能不完全含于 D,那么尽管在 D 上有 $\dfrac{\partial f}{\partial \theta} \equiv 0$,也不能断言 f 与 θ 无关.

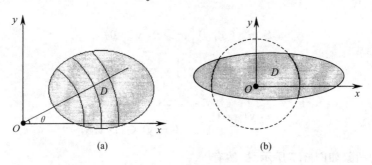

图 3.8

*例 12　设 $f(x,y)$ 为R^2 上的可微函数,满足

$$\lim_{r \to +\infty} (xf'_x + yf'_y) = a > 0 \quad (r = \sqrt{x^2 + y^2}). \tag{6}$$

试证:$f(x,y)$ 在R^2 上存在最小值.

证　由条件式(6),依据极限保号性,存在 $r_0 > 0$,当 $r > r_0$ 时,

$$xf'_x + yf'_y > 0.$$

因 f 可微,故当 $r > r_0$ 时,f 沿 r 方向的方向导数

$$f'_r = \frac{1}{r}(xf'_x + yf'_y) > 0. \tag{7}$$

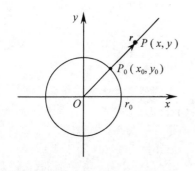

图 3.9

这说明:当 $r > r_0$ 时,$f(x,y)$ 的值沿 r 方向是递增的.

如图 3.9 所示,$\forall P(x,y)$,$r = OP$,$r = |OP| > r_0$,OP 与圆 $x^2 + y^2 = r_0^2$ 交于点 $P_0(x_0,y_0)$.由(7),必有

$$f(x,y) > f(x_0,y_0).$$

这表示:$f(x,y)$ 在有界闭域 $x^2 + y^2 \leqslant r_0^2$ 上所存在的最小值,也就是它在R^2 上的最小值.　□

说明 本例提供了一个用方向导数研究函数性态的良好例子.

例 13 求函数 $f(x,y) = x^3 - 4x^2 + 2xy - y^2$ 在矩形区域 $D = [-5,5] \times [-1,1]$ 上的最大值与最小值.

解 求解这类问题的一般步骤如下：

1° 求稳定点. 令

$$f'_x = 3x^2 - 8x + 2y = 0, \quad f'_y = 2x - 2y = 0.$$

解得稳定点 $(0,0) \in D$（另一稳定点 $(2,2) \notin D$）.

2° 判别稳定点是否为极值点（在求最大值、最小值问题中可以省略这一步）. 求出

$$A = f''_{xx}(0,0) = -8, \quad B = f''_{xy}(0,0) = 2, \quad C = f''_{yy}(0,0) = -2;$$

由 $A < 0, AC - B^2 = 12 > 0$，推知 $f(0,0) = 0$ 是 f 在 D 内的极大值.

注 连续函数 f 在 D 内只有一个极值点，且为极大值点. 至此，是否能像一元函数那样，把惟一的极值作为 f 在 D 上的最大值呢？不可！在多元函数的情形下，这个结论一般不成立.

3° 考察 f 在 D 的边界上的取值情况（找出特殊点）：

在 $x = -5, -1 \leqslant y \leqslant 1$ 上，$f(-5, y) = -(y^2 + 10y + 225)$ 单调；

在 $x = 5, -1 \leqslant y \leqslant 1$ 上，$f(5, y) = -(y^2 - 10y - 25)$ 亦单调；

在 $y = -1, -5 \leqslant x \leqslant 5$ 上，$f(x, -1) = x^3 - 4x^2 - 2x - 1$ 有稳定点

$$x = \frac{4 \pm \sqrt{22}}{3};$$

在 $y = 1, -5 \leqslant x \leqslant 5$ 上，$f(x, 1) = x^3 - 4x^2 + 2x - 1$ 有稳定点

$$x = \frac{4 \pm \sqrt{10}}{3};$$

其余还有 D 的四个顶点.

4° 计算特殊点处的函数值：

$$f(0,0) = 0, \quad f(-5,-1) = -216, \quad f(-5,1) = -236,$$

$$f(5,-1) = 14, \quad f(5,1) = 34, \quad f\left(\frac{4-\sqrt{22}}{3}, -1\right) \approx -0.7637,$$

$$f\left(\frac{4+\sqrt{22}}{3}, -1\right) \approx -16.0510, \quad f\left(\frac{4-\sqrt{10}}{3}, 1\right) \approx -0.7316,$$

$$f\left(\frac{4+\sqrt{10}}{3}, 1\right) \approx -5.4165.$$

经比较得到

$$\max_{(x,y)\in D} f(x,y) = f(5,1) = 34,$$

$$\min_{(x,y)\in D} f(x,y) = f(-5,1) = -236. \qquad \square$$

注　本例说明一元函数中的某些特殊结论不能一概照搬到多元函数中来.

用 MATLAB 绘图程序画出曲面

$$z = x^3 - 4x^2 + 2xy - y^2$$

在极值点$(0,0)$附近的局部图像和在 D 上的整体图像如图 3.10：

```
syms x y;                        % 设置符号变量 x,y
hold on;                         % 图形保留
subplot(1,2,1);                  % 把第一个曲面绘在一行二列的 1 号子窗口
ezmesh(x^3 - 4 * x^2 + 2 * x * y - y^2,[-0.05,0.05],[-0.1,0.1]);
subplot(1,2,2);                  % 把第二个曲面绘在一行二列的 2 号子窗口
ezmesh(x^3 - 4 * x^2 + 2 * x * y - y^2,[-5,5],[-1,1]);
```

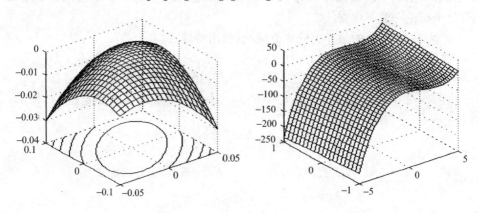

图 3.10

例 14　利用条件极值方法证明不等式

$$xy^2 z^3 \leqslant 108 \left(\frac{x+y+z}{6} \right)^6,$$

其中 x,y,z 为任意正实数.

证　设目标函数为

$$f(x,y,z) = xy^2 z^3,$$

约束条件为

$$S: x + y + z = r \quad (x > 0, \ y > 0, \ z > 0).$$

令 $L(x, y, z, \lambda) = xy^2 z^3 + \lambda(x + y + z - r)$，并使

$$
\begin{cases}
L'_x = y^2 z^3 + \lambda = 0, \\
L'_y = 2xyz^3 + \lambda = 0, \\
L'_z = 3xy^2 z^2 + \lambda = 0, \\
L'_\lambda = x + y + z - r = 0.
\end{cases}
$$

由前三式解出 $y = 2x$，$z = 3x$，代入第四式后求得

$$x = \frac{r}{6}, \ y = \frac{r}{3}, \ z = \frac{r}{2}.$$

由于任取 $(\bar{x}, \bar{y}, \bar{z}) \in \partial S$，有

$$\lim_{(x, y, z) \to (\bar{x}, \bar{y}, \bar{z})} f(x, y, z) = \inf_{(x, y, z) \in S} f(x, y, z) = 0,$$

故在 S 上的惟一可疑点 $P_0 \left[\dfrac{r}{6}, \dfrac{r}{3}, \dfrac{r}{2} \right]$，$f$ 取得最大值．即得

$$xy^2 z^3 \leqslant \frac{r}{6} \left(\frac{r}{3} \right)^2 \left(\frac{r}{2} \right)^3 = \frac{(x + y + z)^6}{2 \cdot 6^3}$$

$$= 108 \left[\frac{x + y + z}{6} \right]^6. \qquad \square$$

说明 在用条件极值方法证明不等式时，设置合适的目标函数与约束条件是解决问题的关键．按照目标函数与约束条件在形式上的对偶性，也可把上面的条件极大值问题改述为如下条件极小值问题——求目标函数

$$f(x, y, z) = x + y + z,$$

在条件 $xy^2 z^3 = r$ 约束下的极小值．

例 15 已知圆柱面

$$x^2 + y^2 + z^2 - xy - yz - zx - 1 = 0 \tag{8}$$

与平面 $x + y - z = 0$ 相交得一椭圆，试求此椭圆的面积．

分析 （i）如果能求得该椭圆的长、短半轴 a 与 b，则椭圆面积为 πab；

（ii）由方程（8）看到，此圆柱面关于坐标原点是对称的，故此圆柱面的中心轴是通过坐标原点的某一直线；

（iii）因为平面 $x + y - z = 0$ 也是通过坐标原点的，所以此平面上的椭圆截线必以坐标原点为其中心点．

解　根据以上分析,由原点至椭圆上任意点(x, y, z)的距离 $\rho = \sqrt{x^2 + y^2 + z^2}$之最大、小值,就是该椭圆的长、短半轴. 为此设

$$L = x^2 + y^2 + z^2 + \lambda(x + y - z)$$
$$- \mu(x^2 + y^2 + z^2 - xy - yz - zx - 1),$$

并令

$$L'_x = 2x + \lambda - \mu(2x - y - z) = 0, \tag{9}$$

$$L'_y = 2y + \lambda - \mu(2y - x - z) = 0, \tag{10}$$

$$L'_z = 2z - \lambda - \mu(2z - x - y) = 0, \tag{11}$$

$$L'_\lambda = x + y - z = 0, \tag{12}$$

$$L'_\mu = -(x^2 + y^2 + z^2 - xy - yz - zx - 1) = 0. \tag{13}$$

对(9),(10),(11)三式分别乘以 x, y, z 后相加,得到

$$2(x^2 + y^2 + z^2) + \lambda(x + y - z)$$
$$- 2\mu(x^2 + y^2 + z^2 - xy - yz - zx) = 0,$$

借助(12),(13)式进行化简,又得

$$\rho^2 = x^2 + y^2 + z^2 = \mu.$$

这说明 ρ^2 的极值就是这里的 μ(即 ρ 的极值就是$\sqrt{\mu}$),问题便可转而去计算 μ. 为此先从(9)—(12)式消去 λ 后得到一个方程组:

$$\begin{cases} (2 - \mu)x + 2\mu y + (2 - \mu)z = 0, \\ 2\mu x + (2 - \mu)y + (2 - \mu)z = 0, \\ x + y - z = 0. \end{cases}$$

它有非零解(x, y, z)的充要条件是

$$\begin{vmatrix} 2 - \mu & 2\mu & 2 - \mu \\ 2\mu & 2 - \mu & 2 - \mu \\ 1 & 1 & -1 \end{vmatrix} = -3\mu^2 + 20\mu - 12 = 0,$$

即

$$\mu^2 - \frac{20}{3}\mu + 4 = 0. \tag{14}$$

由前面讨论知道,方程(14)的两个根 μ_1,μ_2 就是 ρ^2 的极大、小值,即 a^2 与 b^2;而 $\mu_1\mu_2=4$,于是求得椭圆面积为

$$S = \pi ab = \pi\sqrt{\mu_1\mu_2} = 2\pi. \qquad\qquad\square$$

说明　(i) 一旦由方程(9)—(13)能直接求得椭圆的长、短半轴,就不必再去计算椭圆的顶点坐标 (x,y,z) 了,这使解题过程简单了许多.

(ii) 若用解析几何方法来处理,可进一步知道圆柱面(8)的中心轴为直线 l: $x = y = z$,且其纬圆半径 $r = \sqrt{\dfrac{2}{3}}$,纬圆面积 $A = \dfrac{2\pi}{3}$.再由 l 与平面 $x+y-z=0$ 法线夹角的余弦为

$$\cos\theta = \frac{(1,1,1)\cdot(1,1,-1)}{\sqrt{3}\cdot\sqrt{3}} = \frac{1}{3},$$

根据面积投影关系:$A = S\cos\theta$,便可求得椭圆面积为

$$S = \frac{A}{\cos\theta} = \frac{2\pi}{3}\bigg/\frac{1}{3} = 2\pi.$$

习　题

1. 考察 $f(x) = \mathrm{e}^x|x|$ 的可导性.

2. 设

$$f(x) = \begin{cases} x^2, & x\geqslant 3, \\ ax+b, & x<3. \end{cases}$$

若要求 f 在 $x=3$ 处可导,试求 a,b 的值.

3. 设对所有 x 有 $f(x)\leqslant g(x)\leqslant h(x)$,且

$$f(a) = g(a) = h(a), \quad f'(a) = h'(a).$$

试证:$g(x)$ 在 $x=a$ 处可导,且 $g'(a) = f'(a)$.

4. 证明:若 $f(x)$ 在 $[a,b]$ 上连续,且

$$f(a) = f(b) = 0, \quad f'_+(a)\cdot f'_-(b) > 0,$$

则存在点 $\xi\in(a,b)$,使 $f(\xi)=0$.

*5. 设 $f(x)$,$x\in(a,b)$,它在点 $x_0\in(a,b)$ 可导;$\{x_n\}$ 与 $\{y_n\}$ 是满足

$$a < x_n < x_0 < y_n < b,$$

且 $\lim\limits_{n\to\infty}x_n = x_0 = \lim\limits_{n\to\infty}y_n$ 的任意两个数列.证明:

$$\lim_{n\to\infty}\frac{f(y_n)-f(x_n)}{y_n-x_n} = f'(x_0).$$

6. 设 $f(x)$ 在 $[a,b]$ 上连续,在 (a,b) 内可导.通过引入适当的辅助函数,证明:

(1) 存在 $\xi \in (a,b)$,使得

$$2\xi[f(b-f(a)] = (b^2 - a^2)f'(\xi);$$

(2) 存在 $\eta \in (a,b)$,使得

$$f(b) - f(a) = \eta(\ln \frac{b}{a})f'(\eta) \quad (0 < a < b).$$

7. 证明推广的罗尔定理:若 $f(x)$ 在 $(-\infty, +\infty)$ 上可导,且

$$\lim_{x \to -\infty} f(x) = \lim_{x \to +\infty} f(x) = l$$

(包括 $l = \pm \infty$),则存在 ξ,使得 $f'(\xi) = 0$.

8. 证明:若 $f(x)$ 和 $g(x)$ 在 $[a,b]$ 上连续,在 (a,b) 内可导,且 $g'(x) \neq 0$,则存在 $\xi \in (a, b)$,使得

$$\frac{f'(\xi)}{g'(\xi)} = \frac{f(\xi) - f(a)}{g(b) - g(\xi)}.$$

*9. 设 $|f(x)| \leqslant M_0$, $|f''(x)| \leqslant M_2$, $x \in (-\infty, +\infty)$.证明:

$$|f'(x)| \leqslant 2\sqrt{M_0 M_2}, \quad x \in (-\infty, +\infty).$$

*10. 设 $f(x)$ 在 $[a,b]$ 上二阶可导,$f'_+(a) = f'_-(b) = 0$.证明:存在 $\xi \in (a,b)$,使得

$$|f''(\xi)| \geqslant \frac{4}{(b-a)^2} |f(b) - f(a)|.$$

*11. 设在 $[0,a]$ 上 $|f''(x)| \leqslant M$,且 $f(x)$ 在 $(0,a)$ 内存在最大值.证明

$$|f'(0)| + |f'(a)| \leqslant Ma.$$

*12. 证明:若 $f'_x(x_0, y_0)$ 存在,$f'_y(x,y)$ 在点 $P_0(x_0, y_0)$ 连续,则 $f(x,y)$ 在点 P_0 可微.

13. 若二元函数 f 与 g 满足:f 在点 $P_0(x_0, y_0)$ 连续,g 在点 P_0 可微,且 $g(P_0) = 0$,则 (fg) 在点 P_0 可微,且

$$d(fg)\Big|_{P_0} = f(P_0)dg(P_0).$$

14. 设

$$f(x, y) = \begin{cases} \dfrac{xy^2}{x^2 + y^2}, & x^2 + y^2 \neq 0, \\ 0, & x^2 + y^2 = 0. \end{cases}$$

证明:

(1) f 在原点 $O(0,0)$ 连续;

(2) f'_x, f'_y 在点 O 都存在;

(3) f'_x, f'_y 在点 O 不连续;

(4) f 在点 O 不可微.

15. 设可微函数 $f(x,y)$ 在含有原点为内点的凸区域 D 上满足

$$xf'_x(x,y) + yf'_y(x,y) = 0.$$

试证:$f(x,y)\equiv$ 常数,$(x,y)\in$ D.

*16. 设二元函数 $f(x,y)$ 在 R^2 上有连续偏导数,且 $f(1,0)=f(0,1)$.试证:在单位圆 $x^2 + y^2 = 1$ 上至少有两点满足

$$yf'_x(x,y) = xf'_y(x,y).$$

17. 证明:(1) 若 $f(x,y)$ 在凸开域 D 上处处有 $f'_x(x,y)=f'_y(x,y)=0$,则 $f(x,y)\equiv$ 常数,$(x,y)\in$ D;

(2) 若 $f(x,y)$ 在开域 D 上处处有 $f'_x(x,y)=f'_y(x,y)=0$,则亦有 $f(x,y)\equiv$ 常数,$(x,y)\in$ D.

18. 证明:若 $f(x,y)$ 存在连续的二阶偏导数,且令

$$x = u\cos\theta - v\sin\theta, \quad y = u\sin\theta + v\cos\theta$$

(其中 θ 为常量),则在此坐标旋转变换之下,$f''_{xx}+f''_{yy}$ 为一形式不变量,即

$$f''_{xx} + f''_{yy} = f''_{uu} + f''_{vv}.$$

*19. 设 $D\subset$ R^2 为一有界闭域,$f(x,y)$ 在 D 上可微,且满足

$$f'_x(x,y) + f'_y(x,y) = f(x,y).$$

试证:若 f 在 ∂D 上的值恒为零,则 f 在 D 上的值亦恒为零.

20. 设 $f(u,v)$ 为可微函数.试证:曲面

$$f(x - ay, z - by) = 0$$

的任一切平面恒与某一直线平行.

21. 证明:以 λ 为参数的曲线族

$$\frac{x^2}{a - \lambda} + \frac{y^2}{b - \lambda} = 1 \quad (a > b)$$

是相互正交的(当相交时).

22. 设 $D\subset$ R^n 为凸集,$f:D\rightarrow$ R 为凸函数.证明:

(1) 对任何正数 α,αf 是 D 上的凸函数;

(2) 若 g 也是 D 上的凸函数,则 $f+g$ 仍是 D 上的凸函数;

(3) 若 $f(D)\subset I$,h 是 I 上的凸函数,且递增,则 $h\circ f$ 亦为 D 上的凸函数.

23. 设 $F(x)=\dfrac{f(x)}{x}$ ($x>0$),其中 $f(x)$ 在 $[0,+\infty)$ 上为非负严格凸函数,$f(0)=0$.试证:$F(x)$ 与 $f(x)$ 都是严格递增函数.

24. 证明定理 3.13 的推论 1 和推论 2.

25. 证明定理 3.14 的推论 1 和推论 2.

26. 用凸函数方法证明如下不等式:

(1) 对任何 a, b, 恒有 $e^{\frac{a+b}{2}} \leqslant \frac{1}{2}(e^a + e^b)$;

(2) 对于 $0 \leqslant a \leqslant b$, 恒有

$$2\arctan \frac{a+b}{2} \geqslant \arctan a + \arctan b.$$

27. 设 $\triangle ABC$ 为正三角形, 各边长为 a; P 为 $\triangle ABC$ 内任一点, 由 P 向三边作垂线, 垂足为 D, E, F. 试求点 P, 使 $\triangle DEF$ 的面积为最大; 并求此最大面积.

28. 在平面上有一个 $\triangle ABC$, 三边长分别为 $BC = a, CA = b, AB = c$. 以此三角形为底, h 为高, 可作无数个三棱锥, 试求其中侧面积为最小者.

29. 试用条件极值方法证明不等式

$$\frac{x^n + y^n}{2} \geqslant \left(\frac{x+y}{2}\right)^n,$$

其中 n 为正整数, $x \geqslant 0, y \geqslant 0$.

30. 设 $a_i \geqslant 0$, $b_i \geqslant 0$, $x_i \geqslant 0$, $i = 1, 2, \cdots, n$; $p > 1$, $q = \frac{p}{p-1}$;

$$f(x_1, x_2, \cdots, x_n) = \sum_{i=1}^{n} a_i x_i, \tag{F1}$$

$$\sum_{i=1}^{n} x_i^p = 1. \tag{F2}$$

(1) 求在条件 (F2) 的约束下, 目标函数 (F1) 的最大值;

(2) 由以上结果, 导出霍尔德不等式:

$$\sum_{i=1}^{n} a_i b_i \leqslant \left(\sum_{i=1}^{n} a_i^q\right)^{\frac{1}{q}} \left(\sum_{i=1}^{n} b_i^p\right)^{\frac{1}{p}}.$$

第四章 积 分 学

本章内容以讨论可积性理论和定积分的性质为主,包括反常积分中的某些值得注意的问题. 积分运算与积分应用虽然在积分学中占有大量篇幅,但限于本课程的宗旨,这里不多去涉及它. 此外,全章以定积分问题作为主体,多元积分学只在定义的一般形式上稍作提及.

§4.1 定积分概念与牛顿-莱布尼兹公式

定义 4.1(定积分) 设 f 是定义在 $[a,b]$ 上的一个实值函数. 若存在某一实数 J,使得任给 $\varepsilon > 0$,总存在相应的 $\delta > 0$,当对 $[a,b]$ 所作的分割 T 的细度 $\|T\| < \delta$ 时,属于 T 的一切积分和 $\sum_{i=1}^{n} f(\xi_i)\Delta x_i$ 都满足

$$\left| \sum_{i=1}^{n} f(\xi_i)\Delta x_i - J \right| < \varepsilon, \tag{1}$$

则称函数 f 在 $[a,b]$ 上**黎曼可积**,记作

$$f \in \mathscr{R}[a,b];$$

数 J 称为 f 在 $[a,b]$ 上的**定积分**或**黎曼积分**,记作

$$J = \int_a^b f(x)\mathrm{d}x. \tag{2}$$

借用极限记号来表示定积分,则写成

$$\int_a^b f(x)\mathrm{d}x = \lim_{\|T\| \to 0} \sum_{i=1}^{n} f(\xi_i)\Delta x_i. \tag{3}$$

然而,(3)式中积分和的极限与一般的函数极限 $\lim_{x \to x_0} f(x)$ 是有很大区别的——函数极限中,对每一个极限变量 x,$f(x)$ 所对应的值是惟一确定的;而在(3)中,当给定了 $\|T\|$ 时,分割 T 可取无限多种,即使取定了 T,$\{\xi_i\}_1^n$ 还可任意选取. 这使得积分和的极限要比一般的函数极限复杂得多,这在本质上决定了可积性理论的复杂性.

回想起多元函数积分学中的重积分和第一型曲线、曲面积分,它们与定积分同为黎曼意义下的积分,只是被分割的几何体不同,定义在该几何体上的函数的自变

量维数不同而已. 在点函数形式下,它们的统一定义如下.

定义 2(黎曼积分) 设 Ω 是平面或空间中的一个可度量的几何体,$f:\Omega\rightarrow R$. 分割 T 把 Ω 分成 n 个可度量的小几何体 $\Omega_i(i=1,2,\cdots,n)$,称

$$\|T\| = \max_{1\leqslant i\leqslant n}\{d(\Omega_i)\}$$

为 T 的**细度**(或**模**). 任取 $\xi_i\in\Omega_i(i=1,2,\cdots,n)$,作**积分和** $\sum_{i=1}^{n}f(\xi_i)\Delta\Omega_i$(其中 $\Delta\Omega_i$ 是 Ω_i 的度量). 若极限

$$\lim_{\|T\|\rightarrow 0}\sum_{i=1}^{n}f(\xi_i)\Delta\Omega_i = J$$

存在,且与 T 和 $\{\xi_i\}_1^n$ 的取法无关,则称 f 在 Ω 上黎曼可积,极限 J 称为 f 在 Ω 上的黎曼积分,记作

$$J = \int_{\Omega}f(x)\mathrm{d}\Omega. \tag{4}$$

若 $\Omega=[a,b]$,则(4)式即为定积分(2)式;若 Ω 为平面或空间中的一段光滑曲线 L,则(4)式为 f 在 L 上的第一型曲线积分:

$$\int_L f(x,y)\mathrm{d}s \quad \text{或} \quad \int_L f(x,y,z)\mathrm{d}s;$$

若 Ω 为平面或空间中的一个有界闭域,则(4)式即为二重积分或三重积分:

$$\iint_{\Omega}f(x,y)\mathrm{d}x\mathrm{d}y \quad \text{或} \quad \iiint_{\Omega}f(x,y,z)\mathrm{d}x\mathrm{d}y\mathrm{d}z;$$

更一般地,若 Ω 为 R^n 中的一个有界闭域,则积分(4)式是一个 n 重积分:

$$\overbrace{\iint\cdots\int}^{(n重)}_{\Omega}f(x_1,x_2,\cdots,x_n)\mathrm{d}x_1\mathrm{d}x_2\cdots\mathrm{d}x_n.$$

一旦明确了 Ω 为"可度量"的含义,并把黎曼积分的统一定义建立起来,那么对定积分可积条件和一系列性质的讨论,都可无阻碍地推广到别的黎曼积分上去.

牛顿-莱布尼兹公式使定积分的计算成为可能;并且还把积分与微分联系了起来.

定理 4.1 若 f 在 $[a,b]$ 上连续,且存在原函数 F,即 $F'(x)=f(x)$, $x\in[a,b]$,则 f 在区间 $[a,b]$ 上可积,且

$$\int_a^b f(x)\mathrm{d}x = F(b) - F(a). \tag{5}$$

这就是**牛顿-莱布尼兹公式**,它也常写成

$$\int_a^b f(x)\mathrm{d}x = F(x)\Big|_a^b.$$

证　由定积分定义,任给 $\varepsilon > 0$,要证存在 $\delta > 0$,当 $\|T\| < \delta$ 时,有

$$\Big| \sum_{i=1}^n f(\xi_i)\Delta x_i - [F(b) - F(a)] \Big| < \varepsilon.$$

下面证明满足如此要求的 δ 确实存在.

事实上,对于 $[a,b]$ 的任一分割

$$T: a = x_0 < x_1 < \cdots < x_n = b,$$

在每个小区间 $[x_{i-1}, x_i]$ 上对 $F(x)$ 使用微分中值定理,则分别存在 $\eta_i \in (x_{i-1}, x_i)$,使得

$$F(b) - F(a) = \sum_{i=1}^n [F(x_i) - F(x_{i-1})]$$

$$= \sum_{i=1}^n F'(\eta_i)\Delta x_i = \sum_{i=1}^n f(\eta_i)\Delta x_i. \tag{6}$$

因为 f 在 $[a,b]$ 上连续,从而一致连续,所以对于上述 $\varepsilon > 0$,存在 $\delta > 0$,当 x', $x'' \in [a,b]$,且 $|x' - x''| < \delta$ 时,有

$$|f(x') - f(x'')| < \frac{\varepsilon}{b-a}.$$

于是,当 $\Delta x_i \leqslant \|T\| < \delta$ 时,任取 $\xi_i \in [x_{i-1}, x_i]$,便有 $|\xi_i - \eta_i| < \delta$. 联系(1)和(6)式,这就证得

$$\Big| \sum_{i=1}^n f(\xi_i)\Delta x_i - [F(b) - F(a)] \Big|$$

$$= \Big| \sum_{i=1}^n [f(\xi_i) - f(\eta_i)]\Delta x_i \Big|$$

$$\leqslant \sum_{i=1}^n |f(\xi_i) - f(\eta_i)|\Delta x_i$$

$$< \frac{\varepsilon}{b-a}\sum_{i=1}^n \Delta x_i = \varepsilon.$$

所以,$f \in \mathscr{R}[a,b]$,且有公式(5)成立.　　　　　　　　　　　　　　　□

注 此定理的条件尚可适当减弱:

(i) 对 $F(x)$ 的要求可减弱为在 $[a,b]$ 上连续,在 (a,b) 内除有限个点外有 $F'(x)=f(x)$. 这并不影响上面的证明(只要把这有限个点添作 T 的分点,使 η_i 不会遇到这些点).

(ii) 对 $f(x)$ 的要求可减弱为在 $[a,b]$ 上可积(不一定连续). 因为这时等式 (6)仍成立,且由 f 可积,(6)式右边当 $\|T\|\to0$ 时的极限就是 $\int_a^b f(x)dx$;而(6)式左边恒为常数 $F(b)-F(a)$.

(iii) 到 §4.4 证得连续函数必有原函数之后,条件中对 $F(x)$ 存在性的假设便是多余的了.

下面举例说明注(i)和注(ii)的正确使用. 例如设

$$f(x)=\begin{cases} -1, & x\in[-1,0), \\ e^x, & x\in[0,1]. \end{cases}$$

此函数本身在 $x=0$ 处虽不连续,但它在 $[-1,1]$ 上可积(见 §4.2 图 4.1),符合注(ii)的要求. 若取

$$F_1(x)=\begin{cases} -x, & x\in[-1,0), \\ e^x, & x\in[0,1], \end{cases} \qquad F_2(x)=\begin{cases} 1-x, & x\in[-1,0), \\ e^x, & x\in[0,1], \end{cases}$$

易见在 $[-1,1]$ 上除 $x=0$ 外,处处有

$$F'_1(x)=f(x)=F'_2(x),$$

但是

$$F_1(1)-F_1(-1)=e-1, \quad F_2(1)-F_2(-1)=e-2.$$

试问 $\int_{-1}^1 f(x)dx=?$ 正确的选择应是后者,即

$$\int_{-1}^1 f(x)dx=e-2.$$

这是因为 $F_1(x)$ 在 $x=0$ 处不连续,不符合注(i)的要求.

例1 试求定积分 $\int_0^2 x\sqrt{4-x^2}dx$ 的值.

解 在这里只能先用不定积分法求出 $f(x)=x\sqrt{4-x^2}$ 的任一原函数:

$$\int x\sqrt{4-x^2}dx=-\frac{1}{2}\int(4-x^2)^{\frac{1}{2}}d(4-x^2)$$

$$=-\frac{1}{3}(4-x^2)^{\frac{3}{2}}+C,$$

然后由公式(5)得到

$$\int_0^2 x\sqrt{4-x^2}\,\mathrm{d}x=-\frac{1}{3}(4-x^2)^{\frac{3}{2}}\Big|_0^2=\frac{8}{3}.\qquad\square$$

注　在以后还可以在定积分形式下直接使用换元积分法和分部积分法.

例 2　利用定积分求极限:

$$\lim_{n\to\infty}\left(\frac{1}{n+1}+\frac{1}{n+2}+\cdots+\frac{1}{2n}\right)=J.$$

解　把此极限式化为形如(3)式的积分和的极限,并转化为定积分计算.为此作如下变形:

$$J=\lim_{n\to\infty}\sum_{i=1}^n\frac{1}{1+\dfrac{i}{n}}\cdot\frac{1}{n}.$$

不难看出,其中的和式是函数 $f(x)=\dfrac{1}{1+x}$ 在区间$[0,1]$上的一个特殊的积分和——T 为 n 等分分割,$\Delta x_i=\dfrac{1}{n}$;取 $\xi_i=\dfrac{i}{n}\in\left[\dfrac{i-1}{n},\dfrac{i}{n}\right]$,$i=1,2,\cdots,n$.由于 f 在$[0,1]$上满足定理 4.1 的条件,故由定积分定义和公式(5)求得

$$J=\int_0^1\frac{1}{1+x}\mathrm{d}x=\ln(1+x)\Big|_0^1=\ln2.\qquad\square$$

说明　当然,也可把 J 看作 $g(x)=\dfrac{1}{x}$ 在区间$[1,2]$上的定积分;类似地还有

$$J=\int_1^2\frac{1}{x}\mathrm{d}x=\int_2^3\frac{1}{x-1}\mathrm{d}x=\cdots=\ln2.$$

§4.2　可　积　条　件

图 4.1 综合反映了定积分的可积条件——可积的必要条件,充分条件和充要条件.

其中,$f\in\mathscr{R}[a,b]$的必要条件是 f 在$[a,b]$上有界(这可通过反证法加以证明,在此从略);狄利克雷(Dirichlet)函数是有界而不可积的典型例子.

关于可积的充要条件,问题要从"上和"与"下和"的概念说起.设 $T=\{\Delta_i\mid i=1,2,\cdots,n\}$,记

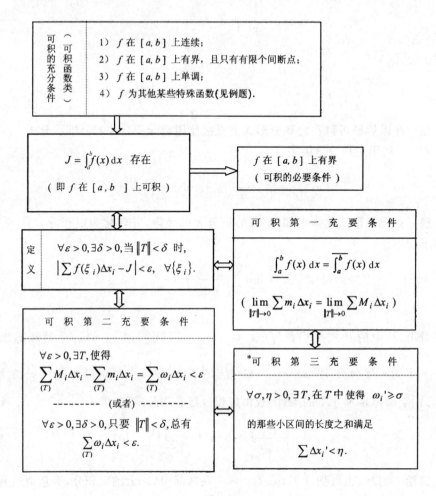

图 4.1

$$M_i = \sup_{x \in \Delta_i} f(x), \quad m_i = \inf_{x \in \Delta_i} f(x), \quad i = 1, 2, \cdots, n;$$

$$S(T) = \sum_{i=1}^{n} M_i \Delta x_i, \quad s(T) = \sum_{i=1}^{n} m_i \Delta x_i.$$

显然,f 对 T 的任一积分和必定介于上和 $S(T)$ 与下和 $s(T)$ 之间,即

$$s(T) \leqslant \sum_{i=1}^{n} f(\xi_i) \Delta x_i \leqslant S(T).$$

通过对上和与下和性质的详细讨论,可以知道:若 f 有界,则 f 的"下积分"与"上积分"都存在,即有如下极限

$$\int_{\underline{a}}^{b} f(x)\mathrm{d}x = \lim_{\|T\| \to 0} s(T), \quad \overline{\int_{a}^{b}} f(x)\mathrm{d}x = \lim_{\|T\| \to 0} S(T).$$

而且，f 在$[a,b]$上可积的充要条件为上、下积分相等.

　　图中，可积第一充要条件与第二充要条件只是写法上的不同，其几何意义是：图 4.2 中包围曲线 $y = f(x)$ 的一系列小矩形面积之和可以达到任意小，只要分割 $T[a,b]$足够细.

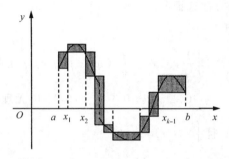

图 4.2

例 1　试用两种方法证明函数

$$f(x) = \begin{cases} 0, & x = 0 \\ \dfrac{1}{n}, & \dfrac{1}{n+1} < x \leqslant \dfrac{1}{n}, \quad n = 1,2,\cdots \end{cases}$$

在区间$[0,1]$上可积.

　　证　证法一　由于 f 是一递增函数，虽然它在$[0,1]$上有无限多个间断点 $x_n = \dfrac{1}{n}$，$n = 2,3,\cdots$，但由可积的充分条件之 3)，可知 $f \in \mathcal{R}[0,1]$.

　　证法二　$\forall\, \varepsilon > 0$，当 $n > \dfrac{2}{\varepsilon}$ 时 $\dfrac{1}{n} < \dfrac{\varepsilon}{2}$，这说明 f 在$\left[\dfrac{\varepsilon}{2}, 1\right]$上只有有限个间断点，由可积的充分条件之 2)，可知 $f \in \mathcal{R}\left[\dfrac{\varepsilon}{2}, 1\right]$. 根据可积第二充要条件（必要性），$\exists\, T'\left[\dfrac{\varepsilon}{2}, 1\right]$，使

$$\sum_{T'} \omega_i \Delta x_i < \frac{\varepsilon}{2}.$$

再把小区间$\left[0, \dfrac{\varepsilon}{2}\right]$ 与 T' 合并而成 $T[0,1]$. 由于 f 在$\left[0, \dfrac{\varepsilon}{2}\right]$上的振幅 $\omega_0 < 1$，因此得到

$$\sum_T \omega_i \Delta x_i = \omega_0 \cdot \frac{\varepsilon}{2} + \sum_{T'} \omega_i \Delta x_i < \varepsilon.$$

又由可积第二充要条件(充分性),推知

$$f \in \mathscr{R}[0,1]. \qquad\qquad \square$$

　　事实上,例 1 的证法二并不限于该例中的具体函数,更一般的命题(本章习题第 5 题)也可用相同的方法来证明.

　　例 2　设黎曼函数

$$f(x) = \begin{cases} \dfrac{1}{q}, & x = \dfrac{p}{q}\ (q > p,\ p\ \text{与}\ q\ \text{互素}), \\[2mm] 0, & x = 0,1\ \text{以及}\ (0,1)\ \text{内无理数}. \end{cases}$$

试证 f 在 $[0,1]$ 上可积,且 $\displaystyle\int_0^1 f(x)\,dx = 0$.

　　分析　已知:$\forall\, x_0 \in [0,1]$,恒有 $\displaystyle\lim_{x \to x_0} f(x) = 0$. 说明黎曼函数(见图 4.3)在 $x = 0,1$ 以及 $(0,1)$ 内一切无理点处连续,而在 $(0,1)$ 内一切有理点处间断.

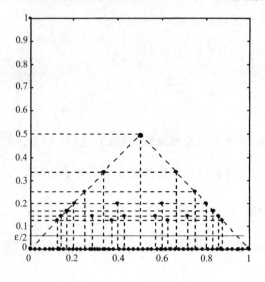

图 4.3　黎曼函数

　　若在图中画一条水平直线 $y = \dfrac{\varepsilon}{2}$,在此直线上方只有函数图象中的有限个点,这些点所对应的自变量可包含于属于分割 $T[0,1]$ 的有限个小区间中. 当 $\|T\|$ 足够小时,这有限个小区间的总长可为任意小.

证 $\forall \varepsilon > 0$，总能取足够大的正整数 q，满足 $\frac{1}{q} < \frac{\varepsilon}{2}$. 从而在 $[0,1]$ 内能使 $f(x) = \frac{1}{q} \geqslant \frac{\varepsilon}{2}$ 的有理点 x 只有有限个，设它们为 $r_1, r_2, \cdots, r_k$. 现作分割 $T[0, 1]$，使 $\| T \| < \frac{\varepsilon}{2k}$. 把 T 所属的小区间分成 $\{\Delta'_i\}$ 和 $\{\Delta''_i\}$ 两类，其中 Δ'_i 为含有 $\{r_i\}_1^k$ 中点的小区间，这类小区间设为 m 个（$m \leqslant 2k$，当所有 k 个 r_i 都是 Δ'_i 的端点时，才可能出现 $m = 2k$ 的情形）. $f(x)$ 在 Δ'_i 上的振幅 ω'_i（$\omega_i = M_i - m_i$）满足

$$\frac{\varepsilon}{2} \leqslant \omega'_i \leqslant \frac{1}{2},$$

于是

$$\sum_{i'} \omega'_i \Delta x'_i \leqslant \frac{1}{2} \sum \Delta x'_i < \frac{1}{2} \cdot 2k \cdot \frac{\varepsilon}{2k} = \frac{\varepsilon}{2}.$$

另外一类 $\{\Delta''_i\}$ 为 T 中除去 $\{\Delta'_i\}$ 之后所剩余的 $n - m$ 个小区间，在 Δ''_i 上 $f(x)$ 的振幅 $\omega''_i \leqslant \frac{\varepsilon}{2}$，于是

$$\sum_{i''} \omega''_i \Delta x''_i \leqslant \frac{\varepsilon}{2} \sum \Delta x''_i \leqslant \frac{\varepsilon}{2}.$$

把两部分合起来，对上述 T 满足

$$\sum_i \omega_i \Delta x_i = \sum_{i'} \omega'_i \Delta x'_i + \sum_{i''} \omega''_i \Delta x''_i < \varepsilon,$$

所以 $f \in \mathscr{R}[0,1]$.

又因 $m_i = \inf_{x \in \Delta_i} f(x) = 0$，$i = 1, 2, \cdots, n$，所以

$$s(T) = \sum_i m_i \Delta x_i = 0 \Rightarrow \underline{\int_0^1} f(x) \mathrm{d}x = 0,$$

而 f 可积，故有

$$\int_0^1 f(x) \mathrm{d}x = \underline{\int_0^1} f(x) \mathrm{d}x = 0. \qquad \square$$

可积第三充要条件的含义是：在分割 T 所属的所有小区间 $\Delta_i = [x_{i-1}, x_i]$ 中，f 的振幅 ω_i 不能任意小的那些小区间 Δ'_i 的长度之和 $\sum \Delta x'_i$ 能够任意小，其证明示于下例.

例 3 证明 $f \in \mathscr{R}[a,b]$ 的充要条件是：任给 $\sigma > 0$，$\eta > 0$，总存在某个分割 $T[a,b]$，使得 T 中对应于 $\omega'_i \geqslant \sigma$ 的那些小区间的总长

$$\sum_{i'} \Delta x'_i < \eta.$$

*证 必要性. 设 $f \in \mathscr{R}[a, b]$, 由可积第二充要条件(必要性), 对于 $\varepsilon = \sigma\eta > 0$, 存在 $T[a, b]$, 使得

$$\sum_i \omega_i \Delta x_i < \varepsilon.$$

于是便有

$$\sigma \sum_{i'} \Delta x'_i \leqslant \sum_{i'} \omega'_i \Delta x'_i \leqslant \sum_i \omega_i \Delta x_i < \sigma\eta,$$

即 $\sum_{i'} \Delta x'_i < \eta$.

充分性. $\forall \varepsilon > 0$, 取

$$\sigma = \frac{\varepsilon}{2(b-a)}, \qquad \eta = \frac{\varepsilon}{2(M-m)},$$

其中 $M = \sup\limits_{x \in [a, b]} f(x)$, $m = \inf\limits_{x \in [a, b]} f(x)$. 由假设, $\exists T[a, b]$, 使得 $\omega'_i \geqslant \sigma$ 的那些小区间 Δ'_i 的总长 $\sum_{i'} \Delta x'_i < \eta$. 设 T 中其余满足 $\omega''_i < \sigma$ 的那些小区间为 Δ''_i, 则有

$$\sum_i \omega_i \Delta x_i = \sum_{i'} \omega'_i \Delta x'_i + \sum_{i''} \omega''_i \Delta x''_i$$

$$\leqslant (M-m) \sum_{i'} \Delta x'_i + \sigma \sum_{i''} \Delta x''_i$$

$$< (M-m)\eta + \sigma(b-a) = \varepsilon.$$

由可积第二充要条件(充分性), 证得 $f \in \mathscr{R}[a, b]$. □

用可积充要条件不仅能导出可积函数类(即可积充分条件), 而且能讨论可积的运算性质(如以下的例 4 与例 5).

例 4 设 f, g 都在 $[a, b]$ 上可积. 证明:

(1) fg 在 $[a, b]$ 上可积;

(2) 又若 $|f(x)| \geqslant m > 0$, $x \in [a, b]$, 则 g/f 在 $[a, b]$ 上也可积.

证 (1) 由 f 与 g 都为可积, 它们都有界, 设

$$|f(x)| \leqslant A, \qquad |g(x)| \leqslant B, \qquad x \in [a, b],$$

且 $A > 0, B > 0$(否则, f, g 中至少有一个恒为零值函数, 于是 fg 亦为零值函数, 显然可积).

$\forall \varepsilon > 0$, 由 f, g 可积, 必分别存在分割 T', T'', 使得

$$\sum_{T'} \omega_i^f \Delta x_i < \frac{\varepsilon}{2B}, \qquad \sum_{T''} \omega_i^g \Delta x_i < \frac{\varepsilon}{2A}.$$

令 $T = T' + T''$（表示把 T' 与 T'' 的所有分点合并成一个新的分割 T）. 对于 T 所属的每个小区间 Δ_i, 有

$$\omega_i^{fg} = \sup_{x', x'' \in \Delta_i} |f(x')g(x') - f(x'')g(x'')|$$

$$\leqslant \sup_{x', x'' \in \Delta_i} [|g(x')| \cdot |f(x') - f(x'')| + |f(x'')| \cdot |g(x') - g(x'')|]$$

$$\leqslant B\omega_i^f + A\omega_i^g.$$

因而又有

$$\sum_T \omega_i^{fg} \Delta x_i \leqslant B \sum_T \omega_i^f \Delta x_i + A \sum_T \omega_i^g \Delta x_i$$

$$\leqslant B \sum_{T'} \omega_i^f \Delta x_i + A \sum_{T''} \omega_i^g \Delta x_i$$

$$< B \cdot \frac{\varepsilon}{2B} + A \cdot \frac{\varepsilon}{2A} = \varepsilon,$$

这就证得 $fg \in \mathscr{R}[a, b]$.

(2) 由 $g/f = g \cdot \dfrac{1}{f}$, 因此只须证得 $\dfrac{1}{f}$ 可积, 利用 (1) 便知 g/f 可积.

由 $f \in \mathscr{R}[a, b]$ 与 $\dfrac{1}{|f(x)|} \leqslant \dfrac{1}{m}$, 推知: $\forall \varepsilon > 0, \exists T[a, b]$, 使得 $\sum_T \omega_i^f \Delta x_i < m^2 \varepsilon$. 由此便有

$$\omega_i^{\frac{1}{f}} = \sup_{x', x'' \in \Delta_i} \left| \frac{1}{f(x')} - \frac{1}{f(x'')} \right|$$

$$= \sup_{x', x'' \in \Delta_i} \left| \frac{f(x'') - f(x')}{f(x')f(x'')} \right|$$

$$\leqslant \frac{1}{m^2} \omega_i^f,$$

$$\sum_T \omega_i^{\frac{1}{f}} \Delta x_i \leqslant \frac{1}{m^2} \sum_T \omega_i^f \Delta x_i < \varepsilon.$$

这就证得 $\dfrac{1}{f} \in \mathscr{R}[a, b]$. $\qquad\qquad\qquad\qquad\qquad\qquad\qquad$ □

例5 设复合函数 $g \circ f$ 的外函数 g 在 $[A, B]$ 上连续, 内函数 f 在 $[a, b]$ 上可积, 且 $f([a, b]) \subset [A, B]$. 试证 $h = g \circ f \in \mathscr{R}[a, b]$.

*证（利用可积第三充要条件）　$\forall \sigma > 0, \eta > 0$, 由 g 在 $[A, B]$ 上连续, 从而一

致连续,对上述 σ, $\exists\,\delta>0$,当 u', $u''\in[A,B]$且$|u'-u''|<\delta$ 时,有

$$|g(u')-g(u'')|<\frac{\sigma}{2}.$$

由此可证:在每个分割 $T[a,b]$ 所属的任一小区间 Δ_i 上,如果 $\omega_i^f<\delta$,则必有 $\omega_i^h<\sigma$.这是因为当 x'、$x''\in\Delta_i$ 时,由

$$|u'-u''|=|f(x')-f(x'')|\leqslant\omega_i^f<\delta,$$

可得

$$|h(x')-h(x'')|=|g(u')-g(u'')|<\frac{\sigma}{2},$$

$$\omega_i^h=\sup_{x',x''\in\Delta_i}|h(x')-h(x'')|\leqslant\frac{\sigma}{2}<\sigma.$$

这说明:在 Δ_i 上若 $\omega_i^h\geqslant\sigma$,则必有 $\omega_i^f\geqslant\delta$.由此推知

$$\sum_{\omega_i^h\geqslant\sigma}\Delta x_i\leqslant\sum_{\omega_i^f\geqslant\sigma}\Delta x_i.$$

最后,由 f 可积,利用可积第三充要条件(必要性),对上述 $\delta>0$ 和 $\eta>0$, $\exists\,T[a,b]$,使

$$\sum_{\omega_i^f\geqslant\delta}\Delta x_i<\eta,$$

从而证得

$$\sum_{\omega_i^h\geqslant\sigma}\Delta x_i<\eta.$$

再由可积第三充要条件(充分性),推知

$$h=g\circ f\in\mathcal{R}[a,b].\qquad\qquad\Box$$

注   如果外函数 g 只假设在$[A,B]$上可积,这时复合函数 $g\circ f$ 在$[a,b]$上就不一定可积.例如取内函数 f 为黎曼函数(由例 2 已知它可积),外函数为

$$g(u)=\begin{cases}1,&0<u\leqslant1\\0,&u=0,\end{cases}$$

它在$[0,1]$上也是可积的.可是复合函数 $g\circ f$ 恰好就是狄利克雷函数,它在$[0,1]$上显然不可积($s(T)=0$, $S(T)=1$).

命题   若 f 在$[a,b]$上可积,则它在$[a,b]$上存在处处稠密的连续点,即

$\forall (\alpha, \beta) \subset [a,b]$，$f$ 在 (α, β) 内必有连续点.（证略）

此命题指出了函数的可积性与连续性这两个重要概念之间的深刻联系. 黎曼函数是符合这个命题结论的一个典型例子.

§4.3　定积分的性质

定积分有如下性质：

1° 线性性质：若 $f, g \in \mathscr{R}[a,b]$，则

$$\int_a^b [\alpha f(x) + \beta g(x)] \mathrm{d}x = \alpha \int_a^b f(x) \mathrm{d}x + \beta \int_a^b g(x) \mathrm{d}x.$$

2° 相乘、相除的可积性质（§4.2 例4）.

3° 复合可积性质（§4.2 例5）.

4° 积分区间可加性：

$$\int_a^b f(x) \mathrm{d}x = \int_a^c f(x) \mathrm{d}x + \int_c^b f(x) \mathrm{d}x.$$

5° 积分不等式性：若 $f, g \in \mathscr{R}[a,b]$，则

$$f(x) \leqslant g(x), \ x \in [a,b] \ \Rightarrow \ \int_a^b f(x) \mathrm{d}x \leqslant \int_a^b g(x) \mathrm{d}x.$$

6° 可积必绝对可积，即

$$f \in \mathscr{R}[a,b] \ \Rightarrow \ |f| \in \mathscr{R}[a,b],$$

且有

$$\left| \int_a^b f(x) \mathrm{d}x \right| \leqslant \int_a^b |f(x)| \mathrm{d}x.$$

7° 积分第一中值定理：设 f 在 $[a,b]$ 上连续，g 在 $[a,b]$ 上可积，且不变号，则存在 $\xi \in [a,b]$，使

$$\int_a^b f(x) g(x) \mathrm{d}x = f(\xi) \int_a^b g(x) \mathrm{d}x \tag{1}$$

特别当 $g(x) \equiv 1$ 时，又有

$$\int_a^b f(x) \mathrm{d}x = f(\xi)(b - a). \tag{2}$$

注1　(1)式和(2)式中的中值点 ξ（这两式中的 ξ 一般并不相同）必能在开区间 (a,b) 内取得. 这是因为（以(2)式为例）对于常数

$$\mu = \frac{1}{b-a}\int_a^b f(x)\mathrm{d}x,$$

倘若在 (a,b) 内 $f(x)\neq\mu$，则由连续函数的介值性，必使得

$$f(x) > \mu(\text{或 } f(x) < \mu), \quad x\in(a,b).$$

$\forall\, x_0\in(a,b)$，由局部保号性，$\exists\,[x_0-\delta,x_0+\delta]\subset(a,b)$，使

$$f(x)\geqslant\frac{1}{2}[f(x_0)+\mu], \quad x\in[x_0-\delta,x_0+\delta].$$

从而得到

$$\int_a^b f(x)\mathrm{d}x = \int_a^{x_0-\delta}f(x)\mathrm{d}x + \int_{x_0-\delta}^{x_0+\delta}f(x)\mathrm{d}x + \int_{x_0+\delta}^b f(x)\mathrm{d}x$$

$$\geqslant\mu(x_0-\delta-a)+\frac{1}{2}[f(x_0)+\mu]2\delta+\mu(b-x_0-\delta)$$

$$= \mu(b-a)+\delta f(x_0)-\delta\mu$$

$$= \int_a^b f(x)\mathrm{d}x + \delta[f(x_0)-\mu]$$

$$\Rightarrow f(x_0)\leqslant\mu,$$

这与假设 $f(x)>\mu$ 相矛盾. 故 $\exists\,\xi\in(a,b)$，使 $f(\xi)=\mu$.

例如，$f(x)=\sin x,[a,b]=[0,2\pi]$，易知

$$\int_a^b f(x)\mathrm{d}x = \int_0^{2\pi}\sin x\mathrm{d}x = 0.$$

对此，使 $f(\xi)=0$ 的中值点 ξ 不仅能在区间端点 0 与 2π 处取得，同时必定能在 $(0,2\pi)$ 内取得（$x=\pi$ 处）.

注 2　积分中值定理与微分中值定理之间存在密切联系. 设 F 是 f 的原函数，利用牛顿-莱布尼兹公式和微分中值公式，可得

$$\int_a^b f(x)\mathrm{d}x = F(b)-F(a) = F'(\xi)(b-a),$$

以 $F'(\xi)=f(\xi)$ 代入后，就与积分中值公式 (2) 相同. 而且由微分中值定理知道，其中 $\xi\in(a,b)$，这与上面注 1 所指出的事实亦相符合.

　　8° 积分第二中值定理（证略）　设 $g(x)$ 在 $[a,b]$ 上可积，此时有如下三个命题：

　　(i) 若 $f(x)$ 在 $[a,b]$ 上单调，则 $\exists\,\xi\in[a,b]$，使得

$$\int_a^b f(x) g(x)\mathrm{d}x = f(a)\int_a^\xi g(x)\mathrm{d}x + f(b)\int_\xi^b g(x)\mathrm{d}x; \tag{3}$$

(ii) 若 $f(x)$ 在 $[a,b]$ 上非负、递减,则 $\exists\, \xi_1 \in [a,b]$,使得

$$\int_a^b f(x) g(x)\mathrm{d}x = f(a)\int_a^{\xi_1} g(x)\mathrm{d}x; \tag{4}$$

(iii) 若 $f(x)$ 在 $[a,b]$ 上非负、递增,则 $\exists\, \xi_2 \in [a,b]$,使得

$$\int_a^b f(x) g(x)\mathrm{d}x = f(b)\int_{\xi_2}^b g(x)\mathrm{d}x. \tag{5}$$

以下例题是定积分性质的应用.

例 1 证明:

(1) 若 f 在 $[a,b]$ 上非负、连续,且不恒为零,则 $\int_a^b f(x)\mathrm{d}x > 0$;

(2) 若 f 在 $[a,b]$ 上非负、可积,且不恒为零,此时不能保证 $\int_a^b f(x)\mathrm{d}x > 0$;

(3) 若 f 在 $[a,b]$ 上非负、可积,则有

$$\int_a^b f(x)\mathrm{d}x = 0 \quad \Leftrightarrow \quad f(x) \text{ 在其连续点处恒为零.}$$

证 (1) 由条件,$\exists\, x_0 \in [a,b]$ 使 $f(x_0) > 0$. 据保号性,$\exists\, \delta > 0$,使

$$f(x) \geqslant \frac{1}{2} f(x_0),\ x \in [\alpha,\beta] = [x_0 - \delta, x_0 + \delta] \bigcap [a,b].$$

于是利用上述性质 4° 与 5°,证得

$$\int_a^b f(x)\mathrm{d}x = \int_a^\alpha f(x)\mathrm{d}x + \int_\alpha^\beta f(x)\mathrm{d}x + \int_\beta^b f(x)\mathrm{d}x$$

$$\geqslant 0 + \frac{1}{2} f(x_0)(\beta - \alpha) + 0 > 0. \qquad \square$$

(2) §4.2 例 2 所示黎曼函数的积分就可作为这里的反例. $\square$

(3) **证** $\Rightarrow$ 用反证法,若 $\exists\, x_0 \in [a,b]$ 为 f 的连续点,$f(x_0) > 0$,则如同上面 (1) 的证法可得 $\int_a^b f(x)\mathrm{d}x > 0$,矛盾. 所以 f 在其连续点处的值恒为零.

证 $\Leftarrow$ 由 §4.2 末的命题知道,当 f 可积时,它在积分区间 $[a,b]$ 上具有处处稠密的连续点,而 f 在连续点处的值为零,故对任何分割 $T[a,b]$,f 在 T 所属的每个小区间上的下确界 $m_i \equiv 0$,$i = 1,2,\cdots,n$,导致 $s(T) = 0$,从而

$$\int_a^b f(x)\,\mathrm{d}x = \underline{\int_a^b} f(x)\,\mathrm{d}x = \lim_{\|T\|\to 0} s(T) = 0. \qquad\qquad \square$$

例 2　利用积分中值定理证明：

(1) $\dfrac{1}{200} < \displaystyle\int_0^{100} \dfrac{\mathrm{e}^{-x}}{x+100}\,\mathrm{d}x < \dfrac{1}{100}$；

(2) $\exists\, \theta\in[-1,1]$，使得 $\displaystyle\int_a^b \sin x^2\,\mathrm{d}x = \dfrac{\theta}{a}$　$(0<a<b)$.

分析　用积分中值公式(2)来估计，有

$$m(b-a) \leqslant \int_a^b f(x)\,\mathrm{d}x \leqslant M(b-a), \qquad\qquad (6)$$

其中 M 和 m 分别是 $f(x)$ 在 $[a,b]$ 上的最大、最小值. 显然，这是一种较粗略的估计. 如果改用公式(1)来估计，设 $g(x)\geqslant 0$，则有

$$m\int_a^b g(x)\,\mathrm{d}x \leqslant \int_a^b f(x)g(x)\,\mathrm{d}x \leqslant M\int_a^b g(x)\,\mathrm{d}x. \qquad\qquad (7)$$

此外，还可使用积分第二中值公式(3)，(4)，(5)来作类似的估计.

证　(1) 利用估计式(7)，取 $f(x)=\dfrac{1}{x+100}$，$g(x)=\mathrm{e}^{-x}$，则有

$$\frac{1}{200}\int_0^{100} \mathrm{e}^{-x}\,\mathrm{d}x \leqslant \int_0^{100} \frac{\mathrm{e}^{-x}}{x+100}\,\mathrm{d}x \leqslant \frac{1}{100}\int_0^{100} \mathrm{e}^{-x}\,\mathrm{d}x.$$

其中，右边的

$$\frac{1}{100}\int_0^{100} \mathrm{e}^{-x}\,\mathrm{d}x = \frac{1}{100}(1-\mathrm{e}^{-100}) < \frac{1}{100},$$

故本题所证的右边不等式成立；而左边的

$$\frac{1}{200}\int_0^{100} \mathrm{e}^{-x}\,\mathrm{d}x = \frac{1}{200}(1-\mathrm{e}^{-200}),$$

与所证的左边不等式尚差稍许，为此可用以下方法来弥补：

$$\int_0^{100} \frac{\mathrm{e}^{-x}}{x+100}\,\mathrm{d}x > \int_0^{50} \frac{\mathrm{e}^{-x}}{x+100}\,\mathrm{d}x \geqslant \frac{1}{150}\int_0^{50} \mathrm{e}^{-x}\,\mathrm{d}x$$

$$= \frac{1}{150}(1-\mathrm{e}^{-50}) > \frac{1}{150}\cdot\frac{3}{4} = \frac{1}{200}. \qquad\qquad \square$$

(2) 作变换 $t=x^2$，把定积分化为适宜用积分第二中值定理的形式：

$$I = \int_a^b \sin x^2\,\mathrm{d}x = \frac{1}{2}\int_{a^2}^{b^2} \frac{\sin t}{\sqrt{t}}\,\mathrm{d}t.$$

由于 $f(t)=\dfrac{1}{\sqrt{t}}$ 在 $[a^2,b^2]$ 上为正值递减函数，$g(t)=\sin t$ 在 $[a^2,b^2]$ 上可积，因此由(4)式存在 $\xi\in[a^2,b^2]$，使得

$$I = \frac{1}{2a}\int_{a^2}^{\xi}\sin t\,\mathrm{d}t = \frac{1}{2a}(\cos a^2 - \cos\xi).$$

记 $\theta=\dfrac{1}{2}(\cos a^2 - \cos\xi)$，显然 $|\theta|\leqslant 1$，从而证得

$$\int_a^b \sin x^2\,\mathrm{d}x = \frac{\theta}{a}\quad (|\theta|\leqslant 1, 0<a<b).$$

实际上，这也是一个积分估计式，写成不等式就是

$$\left|\int_a^b \sin x^2\,\mathrm{d}x\right|\leqslant \frac{1}{a}\quad (0<a<b).\qquad\square$$

例 3 设 $\varphi(t)$ 在 $[0,a]$ 上连续，$f(x)$ 为 $\varphi([0,a])$ 上的可微凸函数. 试证如下复合平均不等式：

$$\frac{1}{a}\int_0^a f(\varphi(t))\mathrm{d}t \geqslant f\left[\frac{1}{a}\int_0^a \varphi(t)\mathrm{d}t\right]. \tag{8}$$

(这个不等式反映了在题设条件下，先复合而后取积分平均与先取积分平均而后复合，两者之间的大小关系.)

分析 设 $c=\dfrac{1}{a}\displaystyle\int_0^a \varphi(t)\mathrm{d}t$，问题转而证明

$$\int_0^a f(\varphi(t))\mathrm{d}t \geqslant af(c). \tag{9}$$

由 f 为可微凸函数，$\forall x\in\varphi([0,a])$，有

$$f(x)\geqslant f(c)+f'(c)(x-c).$$

以 $x=\varphi(t)$ 代入，并在 $[0,a]$ 上求积分，便有希望证得不等式(8).

证 由以上分析，有

$$f(\varphi(t))\geqslant f(c)+f'(c)[\varphi(t)-c].$$

依赖积分不等式性质，得到

$$\int_0^a f(\varphi(t))\mathrm{d}t\geqslant af(c)+f'(c)\int_0^a[\varphi(t)-c]\mathrm{d}t$$

$$= af(c)+f'(c)\left[\int_0^a \varphi(t)\mathrm{d}t - ac\right]$$

$$= af(c).$$

这就证得(9)式,亦即(8)式成立.   □

注　(i) 当 $a < 0$ 时,(8)式依然成立;

(ii) 若把 f 改为可微凹函数,则(8)式的不等号反向;

(iii) φ 在 $[0, a]$ 上连续的条件,是为了保证它的值域 $\varphi([0, a])$ 是一个闭区间,以便在其上能定义凸函数 f;

(iv) 当把区间 $[0, a]$ 改为更一般的 $[a, b]$ 时,不等式(8)应该如何改动? 请读者自行处理.

例 4　证明施瓦茨(Schwarz)不等式:

$$\left[\int_a^b f(x) g(x) \mathrm{d}x\right]^2 \leqslant \int_a^b f^2(x) \mathrm{d}x \int_a^b g^2(x) \mathrm{d}x, \tag{10}$$

其中 $f, g \in \mathscr{R}[a, b]$.

证　此不等式有多种证法,这里介绍两种证法.

证法一　利用离散形式的柯西-施瓦茨不等式

$$\left(\sum_{i=1}^n a_i b_i\right)^2 \leqslant \left(\sum_{i=1}^n a_i^2\right)\left(\sum_{i=1}^n b_i^2\right) \tag{11}$$

来证明.为此将 $[a, b]$ n 等分,分点为

$$x_i = a + \frac{i}{n}(b - a), \quad i = 0, 1, \cdots, n.$$

由 f 与 g 为可积函数,则有

$$\int_a^b f(x) g(x) \mathrm{d}x = \lim_{n \to \infty} \frac{b - a}{n} \sum_{i=1}^n f(x_i) g(x_i),$$

$$\int_a^b f^2(x) \mathrm{d}x = \lim_{n \to \infty} \frac{b - a}{n} \sum_{i=1}^n f^2(x_i),$$

$$\int_a^b g^2(x) \mathrm{d}x = \lim_{n \to \infty} \frac{b - a}{n} \sum_{i=1}^n g^2(x_i).$$

按照不等式(11),得

$$\left[\frac{b - a}{n} \sum_{i=1}^n f(x_i) g(x_i)\right]^2 \leqslant \frac{b - a}{n} \sum_{i=1}^n f^2(x_i) \cdot \frac{b - a}{n} \sum_{i=1}^n g^2(x_i).$$

取 $n \to \infty$ 时的极限,便得不等式(10).   □

证法二　对一切实数 t,恒有

$$[tf(x) - g(x)]^2 \geqslant 0,$$

由积分不等式性质和线性性质得到

$$\int_a^b [tf(x) - g(x)]^2 \mathrm{d}x$$

$$= t^2 \int_a^b f^2(x)\mathrm{d}x - 2t\int_a^b f(x)g(x)\mathrm{d}x + \int_a^b g^2(x)\mathrm{d}x \geqslant 0.$$

与之等价的条件为二次三项式的判别式

$$\Delta = \left[2\int_a^b f(x)g(x)\mathrm{d}x\right]^2 - 4\left[\int_a^b f^2(x)\mathrm{d}x\right]\left[\int_a^b g^2(x)\mathrm{d}x\right] \leqslant 0.$$

把它移项整理后即为不等式(10). □

注 对于不等式(11),当且仅当 $a_1 = \cdots = a_n = 0$ 或者 a_i 与 $b_i (i=1,2,\cdots,n)$ 成定比时,等号才成立. 然而对于不等式(10)来说,当 $f(x) \equiv 0$, $x \in [a,b]$ 或者 $f(x)$ 与 $g(x)$ 在 $[a,b]$ 上成定比时,固然能使等号成立,但其逆不真. 例如,除一点以外,其余处处有 $f(x) = g(x)$,此时两者虽不成定比,但(10)式中等号仍成立(改变被积函数在有限个点上的值,并不影响该定积分的值).

如果改设 f 与 g 都是连续函数,且 $f(x) \neq 0$,则当(10)式中等号成立时,必有某实数 t,使 $g(x) = tf(x)$, $x \in [a,b]$. 事实上,若对任一实数 t,都有某个 $x_0 \in [a,b]$,使 $g(x_0) \neq tf(x_0)$,则由

$$[tf(x) - g(x)]^2 \geqslant 0,$$

且在 $[a,b]$ 上不恒为零,可以推知

$$\int_a^b [tf(x) - g(x)]^2 \mathrm{d}x > 0.$$

故(10)式只能是严格不等式,矛盾.

施瓦茨不等式有很多应用,我们把它们放入习题之中.

例 5 证明:

(1) 若 f 在 $[0, +\infty)$ 中任何有限区间 $[0, x]$ 上可积,且 $\lim\limits_{x \to +\infty} f(x) = A$,则有

$$\lim_{x \to +\infty} \frac{1}{x}\int_0^x f(t)\mathrm{d}t = A; \tag{12}$$

(2) $\lim\limits_{x \to +\infty} \dfrac{1}{x}\displaystyle\int_0^x \sqrt{t}\sin t\,\mathrm{d}t = 0.$

证 (1) 因 $\lim\limits_{x \to +\infty} f(x) = A$,所以 $\forall \varepsilon > 0$, $\exists X_1 > 0$,使得

$$| f(x) - A | < \frac{\varepsilon}{2}, \ x \in (X_1, +\infty).$$

于是当 $x > X_1$ 时,依据定积分的绝对值不等式性,得到

$$\left| \frac{1}{x} \int_0^x f(t) \mathrm{d}t - A \right| = \left| \frac{1}{x} \int_0^x [f(t) - A] \mathrm{d}t \right|$$

$$\leqslant \frac{1}{x} \int_0^x | f(t) - A | \mathrm{d}t$$

$$= \frac{1}{x} \int_0^{X_1} | f(t) - A | \mathrm{d}t + \frac{1}{x} \int_{X_1}^x | f(t) - A | \mathrm{d}t.$$

由于 $\int_0^{X_1} | f(t) - A | \mathrm{d}t$ 为定值,因此对上述 ε,存在 $X(>X_1)$,使当 $x > X$ 时,有

$$\frac{1}{x} \int_0^{X_1} | f(t) - A | \mathrm{d}t < \frac{\varepsilon}{2},$$

$$\frac{1}{x} \int_{X_1}^x | f(t) - A | \mathrm{d}t < \frac{1}{x} \cdot \frac{\varepsilon}{2} (x - X_1) < \frac{\varepsilon}{2}.$$

从而又有

$$\left| \frac{1}{x} \int_0^x f(t) \mathrm{d}t - A \right| < \frac{\varepsilon}{2} + \frac{\varepsilon}{2} = \varepsilon, \quad x > X.$$

这就证得极限式(12)成立.

    注 本例结论(12)可理解为:当 $\lim\limits_{x \to +\infty} f(x) = A$ 存在时,$f(x)$ 在 $[0, +\infty)$ 上的积分平均值即为此极限值 A. 然而此命题其逆不真,例如

$$\lim_{x \to +\infty} \frac{1}{x} \int_0^x \cos t \, \mathrm{d}t = \lim_{x \to +\infty} \frac{1}{x} \sin x = 0,$$

但是 $\lim\limits_{x \to +\infty} \cos x$ 并不存在. 下面题(2)同样可作为反例.   □

    (2) 由 $f(t) = \sqrt{t} \geqslant 0$,递增,$g(t) = \sin t$ 可积,依据(5)式,$\exists\, \xi_x \in [0, x]$,满足

$$\left| \frac{1}{x} \int_0^x \sqrt{t} \sin t \, \mathrm{d}t \right| = \frac{\sqrt{x}}{x} \left| \int_{\xi_x}^x \sin t \, \mathrm{d}t \right|$$

$$= \frac{1}{\sqrt{x}} | \cos \xi_x - \cos x |$$

$$\leqslant \frac{2}{\sqrt{x}} \to 0 \quad (x \to +\infty).$$

所以有 $\lim\limits_{x\to+\infty}\dfrac{1}{x}\displaystyle\int_0^x\sqrt{t}\sin t\,\mathrm{d}t=0$.

注 由以上证明过程看到,当 $0<p<1$ 时,同样有

$$\lim_{x\to+\infty}\frac{1}{x}\int_0^x t^p\sin t\,\mathrm{d}t=0. \qquad\qquad\square$$

*例6** 证明:$\lim\limits_{n\to\infty}\displaystyle\int_0^{\pi/2}\mathrm{e}^x\cos^n x\,\mathrm{d}x=0$.

分析 设 $f(x)=\mathrm{e}^x\cos^n x$. 由

$$f'(x)=\mathrm{e}^x\cos^{n-1}x(\cos x-n\sin x)=0,$$

当 $n\geqslant 2$ 时解出 $x_1=\dfrac{\pi}{2}$, $x_n=\arctan\dfrac{1}{n}$. 易知

$$\max_{x\in[0,\frac{\pi}{2}]}f(x)=f(x_n)=\mathrm{e}^{\arctan\frac{1}{n}}\left[\frac{n}{\sqrt{n^2+1}}\right]^n,$$

$$\lim_{n\to\infty}f(x_n)=1.$$

如图 4.4 所示,(这是 $f(x)$ 的一族曲线)如果把积分区间分拆成两部分:

$$\int_0^{\frac{\pi}{2}}f(x)\mathrm{d}x=\int_0^{\delta}f(x)\mathrm{d}x+\int_{\delta}^{\frac{\pi}{2}}f(x)\mathrm{d}x,$$

则当 δ 足够小时,上式右边第一项将可依赖 δ 而为任意小;第二项则可依赖 f 在 $\left[\delta,\dfrac{\pi}{2}\right]$ 上的递减性(n 足够大时),且有 $f(\delta)\to0(n\to\infty)$ 而能任意小.

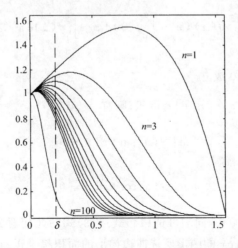

图 4.4

证　$\forall \varepsilon > 0$，取 $\delta = \dfrac{\varepsilon}{4}$. 因 $\lim\limits_{n \to \infty} x_n = 0$，故 $\exists N_1 > 0$，当 $n > N_1$ 时，$0 < x_n < \delta$. 这时，在 $[0, \delta]$ 上有

$$f(x) = \mathrm{e}^x \cos^n x \leqslant \mathrm{e}^{x_n} \cos^n x_n = M_n.$$

又因 $\lim\limits_{n \to \infty} M_n = 1$，故 $\exists N_2 > 0$，当 $n > N_2$ 时，有 $0 < M_n < 2$. 于是，当 $n > \max\{N_1, N_2\}$ 时，又有

$$0 < \int_0^\delta f(x)\,\mathrm{d}x \leqslant \int_0^\delta M_n\,\mathrm{d}x = M_n \cdot \delta < \frac{\varepsilon}{2}.$$

再有，当 $n > N_1$ 时，$f(x)$ 在 $\left[\delta, \dfrac{\pi}{2}\right]$ 上递减，因此要使

$$0 < \int_\delta^{\frac{\pi}{2}} f(x)\,\mathrm{d}x < \mathrm{e}^\delta \cos^n \delta \cdot \left(\frac{\pi}{2} - \delta\right)$$

$$= \frac{1}{4}\mathrm{e}^{\frac{\varepsilon}{4}} \cos^n \frac{\varepsilon}{4} \cdot (2\pi - \varepsilon) < \frac{\varepsilon}{2},$$

或者 $\cos^n \dfrac{\varepsilon}{4} < \dfrac{2\varepsilon}{2\pi - \varepsilon} \mathrm{e}^{-\frac{\varepsilon}{4}}$，只要

$$n > N_3 = \ln\left(\frac{2\varepsilon}{2\pi - \varepsilon} \mathrm{e}^{-\frac{\varepsilon}{4}}\right) \Big/ \ln\cos \frac{\varepsilon}{4}$$

即可.

所以当 $n > N = \max\{N_1, N_2, N_3\}$ 时，就有

$$0 < \int_0^{\frac{\pi}{2}} f(x)\,\mathrm{d}x = \int_0^\delta f(x)\,\mathrm{d}x + \int_\delta^{\frac{\pi}{2}} f(x)\,\mathrm{d}x < \varepsilon,$$

即 $\lim\limits_{n \to \infty} \int_0^{\frac{\pi}{2}} \mathrm{e}^x \cos^n x\,\mathrm{d}x = 0$ 成立.　　　　　　　　　　　　□

*例 7　证明：若 f 在 $[a, b]$ 上可积，则有

$$\lim_{p \to \infty} \int_a^b f(x) \sin px\,\mathrm{d}x = 0, \tag{13}$$

$$\lim_{p \to \infty} \int_a^b f(x) \cos px\,\mathrm{d}x = 0. \tag{14}$$

证　这里只证 (13) 式，同理可证 (14) 式. (13) 式的几何意义如图 4.5 所示，当 $p \to \infty$ 时，$y = f(x) \sin px$ 的图形所成曲边梯形的面积趋于正、负相抵消，使极限等于零. 现证明如下.

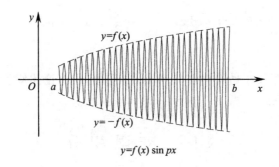

$$y = f(x) \sin px$$

图 4.5

由 f 可积，$\forall\, \varepsilon > 0$，$\exists\, T[a,b]$，使得

$$\sum_T \omega_i^f \Delta x_i < \frac{\varepsilon}{2}.$$

在 T 所属的每个小区间 $\Delta_i = [x_{i-1}, x_i]$ 上，设

$$m_i = \inf_{x \in \Delta_i} f(x), \quad i = 1, 2, \cdots, n.$$

由于

$$\int_a^b f(x) \sin px\, \mathrm{d}x = \sum_{i=1}^n \int_{x_{i-1}}^{x_i} f(x) \sin px\, \mathrm{d}x$$

$$= \sum_{i=1}^n \int_{x_{i-1}}^{x_i} (f(x) - m_i) \sin px\, \mathrm{d}x + \sum_{i=1}^n m_i \int_{x_{i-1}}^{x_i} \sin px\, \mathrm{d}x,$$

$$|f(x) - m_i| \leqslant \omega_i^f, \quad i = 1, 2, \cdots, n,$$

$$\left| \int_a^\beta \sin px\, \mathrm{d}x \right| = \left| \frac{1}{p} (\cos pa - \cos p\beta) \right| \leqslant \frac{2}{|p|},$$

因此得到

$$\left| \int_a^b f(x) \sin px\, \mathrm{d}x \right| \leqslant \sum_{i=1}^n \omega_i^f \Delta x_i + \frac{2}{|p|} \sum_{i=1}^n |m_i|.$$

当分割 T 随 ε 而确定后，$\sum_{i=1}^n |m_i|$ 为一非负常数，故当

$$|p| > P = \frac{4}{\varepsilon} \sum_{i=1}^n |m_i|$$

时，$\dfrac{2}{|p|} \sum_{i=1}^n |m_i| < \dfrac{\varepsilon}{2}$. 于是证得

$$\left|\int_a^b f(x)\sin px\mathrm{d}x\right| < \frac{\varepsilon}{2} + \frac{\varepsilon}{2} = \varepsilon \quad (p > P),$$

即(13)式成立.   □

注 本例命题又叫做勒贝格(Lebesgue)引理,它是论述傅里叶(Fourier)级数收敛性的预备知识.

§4.4 变 限 积 分

若 $f\in\mathscr{R}[a,b]$,则 $\forall\ x\in[a,b]$,$f\in\mathscr{R}[a,x]$,$f\in\mathscr{R}[x,b]$. 由此定义了**变动上限积分函数**

$$\Phi(x) = \int_a^x f(t)\mathrm{d}t, \quad x \in [a,b]; \tag{1}$$

和**变动下限积分函数**

$$\Psi(x) = \int_x^b f(t)\mathrm{d}t, \quad x \in [a,b]. \tag{2}$$

它们统称为**变限积分(函数)**. 更一般地还有变限复合函数:

$$\int_a^{u(x)} f(t)\mathrm{d}t, \quad \int_{v(x)}^b f(t)\mathrm{d}t, \quad \int_{v(x)}^{u(x)} f(t)\mathrm{d}t.$$

变限积分有如下重要性质:

性质 1 若 f 在$[a,b]$上可积,则(1)与(2)中的 Φ 与 Ψ 在$[a,b]$上连续.

性质 2 若 f 在$[a,b]$上连续,则上述 Φ 与 Ψ 必在$[a,b]$上可导,且有

$$\Phi'(x) = \frac{\mathrm{d}}{\mathrm{d}x}\int_a^x f(t)\mathrm{d}t = f(x), \tag{3}$$

$$\Psi'(x) = \frac{\mathrm{d}}{\mathrm{d}x}\int_x^b f(t)\mathrm{d}t = -f(x). \tag{4}$$

性质 3 若 f 在$[A,B]$上连续,$u(x)$,$v(x)$在$[a,b]$上可导,且 $u([a,b])$,$v([a,b])\subset[A,B]$,则有

$$\frac{\mathrm{d}}{\mathrm{d}x}\int_{v(x)}^{u(x)} f(t)\mathrm{d}t = f(u(x))u'(x) - f(v(x))v'(x). \tag{5}$$

其中,性质 2 因其重要性而被称为**微积分基本定理**. 该定理解决了"连续函数必有原函数"这一重要命题,并指出 $\Phi(x)$ 即为 $f(x)$ 的一个原函数. 在此基础上,便知

$$\int f(x)\mathrm{d}x = \int_a^x f(t)\mathrm{d}t + C,$$

$$\int_a^b f(x)\mathrm{d}x = F(b) - F(a),$$

其中 F 是 f 的任一原函数(F 与 Φ 只能相差某一常数). 后者即为定理 4.1 中的牛顿-莱布尼兹公式.

与本节内容直接有关的,还有计算定积分的换元积分法和分部积分法.

换元积分法 若 f 在 $[a,b]$ 上连续,φ 在 $[\alpha,\beta]$ 上连续可微(即 φ' 连续),且满足

$$\varphi(\alpha) = a,\ \varphi(\beta) = b,\ \alpha \leqslant \varphi(t) \leqslant b,\ t \in [\alpha,\beta],$$

则有定积分换元公式①:

$$\int_a^b f(x)\mathrm{d}x = \int_\alpha^\beta f(\varphi(t))\varphi'(t)\mathrm{d}t. \tag{6}$$

分部积分法 若 $u(x),v(x)$ 是 $[a,b]$ 上的两个连续可微函数,则有定积分分部积分公式②:

$$\int_a^b u(x)v'(x)\mathrm{d}x = u(x)v(x)\Big|_a^b - \int_a^b u'(x)v(x)\mathrm{d}x. \tag{7}$$

公式(6)与(7)不仅能直接服务于定积分计算,而且还能用来推导公式和论证命题. 例如:

• 若 $f \in \mathscr{R}[-a,a]$,则有

$$\int_{-a}^a f(x)\mathrm{d}x = \begin{cases} 0, & f \text{ 为奇函数} \\ 2\int_0^a f(x)\mathrm{d}x, & f \text{ 为偶函数}; \end{cases}$$

• 若 f 为 $(-\infty,+\infty)$ 上以 p 为周期的连续周期函数,则对任何实数 a,恒有

$$\int_a^{a+p} f(x)\mathrm{d}x = \int_0^p f(x)\mathrm{d}x;$$

• 若 f 为连续函数,则有

$$\int_0^{\frac{\pi}{2}} f(\sin x)\mathrm{d}x = \int_0^{\frac{\pi}{2}} f(\cos x)\mathrm{d}x,$$

---

① 把条件改为 $f \in \mathscr{R}[a,b]$,φ 在 $[\alpha,\beta]$ 上严格单调(设为增),且 φ' 连续时,公式(6)依然成立.

② 把条件改为 u'、$v' \in \mathscr{R}[a,b]$ 时,公式(7)依然成立.

$$\int_0^\pi x f(\sin x)\mathrm{d}x = \frac{\pi}{2}\int_0^\pi f(\sin x)\mathrm{d}x;$$

等等.

例 1　求定积分

$$I = \int_0^2 \frac{x}{\mathrm{e}^x + \mathrm{e}^{2-x}}\mathrm{d}x.$$

解　要想直接求出被积函数的原函数,而后使用牛顿-莱布尼兹公式求定积分的值,这种一般方法在这里是无效的. 现在情形下的做法应是把它分拆成几个定积分,而后通过换元积分或分部积分,消去其中难以计算出来的项. 为此把 I 拆成两项:

$$I = \int_0^1 \frac{x}{\mathrm{e}^x + \mathrm{e}^{2-x}}\mathrm{d}x + \int_1^2 \frac{x}{\mathrm{e}^x + \mathrm{e}^{2-x}}\mathrm{d}x = I_1 + I_2.$$

用换元积分法对 I_2 处理如下:

$$I_2 = \int_1^2 \frac{x-2}{\mathrm{e}^x + \mathrm{e}^{2-x}}\mathrm{d}x + \int_1^2 \frac{2}{\mathrm{e}^x + \mathrm{e}^{2-x}}\mathrm{d}x$$

$$= \int_1^0 \frac{t}{\mathrm{e}^{2-t} + \mathrm{e}^t}\mathrm{d}t + \int_1^2 \frac{2}{\mathrm{e}^x + \mathrm{e}^{2-x}}\mathrm{d}x$$

$$= -I_1 + \int_1^2 \frac{2}{\mathrm{e}^x + \mathrm{e}^{2-x}}\mathrm{d}x.$$

消去 I_1 后,得到

$$I = \int_1^2 \frac{2}{\mathrm{e}^x + \mathrm{e}^{2-x}}\mathrm{d}x = 2\int_1^2 \frac{\mathrm{e}^x}{\mathrm{e}^{2x} + \mathrm{e}^2}\mathrm{d}x$$

$$= \frac{2}{\mathrm{e}}\arctan\frac{\mathrm{e}^x}{\mathrm{e}}\bigg|_1^2 = \frac{2}{\mathrm{e}}\left(\arctan\mathrm{e} - \frac{\pi}{4}\right). \qquad\square$$

例 2　设 f 在 $[0,1]$ 上连续可微,证明:

$$\lim_{n\to\infty}\int_0^1 nx^n f(x)\mathrm{d}x = f(1).$$

证　用分部积分法求得

$$\int_0^1 x^n f(x)\mathrm{d}x = \frac{x^{n+1}}{n+1}f(x)\bigg|_0^1 - \frac{1}{n+1}\int_0^1 x^{n+1}f'(x)\mathrm{d}x.$$

由 f' 在 $[0,1]$ 上连续,存在 $\max\limits_{0\leqslant x\leqslant 1}|f'(x)| = M$,于是有

$$\left|\int_0^1 x^{n+1} f'(x) \mathrm{d} x\right| \leqslant \int_0^1 x^{n+1} |f'(x)| \mathrm{d} x$$

$$\leqslant M \int_0^1 x^{n+1} \mathrm{d} x = \frac{M}{n+2} \to 0 \quad (n \to \infty).$$

从而证得

$$\lim_{n\to\infty} \int_0^1 n x^n f(x) \mathrm{d} x = \lim_{n\to\infty} \frac{n}{n+1} f(1) - \lim_{n\to\infty} \frac{n}{n+1} \int_0^1 x^{n+1} f'(x) \mathrm{d} x$$

$$= f(1).$$

这个结论也可改写成积分估计式形式:

$$\int_0^1 x^n f(x) \mathrm{d} x = \frac{f(1)}{n} + o\left(\frac{1}{n}\right), \quad n \to \infty. \qquad \square$$

例 3 设 f 在 $[0,1]$ 上连续可微,且满足

$$f(0) = 0, \quad 0 \leqslant f'(x) \leqslant 1.$$

证明

$$\left[\int_0^1 f(x) \mathrm{d} x\right]^2 \geqslant \int_0^1 f^3(x) \mathrm{d} x. \qquad (8)$$

证 作辅助函数(把(8)式中的定积分改为变限积分):

$$F(t) = \left[\int_0^t f(x) \mathrm{d} x\right]^2 - \int_0^t f^3(x) \mathrm{d} x, \quad t \in [0,1].$$

由于 $F(0)=0$,因此若能证得 $F(t)$ 递增,则 $F(1) \geqslant F(0)=0$,即为(8)式成立.

为此求 $F(t)$ 的导数:

$$F'(t) = 2\int_0^t f(x) \mathrm{d} x \cdot f(t) - f^3(t)$$

$$= f(t)\left[2\int_0^t f(x) \mathrm{d} x - f^2(t)\right].$$

若记 $G(t) = 2\int_0^t f(x) \mathrm{d} x - f^2(t)$,则有 $G(0)=0$,且

$$G'(t) = 2f(t) - 2f(t)f'(t) = 2f(t)[1 - f'(t)].$$

由题设条件知道 $f(t)$ 递增,且 $f(t) \geqslant f(0)=0$,而 $f'(t) \leqslant 1$,因此推知 $G'(t) \geqslant 0$. 这就证得 $F'(t) \geqslant 0$,$F(t)$ 为递增函数. $\qquad \square$

例 4 设 f 是 $[0,+\infty)$ 上的凸函数,试证

$$g(x) = \frac{1}{x}\int_0^x f(t)\mathrm{d}t$$

在$(0, +\infty)$上也是凸函数.

证　由凸函数定义, $\forall\, x_1, x_2 > 0, 0 < \lambda < 1$, 恒有

$$f(\lambda x_1 + (1-\lambda)x_2) \leqslant \lambda f(x_1) + (1-\lambda)f(x_2).$$

由此便可证得

$$g(\lambda x_1 + (1-\lambda)x_2) = \frac{1}{\lambda x_1 + (1-\lambda)x_2}\int_0^{\lambda x_1 + (1-\lambda)x_2} f(t)\mathrm{d}t$$

$$= \int_0^1 f((\lambda x_1 + (1-\lambda)x_2)x)\mathrm{d}x$$

$$\leqslant \int_0^1 [\lambda f(x_1 x) + (1-\lambda)f(x_2 x)]\mathrm{d}x$$

$$= \frac{\lambda}{x_1}\int_0^{x_1} f(t)\mathrm{d}t + \frac{1-\lambda}{x_2}\int_0^{x_2} f(t)\mathrm{d}t$$

$$= \lambda g(x_1) + (1-\lambda)g(x_2).$$

所以 $g(x)$是$(0, +\infty)$上的凸函数. 　　　　　　　　　　　　□

*例5　证明加强条件下的积分第二中值定理:设在$[a, b]$上 g 为连续函数, f 为连续可微的单调函数, 则存在 $\xi \in [a, b]$, 使得

$$\int_a^b f(x)g(x)\mathrm{d}x = f(a)\int_a^\xi g(x)\mathrm{d}x + f(b)\int_\xi^b g(x)\mathrm{d}x.$$

证　设 $G(x) = \int_a^x g(t)\mathrm{d}t$, 则 $G'(x) = g(x)$, 且有

$$\int_a^b f(x)g(x)\mathrm{d}x = \int_a^b f(x)\mathrm{d}G(x)$$

$$= f(b)G(b) - \int_a^b f'(x)G(x)\mathrm{d}x.$$

又因 f 为单调函数, 故 $f'(x)$不变号. 于是存在 $\xi \in [a, b]$, 使得

$$\int_a^b f(x)g(x)\mathrm{d}x = f(b)G(b) - G(\xi)\int_a^b f'(x)\mathrm{d}x$$

$$= f(b)G(b) - G(\xi)[f(b) - f(a)]$$

$$= f(b)\int_a^b g(x)\mathrm{d}x - [f(b) - f(a)]\int_a^\xi g(x)\mathrm{d}x$$

$$= f(a)\int_a^\xi g(x)\mathrm{d}x + f(b)\int_\xi^b g(x)\mathrm{d}x. \qquad\qquad \square$$

§4.5 反 常 积 分

一、内容提要

1° 反常积分有**无穷限反常积分**与**无界函数反常积分**两种类型,分别简称为**无穷积分**与**瑕积分**. 它们的定义分别为

$$\int_a^{+\infty} f(x)\mathrm{d}x \stackrel{\text{def}}{=\!=\!=} \lim_{u\to+\infty}\int_a^u f(x)\mathrm{d}x, \tag{1}$$

其中 f 在任何 $[a, u]$ 上可积;

$$\int_a^b f(x)\mathrm{d}x \stackrel{\text{def}}{=\!=\!=} \lim_{u\to b^-}\int_a^u f(x)\mathrm{d}x, \tag{2}$$

其中 f 在 $U^\circ_-(b)$ 无界,在任何 $[a, b-\delta]$ 可积.

在(1),(2)式右边的极限若存在,则称该反常积分收敛;否则,称为发散.

其余如 $\int_{-\infty}^b f(x)\mathrm{d}x$, $\int_{-\infty}^{+\infty} f(x)\mathrm{d}x$ 和瑕点为 a 的瑕积分 $\int_a^b f(x)\mathrm{d}x$,都可类似地定义. 总之,各类反常积分都是用变限积分的极限来定义的. 有关反常积分概念的详细讨论,示于后面例 1.

2° 反常积分求值(当为收敛时)是本节的一个主题. 如果能顺利求出变限积分 $\int_a^u f(x)\mathrm{d}x$,则反常积分的值就是它的极限($u\to+\infty$ 或 $u\to b_-$ 等等). 除此之外,还常通过各种积分变换技巧进行化简而得到其值;或者使用数学软件来求得反常积分的值. 具体示于后面例 2.

3° 判断反常积分的收敛性(包括绝对收敛,条件收敛或发散)是本节更重要的主题. 这里只就无穷积分的审敛法则介绍如下(瑕积分有类似结论).

(i) 柯西准则:

$$\int_a^{+\infty} f(x)\mathrm{d}x \text{ 收敛} \Leftrightarrow \begin{cases} \forall\,\varepsilon>0, \exists\,A>a,\text{当 } u_1, u_2>A \text{ 时} \\ \left|\int_{u_1}^{u_2} f(x)\mathrm{d}x\right| < \varepsilon. \end{cases}$$

(ii) 绝对收敛与收敛的关系:

$$\int_a^{+\infty} |f(x)|\,\mathrm{d}x \text{ 收敛} \Rightarrow \int_a^{+\infty} f(x)\mathrm{d}x \text{ 收敛}.$$

(ⅲ) 判别绝对收敛的比较法则：

$$
\left.\begin{array}{l}
\mid f(x)\mid\leqslant g(x)\,,\ x\geqslant A\geqslant a\\[2mm]
\displaystyle\int_a^{+\infty}g(x)\mathrm{d}x\ 收敛
\end{array}\right\}\Rightarrow\int_a^{+\infty}\mid f(x)\mid\mathrm{d}x\ 收敛.
$$

其极限形式为:若 $g(x)>0$, $\displaystyle\lim_{x\to+\infty}\frac{\mid f(x)\mid}{g(x)}=c$,则

$$
\left\{\begin{array}{l}
0<c<+\infty\ 时,\displaystyle\int_a^{+\infty}g(x)\mathrm{d}x\ 收敛\Leftrightarrow\int_a^{+\infty}\mid f(x)\mid\mathrm{d}x\ 收敛;\\[4mm]
c=0\ 时,\displaystyle\int_a^{+\infty}g(x)\mathrm{d}x\ 收敛\Rightarrow\int_a^{+\infty}\mid f(x)\mid\mathrm{d}x\ 收敛;\\[4mm]
c=+\infty\ 时,\displaystyle\int_a^{+\infty}g(x)\mathrm{d}x\ 发散\Rightarrow\int_a^{+\infty}\mid f(x)\mid\mathrm{d}x\ 发散.
\end{array}\right.
$$

(ⅳ) 当选择 $\displaystyle\int_1^{+\infty}\frac{\mathrm{d}x}{x^p}$ 作为比较对象时,上述比较法则具体化为

$$
\left\{\begin{array}{l}
p>1,且\mid f(x)\mid\leqslant\dfrac{1}{x^p}\ 时,\quad\displaystyle\int_a^{+\infty}\mid f(x)\mid\mathrm{d}x\ 收敛;\\[4mm]
p\leqslant1,且\mid f(x)\mid\geqslant\dfrac{1}{x^p}\ 时,\quad\displaystyle\int_a^{+\infty}\mid f(x)\mid\mathrm{d}x\ 发散.
\end{array}\right.
$$

对应的极限形式为:若 $\displaystyle\lim_{x\to+\infty}x^p\mid f(x)\mid=\lambda$,则

$$
\int_a^{+\infty}\mid f(x)\mid\mathrm{d}x\left\{\begin{array}{ll}
收敛, & 当\ p>1\ 且\ 0\leqslant\lambda<+\infty;\\[2mm]
发散, & 当\ p\leqslant1\ 且\ 0<\lambda\leqslant+\infty.
\end{array}\right.
$$

(ⅴ) 阿贝尔(Abel)判别法：

$$
\left.\begin{array}{l}
\displaystyle\int_a^{+\infty}f(x)\mathrm{d}x\ 收敛\\[2mm]
g(x)\ 在[a,+\infty)\ 上单调、有界
\end{array}\right\}\Rightarrow\int_a^{+\infty}f(x)g(x)\mathrm{d}x\ 收敛.
$$

(ⅵ) 狄利克雷判别法：

$$
\left.\begin{array}{l}
\displaystyle F(u)=\int_a^u f(x)\mathrm{d}x\ 在[a,+\infty)\ 有界\\[2mm]
当\ x\to+\infty\ 时,g(x)\ 单调趋于零
\end{array}\right\}\Rightarrow\int_a^{+\infty}f(x)g(x)\mathrm{d}x\ 收敛.
$$

4° 一些重要结论

- $\displaystyle\int_1^{+\infty} \frac{\mathrm{d}x}{x^p}$ $\begin{cases} \text{收敛}, & p > 1; \\ \text{发散}, & p \leqslant 1. \end{cases}$

- $\displaystyle\int_1^{+\infty} \frac{\cos x}{x^p}\mathrm{d}x$, $\displaystyle\int_1^{+\infty} \frac{\sin x}{x^p}\mathrm{d}x$ $\begin{cases} \text{绝对收敛}, & p > 1; \\ \text{条件收敛}, & 0 < p \leqslant 1; \\ \text{发散}, & p \leqslant 0. \end{cases}$

- $\displaystyle\int_0^{+\infty} \sin x^2 \mathrm{d}x$, $\displaystyle\int_0^{+\infty} \cos x^2 \mathrm{d}x$, $\displaystyle\int_0^{+\infty} x\sin x^4 \mathrm{d}x$ 都条件收敛.

- $\displaystyle\int_a^b \frac{\mathrm{d}x}{(b-x)^q}$, $\displaystyle\int_a^b \frac{\mathrm{d}x}{(x-a)^q}$ $\begin{cases} \text{收敛}, & q < 1; \\ \text{发散}, & q \geqslant 1. \end{cases}$

进一步判定反常积分敛散性的例子示于后面例 3.

二、例题

例 1 判别下列命题的真、伪,对真命题简述理由,对伪命题举出反例:

(1) 若 f 连续,$\displaystyle\int_{-\infty}^{+\infty} f(x)\mathrm{d}x$ 收敛,则有

$$\frac{\mathrm{d}}{\mathrm{d}x}\int_{-\infty}^x f(t)\mathrm{d}t = f(x), \quad \frac{\mathrm{d}}{\mathrm{d}x}\int_x^{+\infty} f(t)\mathrm{d}t = -f(x);$$

(2) 若 f 在 $[a, +\infty)$ 上无界,则 $\displaystyle\int_a^{+\infty} f(x)\mathrm{d}x$ 必发散;

(3) 若 $\displaystyle\lim_{x\to+\infty} f(x)$ 不存在,则 $\displaystyle\int_a^{+\infty} f(x)\mathrm{d}x$ 必发散;

(4) 若 f 非负、连续,$\displaystyle\int_a^{+\infty} f(x)\mathrm{d}x$ 收敛,则必有 $\displaystyle\lim_{x\to+\infty} f(x) = 0$;

(5) 若 $\displaystyle\lim_{x\to+\infty} f(x) = A$ 存在,且 $\displaystyle\int_a^{+\infty} f(x)\mathrm{d}x$ 收敛,则 $A = 0$;

(6) 若 f 单调,且 $\displaystyle\int_a^{+\infty} f(x)\mathrm{d}x$ 收敛,则 $\displaystyle\lim_{x\to+\infty} f(x) = 0$;

(7) 若 $\displaystyle\int_a^{+\infty} f(x)\mathrm{d}x$ 收敛,且 $\displaystyle\lim_{x\to+\infty} f(x) = 0$,则 $\displaystyle\int_a^{+\infty} f^2(x)\mathrm{d}x$ 必收敛;

(8) 若 $\displaystyle\int_a^{+\infty} f(x)\mathrm{d}x$ 绝对收敛,且 $\displaystyle\lim_{x\to+\infty} f(x) = 0$,则 $\displaystyle\int_a^{+\infty} f^2(x)\mathrm{d}x$ 必收敛;

(9) 若 $\displaystyle\int_a^{+\infty} f(x)\mathrm{d}x$ 收敛,$\displaystyle\lim_{x\to+\infty} g(x) = 1$,则必有 $\displaystyle\int_a^{+\infty} f(x)g(x)\mathrm{d}x$ 收敛;

(10) 若 $\displaystyle\int_a^{+\infty} f(x)\mathrm{d}x = A$,则 $\displaystyle\lim_{x\to+\infty}\int_a^n f(x)\mathrm{d}x = A$($n$ 为自然数);反之不真.

解 其中真命题有五个:(1),(5),(6),(8),(10);其余五个是伪命题.分别说明如下:

(1) 因 $\int_{-\infty}^{a} f(x)\mathrm{d}x$ 与 $\int_{a}^{+\infty} f(x)\mathrm{d}x$ 都收敛,且

$$\int_{-\infty}^{x} f(x)\mathrm{d}x = \int_{-\infty}^{a} f(x)\mathrm{d}x + \int_{a}^{x} f(x)\mathrm{d}x,$$

$$\int_{x}^{+\infty} f(x)\mathrm{d}x = \int_{a}^{+\infty} f(x)\mathrm{d}x - \int_{a}^{x} f(x)\mathrm{d}x,$$

而此两式右边第一项都是一个常数,故由 §4.4(3),(4)两式,可知此命题为真.　□

(2),(3)构造反例如图4.6,取被积函数

$$f(x) = \begin{cases} 0, & x \in \left[n-1, n-\dfrac{1}{n2^n} \right), \\ n, & x \in \left[n-\dfrac{1}{n2^n}, n \right), \end{cases} \qquad n = 1, 2, \cdots.$$

$\lim\limits_{x \to +\infty} f(x)$ 不存在,且 f 在 $[0, +\infty)$ 上无界;然而

$$\int_{0}^{+\infty} f(x)\mathrm{d}x = \lim_{n \to \infty}\int_{0}^{n} f(x)\mathrm{d}x = \sum_{n=1}^{\infty} \frac{n}{n2^n} = 1, \tag{3}$$

故为收敛. 此外,前面一、4°中的 $\int_{0}^{+\infty} \sin x^2\mathrm{d}x$ 与 $\int_{0}^{+\infty} x\sin x^4\mathrm{d}x$ 也可作为这里的反例.　□

(4) 只须把图4.6中的函数 f 稍作修改:把每个狭条长方形顶边的中点与底边的两端点相连,成一三角形,这样就得到了一个非负、连续的 $g(x)$,且有

$$\int_{0}^{+\infty} g(x)\mathrm{d}x = \frac{1}{2}\int_{0}^{+\infty} f(x)\mathrm{d}x = \frac{1}{2},$$

仍为收敛. 然而它还是不满足 $\lim\limits_{x \to +\infty} g(x) = 0$.　□

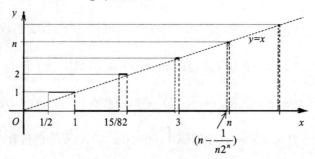

图4.6

(5) 倘若 $\lim\limits_{x\to+\infty} f(x) = A \neq 0$(设 $A>0$),则存在 $X>a$,当 $x>X$ 时,有

$$f(x) \geqslant \frac{A}{2} > 0.$$

这将导致 $\int_X^{+\infty} f(x)\mathrm{d}x = +\infty$,与 $\int_a^{+\infty} f(x)\mathrm{d}x$ 收敛相矛盾.所以只能是 $A = 0$. □

(6) 当 f 单调无界时将使 $\lim\limits_{x\to+\infty} f(x) = \infty$,导致 $\int_a^{+\infty} f(x)\mathrm{d}x$ 发散而矛盾;所以 f 必为单调有界,从而 $\lim\limits_{x\to+\infty} f(x) = A$ 存在.由(5)可知 $A = 0$. □

(7) 反例:$\int_1^{+\infty} \frac{\sin x}{\sqrt{x}}\mathrm{d}x$ 收敛,$\lim\limits_{x\to+\infty} \frac{\sin x}{\sqrt{x}} = 0$,但因

$$\int_1^{+\infty} \frac{\sin^2 x}{x}\mathrm{d}x = \frac{1}{2}\int_1^{+\infty} \left(\frac{1}{x} - \frac{\cos 2x}{x}\right)\mathrm{d}x,$$

其中 $\int_1^{+\infty} \frac{\cos 2x}{x}\mathrm{d}x$ 收敛,$\int_1^{+\infty} \frac{1}{x}\mathrm{d}x$ 发散,故 $\int_1^{+\infty} \frac{\sin^2 x}{x}\mathrm{d}x$ 发散. □

(8) 因 $\lim\limits_{x\to+\infty} f(x) = 0$,故当 x 充分大时 $|f(x)| < 1$,从而 $f^2(x) \leqslant |f(x)|$;而 $\int_a^{+\infty} |f(x)|\mathrm{d}x$ 收敛,故由比较判别法推知 $\int_a^{+\infty} f^2(x)\mathrm{d}x$ 收敛. □

(9) 反例:$\int_a^{+\infty} f(x)\mathrm{d}x = \int_1^{+\infty} \frac{\sin x}{\sqrt{x}}\mathrm{d}x$(收敛),

$$g(x) = 1 + \frac{\sin x}{\sqrt{x}} \to 1 \quad (x\to+\infty),$$

然而

$$\int_a^{+\infty} f(x)g(x)\mathrm{d}x = \int_1^{+\infty} \left(\frac{\sin x}{\sqrt{x}} + \frac{\sin^2 x}{x}\right)\mathrm{d}x,$$

由(7)知道它是发散的. □

(10) 事实上,$\lim\limits_{n\to\infty}\int_a^n f(x)\mathrm{d}x = A$ 是

$$\int_a^{+\infty} f(x)\mathrm{d}x = \lim\limits_{u\to+\infty}\int_a^u f(x)\mathrm{d}x = A$$

的必要条件(根据函数极限的归结原则).反之不真,例如

$$f(x) = \begin{cases} -1, & x \in \left[n-1, n-\frac{1}{2}\right], \\ & \qquad\qquad\qquad\qquad n = 1,2,\cdots. \\ 1, & x \in \left[n-\frac{1}{2}, n\right], \end{cases}$$

显然 $I(n) = \int_0^n f(x)\mathrm{d}x = 0$, 从而 $\lim\limits_{n\to\infty}\int_0^n f(x)\mathrm{d}x = 0$; 然而却因 $I\left(n+\dfrac{1}{2}\right) =$

$-\dfrac{1}{2}$, 从而 $\lim\limits_{n\to\infty} I\left(n+\dfrac{1}{2}\right) = -\dfrac{1}{2}$. 所以 $\lim\limits_{u\to+\infty}\int_0^u f(x)\mathrm{d}x$ 不存在.   □

注意 既然(10)的逆命题不真,那么在讨论(2),(3)两题时的等式(3)又为何

成立呢? 原来这是因为该处的 f 是非负的,致使 $F(u) = \int_a^u f(x)\mathrm{d}x$ 是递增的. 也

就是说,如果在题(10)中添上 f 是非负的条件,那么其逆亦真.

例 2 试求下列反常积分的值:

(1) $\displaystyle\int_0^{\frac{\pi}{2}} \ln \sin x\,\mathrm{d}x$;

(2) $\displaystyle\int_0^{+\infty} \mathrm{e}^{-x}\,|\sin x\,|\,\mathrm{d}x$;

(3) 用 MATLAB 软件求以上两个反常积分的值.

解 (1) 令 $x = 2t$,得

$$J = \int_0^{\frac{\pi}{2}} \ln \sin x\,\mathrm{d}x = 2\int_0^{\frac{\pi}{4}} \ln \sin 2t\,\mathrm{d}t$$

$$= 2\int_0^{\frac{\pi}{4}} (\ln 2 + \ln \sin t + \ln \cos t)\mathrm{d}t$$

$$= \frac{\pi}{2}\ln 2 + 2\int_0^{\frac{\pi}{4}} \ln \sin t\,\mathrm{d}t + 2\int_0^{\frac{\pi}{4}} \ln \cos t\,\mathrm{d}t.$$

对最末一个积分作变换 $u = \dfrac{\pi}{2} - t$,得到

$$J = \frac{\pi}{2}\ln 2 + 2\int_0^{\frac{\pi}{4}} \ln \sin t\,\mathrm{d}t + 2\int_{\frac{\pi}{4}}^{\frac{\pi}{2}} \ln \sin u\,\mathrm{d}u$$

$$= \frac{\pi}{2}\ln 2 + 2\int_0^{\frac{\pi}{2}} \ln \sin t\,\mathrm{d}t$$

$$= \frac{\pi}{2}\ln 2 + 2J.$$

由此求得 $J = -\dfrac{\pi}{2}\ln 2$.   □

(2) 为化去被积函数中的绝对值,可利用例 1 的(10)(说明)来计算:

$$I = \int_0^{+\infty} \mathrm{e}^{-x}\,|\sin x\,|\,\mathrm{d}x = \lim_{n\to\infty}\int_0^{(2n+2)\pi} \mathrm{e}^{-x}\,|\sin x\,|\,\mathrm{d}x$$

$$= \lim_{n \to \infty} \sum_{k=0}^{n} \left[\int_{2k\pi}^{(2k+1)\pi} \mathrm{e}^{-x} \sin x \mathrm{d}x + \int_{(2k+1)\pi}^{(2k+2)\pi} \mathrm{e}^{-x}(-\sin x) \mathrm{d}x \right]$$

$$= \lim_{n \to \infty} \frac{1}{2} \sum_{k=0}^{n} \left[\mathrm{e}^{-x}(\sin x + \cos x) \Big|_{(2k+1)\pi}^{2k\pi} + \mathrm{e}^{-x}(\sin x + \cos x) \Big|_{(2k+1)\pi}^{(2k+2)\pi} \right]$$

$$= \frac{1}{2} \sum_{k=0}^{\infty} \left[\mathrm{e}^{-2k\pi} + 2\mathrm{e}^{-(2k+1)\pi} + \mathrm{e}^{-(2k+2)\pi} \right]$$

$$= \frac{1}{2} (1 + 2\mathrm{e}^{-\pi} + \mathrm{e}^{-2\pi}) \sum_{k=0}^{\infty} (\mathrm{e}^{-2\pi})^k$$

$$= \frac{(1+\mathrm{e}^{-\pi})^2}{2(1-\mathrm{e}^{-2\pi})} = \frac{\mathrm{e}^{\pi}+1}{2(\mathrm{e}^{\pi}-1)}. \qquad \Box$$

(3) 用 MATLAB 计算上面两个反常积分的程序和答案如下:

```
syms x;                    % 设置符号变量 x
g = log(sin(x));           % 给出函数 g(x)
J = int(g,0,pi/2)          % 求 g(x)在[0,π/2]上的瑕积分 J
f = exp( - x) * abs(sin(x));% 给出函数 f(x)
I0 = vpa(int(f,0,50),30)    % 求 f(x)在[0,50]上的积分值(取 30 位有效数)
I1 = vpa(int(f,0,100),35)   % 求 f(x)在[0,100]上的积分值(取 35 位有效数)
I2 = vpa(int(f,0,200),40)   % 求 f(x)在[0,200]上的积分值(取 40 位有效数)
                           % 以下是计算结果

J =
- 1/2 * pi * log(2)
I0 =
•5451657053636841150149194402979
I1 =
•54516570536368411501500623047349064
I2 =
•5451657053636841150150062304734906297785
```

其中,反常积分(1)可直接在积分区间 $\left[0, \frac{\pi}{2}\right]$ 上用符号积分求得 $J = -\frac{\pi}{2}\ln 2$;而反常积分(2)因其复杂性无法在 $[0, +\infty)$ 上用符号积分"int(f,0,inf)"求得,只能借助对足够大的积分上限 $b(50,100,200)$,用定积分 $\int_0^b \mathrm{e}^{-x}|\sin x|\mathrm{d}x$ 来近似表示. 为使计算结果能输出希望位数的有效数字,这里采用了语句

$$\text{vpa}(\text{表达式}, N),$$

其中 N 为给出的有效数字位数. 把我们求得的近似值 I_0, I_1, I_2 与前面(2)中求得的真值 I 相比较, 前 17 位有效数字相同, 即精度已达到 10^{-17}. (这同时说明了你所输出的计算结果并非位数越多越好).   □

例 3 讨论下列反常积分的敛散性:

(1) $\displaystyle\int_1^{+\infty}\left[\frac{x}{x^2+m}-\frac{m}{x+1}\right]\mathrm{d}x \quad (m\neq 0);$

(2) $\displaystyle\int_0^{+\infty}\frac{\ln(1+x)}{x^m}\mathrm{d}x.$

解 (1) 这里的 $\displaystyle\int_1^{+\infty}\frac{x}{x^2+m}\mathrm{d}x$ 与 $\displaystyle\int_1^{+\infty}\frac{m}{x+1}\mathrm{d}x$ 都是发散的无穷积分, 两者之差为收敛还是发散没有一般结论. 为此先把被积函数合成一个分式:

$$f(x)=\frac{x}{x^2+m}-\frac{m}{x+1}=\frac{(1-m)x^2+x-m^2}{(x^2+m)(x+1)}.$$

对于充分大的 $x, f(x)$ 将保持定号, 故 $\displaystyle\int_1^{+\infty}f(x)\mathrm{d}x$ 的收敛与绝对收敛是一回事.

当 $m=1$ 时, $\displaystyle\lim_{x\to+\infty}x^2|f(x)|=1$, 故 $\displaystyle\int_1^{+\infty}f(x)\mathrm{d}x$ 收敛; 当 $m\neq 1$ 时,

$$\lim_{x\to+\infty}x|f(x)|=|1-m|\neq 0,$$

故 $\displaystyle\int_1^{+\infty}|f(x)|\mathrm{d}x$ 发散, 且由上面讨论知道 $\displaystyle\int_1^{+\infty}f(x)\mathrm{d}x$ 也发散.   □

(2) 这里 $g(x)=\dfrac{\ln(1+x)}{x^m}>0, \ x\in(0,+\infty)$; 且当 $m>0$ 时, $x=0$ 又为 $g(x)$ 的瑕点. 故需把原反常积分分成两个反常积分来讨论:

$$I=\int_0^1 g(x)\mathrm{d}x+\int_1^{+\infty}g(x)\mathrm{d}x=I_1+I_2.$$

对于 I_1 这个瑕积分, 由于

$$g(x)=\frac{1}{x^{m-1}}\cdot\frac{\ln(1+x)}{x}\sim\frac{1}{x^{m-1}} \ (x\to 0^+),$$

因此当 $m-1<1$ 即 $m<2$ 时收敛, $m\geqslant 2$ 时发散.

对于 I_2 这个无穷积分, 当 $m=1+\delta>1$ 时, 由于

$$\lim_{x\to+\infty}x^{1+\frac{\delta}{2}}\cdot g(x)=\lim_{x\to+\infty}\frac{\ln(1+x)}{x^{\delta/2}}=0,$$

因此 I_2 收敛;而当 $m \leqslant 1$ 时,由于

$$\lim_{x \to +\infty} x g(x) = \lim_{x \to +\infty} \frac{\ln(1+x)}{x^{m-1}} = +\infty,$$

因此 I_2 发散.

综合对 I_1 与 I_2 的讨论,当且仅当 $1 < m < 2$ 时两者都收敛,此时原反常积分 I 亦收敛. □

例 4 证明:若 f 在 $[a, +\infty)$ 上一致连续,$\displaystyle\int_a^{+\infty} f(x) \mathrm{d}x$ 收敛,则必有 $\displaystyle\lim_{x \to +\infty} f(x) = 0$.

证 由条件,$\forall \varepsilon > 0$,$\exists \delta > 0$(设 $\delta \leqslant \varepsilon$),当 $x_1, x_2 \in [a, +\infty)$ 且 $|x_1 - x_2| \leqslant \delta$ 时,有

$$| f(x_1) - f(x_2) | < \frac{\varepsilon}{2}.$$

又由 $\displaystyle\int_a^{+\infty} f(x) \mathrm{d}x$ 收敛的柯西准则,对上述 δ,存在 $A > a$,当 $x', x'' > A$ 时,又有

$$\left| \int_{x'}^{x''} f(x) \mathrm{d}x \right| < \frac{\delta^2}{2}.$$

现对任何 $x > A$,取 x', x'' 使

$$A < x' < x < x'', \quad x'' - x' = \delta.$$

此时可估计得

$$| f(x) \delta | = \left| \int_{x'}^{x''} f(x) \mathrm{d}t \right|$$

$$\leqslant \int_{x'}^{x''} | f(x) - f(t) | \mathrm{d}t + \left| \int_{x'}^{x''} f(t) \mathrm{d}t \right|$$

$$< \frac{\varepsilon}{2} \delta + \frac{\delta^2}{2},$$

故有 $|f(x)| < \dfrac{\varepsilon}{2} + \dfrac{\delta}{2} \leqslant \varepsilon$. 这就证得

$$\lim_{x \to +\infty} f(x) = 0. \qquad \square$$

说明 我们由例 1 的 (2),(3),(4) 知道,反常积分 $\displaystyle\int_a^{+\infty} f(x) \mathrm{d}x$ 收敛,并不以 $\displaystyle\lim_{x \to +\infty} f(x) = 0$ 为其必要条件,即使 f 为非负、连续函数也是如此. 那么,在

$\int_a^{+\infty} f(x)\mathrm{d}x$ 收敛的基础上，再添加怎样一些附加条件，便能保证有 $\lim\limits_{x\to+\infty} f(x) = 0$ 呢?除了例 1 中(5),(6)所指出的外,本例中的"f 一致连续",以及后面习题 27 题中的"f 可导,且 $\int_a^{+\infty} f'(x)\mathrm{d}x$ 收敛"也都是合适的附加条件.

例 5　证明:若 f 是 $[a,+\infty)$ 上的单调函数,且 $\int_a^{+\infty} f(x)\mathrm{d}x$ 收敛,则

$$f(x) = o(\frac{1}{x}),\ \ x\to+\infty.$$

证　在例 1 的(6)已经知道,在所设条件下必有 $\lim\limits_{x\to+\infty} f(x)=0$. 现在要进一步证明

$$\lim_{x\to+\infty} xf(x) = 0.$$

为此不妨设 f 在 $[a,+\infty)$ 上为非负、递减函数. 此时由 $\int_a^{+\infty} f(x)\mathrm{d}x$ 收敛的柯西准则, $\forall\,\varepsilon>0,\exists\,A\geqslant a$,当 $x>\dfrac{x}{2}>A$ 时,将有

$$0\leqslant \frac{1}{2}xf(x) = \int_{\frac{x}{2}}^{x} f(x)\mathrm{d}t \leqslant \int_{\frac{x}{2}}^{x} f(t)\mathrm{d}t < \varepsilon.$$

这就证得 $\lim\limits_{x\to+\infty} xf(x)=0$,即 $x\to+\infty$ 时 $f(x)$ 是 $\dfrac{1}{x}$ 的高阶无穷小量.　　　　□

注意,以上的证明不以例 1 的(6)作为前提. 也就是说,这里的结论一旦获得证明,那么例 1 的(6)显然成立.

*例 6　设 f 为 $[a,+\infty)$ 上的连续可微函数,且当 $x\to+\infty$ 时 $f(x)$ 递减趋于零. 试证:

$$\int_a^{+\infty} f(x)\mathrm{d}x\ 收敛 \Leftrightarrow \int_a^{+\infty} xf'(x)\mathrm{d}x\ 收敛.$$

证　$\Rightarrow$　由上例已知此时有 $\lim\limits_{x\to+\infty} xf(x)=0$. 于是,由柯西准则(必要性), $\forall\,\varepsilon>0,\exists\,A\geqslant a$,当 $u_1,u_2>A$ 时,有

$$|\,u_1 f(u_1)\,| < \frac{\varepsilon}{3},\qquad |\,u_2 f(u_2)\,| < \frac{\varepsilon}{3},\qquad \left|\int_{u_1}^{u_2} f(x)\mathrm{d}x\right| < \frac{\varepsilon}{3}.$$

于是得到

$$\left|\int_{u_1}^{u_2} xf'(x)\mathrm{d}x\right| = \left|\ xf(x)\ \Big|_{u_1}^{u_2} - \int_{u_1}^{u_2} f(x)\mathrm{d}x\ \right|$$

$$\leqslant |\ u_2 f(u_2)\ |+|\ u_1 f(u_1)\ |+\left|\int_{u_1}^{u_2} f(x)\mathrm{d}x\right|$$

$$<\frac{\varepsilon}{3}+\frac{\varepsilon}{3}+\frac{\varepsilon}{3}=\varepsilon.$$

再由柯西准则(充分性),推知 $\displaystyle\int_a^{+\infty} xf'(x)\mathrm{d}x$ 收敛.

　　$\Leftarrow$　　由于

$$\int_a^u f(x)\mathrm{d}x = xf(x)\Big|_a^u-\int_a^u xf'(x)\mathrm{d}x,$$

因此只要证得极限 $\displaystyle\lim_{u\to+\infty} uf(u)$ 存在,便能保证 $\displaystyle\int_a^{+\infty} f(x)\mathrm{d}x$ 收敛.

　　由 f 递减且 $\displaystyle\lim_{x\to+\infty} f(x)=0$,首先可知

$$f(x)\geqslant 0,\ f'(x)\leqslant 0,\ x\in[a,+\infty).$$

再由 $\displaystyle\int_a^{+\infty} xf'(x)\mathrm{d}x$ 收敛,又知:$\forall\,\varepsilon>0,\exists\,A\geqslant a$,当 $u>A$ 时,恒有

$$\varepsilon>\left|\int_u^{+\infty} xf'(x)\mathrm{d}x\right|\geqslant\left|\,u\int_u^{+\infty} f'(x)\mathrm{d}x\right|$$

$$=|\ u[0-f(u)]\ |=|\ uf(u)\ |.$$

这就证得 $\displaystyle\lim_{u\to+\infty} uf(u)=0$.　　　　　　　　　　　　　　　　□

习　题

*1. 设 $f\in\mathscr{R}[a,b]$,g 与 f 仅在有限个点取值不同. 试用可积定义证明 $g\in\mathscr{R}[a,b]$,且

$$\int_a^b g(x)\mathrm{d}x=\int_a^b f(x)\mathrm{d}x.$$

2. 通过化为定积分求下列极限:

(1) $\displaystyle\lim_{n\to\infty}\sum_{k=0}^{n-1}\frac{2n}{n^2+k^2}$;　　　　　　　　(2) $\displaystyle\lim_{n\to\infty}\frac{1}{n}\sqrt[n]{n(n+1)\cdots(2n-1)}$.

3. 证明:若 $f\in\mathscr{R}[a,b]$,则 $\forall\,[\alpha,\beta]\subset[a,b],f\in\mathscr{R}[\alpha,\beta]$.

*4. 用可积第二充要条件重新证明第 1 题中的 $g\in\mathscr{R}[a,b]$.

5. 设 f 在 $[a,b]$ 上有界,$\{a_n\}\subset[a,b]$,且有 $\displaystyle\lim_{n\to\infty} a_n=c$. 证明:若 f 在 $[a,b]$ 上只有 $a_n(n=1,2,\cdots)$ 为其间断点,则 $f\in\mathscr{R}[a,b]$.

*6. 设 $f,g\in\mathscr{R}[a,b]$. 证明:$\forall\,T[a,b]$,若在 T 所属的每个小区间 Δ_i 上任取两点 $\xi_i,\eta_i(i=1,2,\cdots,n)$,则有

$$\lim_{\|T\|\to0}\sum_{i=1}^n f(\xi_i)g(\eta_i)\Delta x_i=\int_a^b f(x)g(x)\mathrm{d}x.$$

7. 证明:若 $f \in \mathscr{R}[a,b]$,且 $f(x) \geqslant 0$,则必有 $\sqrt{f} \in \mathscr{R}[a,b]$.

8. 设 $f \in \mathscr{R}[a,b]$. 证明:若任给 $g \in \mathscr{R}[a,b]$,总有 $\int_a^b f(x)g(x)\mathrm{d}x = 0$,则 f 在其连续点处的值恒为零.

*9. 证明:若 f 在 $[a,b]$ 上连续,且

$$\int_a^b f(x)\mathrm{d}x = \int_a^b xf(x)\mathrm{d}x = 0,$$

则至少存在两点 $x_1, x_2 \in (a,b)$,使 $f(x_1) = f(x_2) = 0$.

10. 证明以下不等式:

(1) $\displaystyle\int_0^\pi \frac{\sin x}{x}\mathrm{d}x < \frac{\pi}{2} + \frac{2}{\pi}$;

(2) $0 < \dfrac{\pi}{2} - \displaystyle\int_0^{\frac{\pi}{2}} \frac{\sin x}{x}\mathrm{d}x < \frac{\pi^3}{144}$;

(3) $3\sqrt{e} < \displaystyle\int_e^{4e} \frac{\ln x}{\sqrt{x}}\mathrm{d}x < 6$.

11. 设 f 在 $[0,1]$ 上连续可微,$f(1) - f(0) = 1$. 证明:

$$\int_0^1 [f'(x)]^2 \mathrm{d}x \geqslant 1.$$

12. 设 f 在 $[a,b]$ 上连续,且 $f(x) > 0$. 证明:

$$\frac{1}{b-a}\int_a^b \ln f(x)\mathrm{d}x \leqslant \ln\left(\frac{1}{b-a}\int_a^b f(x)\mathrm{d}x\right).$$

*13. 借助定积分证明:

(1) $\ln(n+1) < 1 + \dfrac{1}{2} + \cdots + \dfrac{1}{n} < 1 + \ln n$;

(2) $\displaystyle\lim_{n \to \infty} \frac{1 + \dfrac{1}{2} + \cdots + \dfrac{1}{n}}{\ln n} = 1$.

*14. 设 f 在 $[a,b]$ 上有 $f''(x) \geqslant 0$. 证明:

$$f\left(\frac{a+b}{2}\right) \leqslant \frac{1}{b-a}\int_a^b f(x)\mathrm{d}x \leqslant \frac{f(a)+f(b)}{2}.$$

15. 应用施瓦茨不等式证明:

(1) 若 $f \in \mathscr{R}[a,b]$,则

$$\left[\int_a^b f(x)\mathrm{d}x\right]^2 \leqslant (b-a)\int_a^b f^2(x)\mathrm{d}x;$$

(2) 若 $f \in \mathscr{R}[a,b]$,$f(x) \geqslant m > 0$,则

$$\int_a^b f(x)\mathrm{d}x \int_a^b \frac{1}{f(x)}\mathrm{d}x \geqslant (b-a)^2;$$

(3) 若 $f, g \in \mathscr{R}[a,b]$,则

$$\sqrt{\int_a^b [f(x)+g(x)]^2 \mathrm{d}x} \leqslant \sqrt{\int_a^b f^2(x)\mathrm{d}x} + \sqrt{\int_a^b g^2(x)\mathrm{d}x};$$

(4) 若 f 在$[a,b]$上非负、连续，且 $\int_a^b f(x)\mathrm{d}x = 1$，则

$$\left[\int_a^b f(x)\cos kx\,\mathrm{d}x\right]^2 + \left[\int_a^b f(x)\sin kx\,\mathrm{d}x\right]^2 \leqslant 1.$$

16. 用积分中值定理证明：若 f 为$[0,1]$上的递减函数，则 $\forall a \in (0,1)$，恒有

$$a\int_0^1 f(x)\mathrm{d}x \leqslant \int_0^a f(x)\mathrm{d}x;$$

并说明其几何意义.

*17. 设 f 在$[0,1]$上为严格递减函数. 证明（并说明其几何意义）：

(1) $\exists\, \xi \in (0,1)$，使

$$\int_0^1 f(x)\mathrm{d}x = \xi f(0) + (1-\xi)f(1);$$

(2) $\forall\, c > f(0)$，$\exists\, \eta \in (0,1)$，使

$$\int_0^1 f(x)\mathrm{d}x = \eta c + (1-\eta)f(1).$$

*18. 设 f 在$[-\pi,\pi]$上为递减函数. 证明：

(1) $\displaystyle\int_{-\pi}^{\pi} f(x)\sin 2nx\,\mathrm{d}x \geqslant 0$；

(2) $\displaystyle\int_{-\pi}^{\pi} f(x)\sin(2n+1)x\,\mathrm{d}x \leqslant 0.$

19. 设 f 在$[-\pi,\pi]$上为可微、凸函数，且有界. 证明：

$$\int_{-\pi}^{\pi} f(x)\cos(2n+1)x\,\mathrm{d}x \leqslant 0.$$

*20. 设 f 是$[0,1]$上的连续函数，且满足

$$\int_0^1 x^n f(x)\mathrm{d}x = 1, \quad \int_0^1 x^k f(x)\mathrm{d}x = 0 \quad (k=0,1,\cdots,n-1).$$

证明

$$\max_{0 \leqslant x \leqslant 1} |f(x)| \geqslant 2^n(n+1).$$

21. 设 f 在$[a,b]$上有连续的二阶导函数，$f(a)=f(b)=0$. 证明：

(1) 若 $\int_a^b f^2(x)\mathrm{d}x = 1$，则

$$\int_a^b [f'(x)]^2 \mathrm{d}x \cdot \int_a^b x^2 [f(x)]^2 \mathrm{d}x > \frac{1}{4};$$

(2) $\displaystyle\int_a^b f(x)\mathrm{d}x = \frac{1}{2}\int_a^b (x-a)(x-b)f''(x)\mathrm{d}x;$

(3) $\left| \int_a^b f(x)\mathrm{d}x \right| \leqslant \dfrac{(b-a)^3}{12} \max\limits_{a \leqslant x \leqslant b} |f''(x)|$.

*22. 设 f 在 (A,B) 上连续，$[a,b] \subset (A,B)$. 证明：

$$\lim_{h \to 0} \int_a^b \frac{f(x+h)-f(x)}{h}\mathrm{d}x = f(b)-f(a).$$

23. 设 f 在 $[a,b]$ 上连续、递增. 证明：

$$\int_a^b xf(x)\mathrm{d}x \geqslant \frac{a+b}{2}\int_a^b f(x)\mathrm{d}x.$$

24. 设 f 在 $[0,+\infty)$ 上递增. 证明：

$$F(x) = \frac{1}{x}\int_0^x f(t)\mathrm{d}t$$

在 $(0,+\infty)$ 上亦为递增.

*25. 设 f 在 $[a,b]$ 上为递增函数. 证明：$\forall\, c \in (a,b)$，则

$$g(x) = \int_c^x f(t)\mathrm{d}t$$

在 $[a,b]$ 上必为凸函数.

26. 设 f 在 $(-\infty,+\infty)$ 上为连续函数. 证明：f 是周期函数（周期为 2π）的充要条件为积分 $\int_0^{2\pi} f(x+y)\mathrm{d}x$ 与 y 无关.

27. 证明：若 f 在 $[a,+\infty)$ 上可导，$\int_a^{+\infty} f(x)\mathrm{d}x$ 与 $\int_a^{+\infty} f'(x)\mathrm{d}x$ 都收敛，则必有

$$\lim_{x \to +\infty} f(x) = 0.$$

28. 设 $\int_a^{+\infty} f(x)\mathrm{d}x$ 为条件收敛. 证明：

(1) $\int_a^{+\infty} [|f(x)|+f(x)]\mathrm{d}x$ 与 $\int_a^{+\infty} [|f(x)|-f(x)]\mathrm{d}x$ 都发散；

(2) $\lim\limits_{x \to +\infty} \dfrac{\int_a^x [|f(t)|+f(t)]\mathrm{d}t}{\int_a^x [|f(t)|-f(t)]\mathrm{d}t} = 1$.

29. 设 f, g, h 在任何有限区间 $[a,b] \subset [a,+\infty)$ 上都可积，且满足 $f(x) \leqslant g(x) \leqslant h(x)$. 证明：

(1) 若 $\int_a^{+\infty} f(x)\mathrm{d}x$ 与 $\int_a^{+\infty} h(x)\mathrm{d}x$ 都收敛，则 $\int_a^{+\infty} g(x)\mathrm{d}x$ 亦必收敛；

(2) 又若 $\int_a^{+\infty} f(x)\mathrm{d}x = \int_a^{+\infty} h(x)\mathrm{d}x = J$，则

$$\int_a^{+\infty} g(x)\mathrm{d}x = J.$$

30. 证明：若 f 为 $[0,+\infty)$ 上单调有界的连续可微函数，则 $\int_0^{+\infty} f'(x)\sin x\,\mathrm{d}x$ 必定绝对收

敛.

31. 讨论下列反常积分的敛散性：

(1) $\displaystyle\int_0^{+\infty} \frac{x}{1+x^2\cos^2 x}\mathrm{d}x$;　　(2) $\displaystyle\int_0^{+\infty} \frac{\sqrt{x}\cos x}{100+x}\mathrm{d}x$;

(3) $\displaystyle\int_0^1 \frac{1}{\sqrt{x}\ln x}\mathrm{d}x$;　　　　(4) $\displaystyle\int_0^1 \frac{1}{x}\cos\frac{1}{x^2}\mathrm{d}x$.

32. 证明下列不等式：

(1) $\displaystyle\frac{\pi}{2\sqrt 2} < \int_0^1 \frac{\mathrm{d}x}{\sqrt{1-x^4}} < \frac{\pi}{2}$;

(2) $\displaystyle\frac{1}{2}\left(1-\frac{1}{\mathrm{e}}\right) < \int_0^{+\infty} \mathrm{e}^{-x^2}\mathrm{d}x < 1+\frac{1}{2\mathrm{e}}$.

第五章 级 数

级数理论在数学分析中是一个非常重要的部分. 它包括数项级数(主要讨论收敛性),函数项级数(主要讨论一致收敛性),幂级数(主要讨论函数的幂级数展开),傅里叶数(主要讨论周期函数的三角级数展开及其收敛定理). 本章以数项级数和函数项级数为主,着重讨论一致收敛的概念、判别及应用.

§5.1 数项级数综述

无穷级数 $\sum_{n=1}^{\infty} a_n$ 通常形式地定义为:把一个数列 $\{a_n\}$ 的项依 n 由小到大用"+"号连接起来的一个无穷表达式

$$a_1 + a_2 + \cdots + a_n + \cdots. \tag{1}$$

事实上,按照"用旧概念定义新概念"的逻辑原则,它完全可以用另外一种更确切的概念去替代.

给出一个数列 $\{a_n\}$,由此构造(生成)另外一个数列:

$$S_1 = a_1, \quad S_2 = a_1 + a_2 = S_1 + a_2,$$

$$S_n = a_1 + a_2 + \cdots + a_n = S_{n-1} + a_n, \cdots.$$

此时也可称数列 $\{S_n\}$ 是由 $\{a_n\}$ 所生成的一个**级数**;当且仅当 $\lim_{n\to\infty} S_n = S$ 存在时,称此级数**收敛**;否则称此级数**发散**. 反过来,任何数列 $\{c_n\}$ 也总可看作由另一数列 $\{b_n\}$ 所生成的级数,因为这只要令

$$b_1 = c_1, b_2 = c_2 - c_1, \cdots, b_n = c_n - c_{n-1}, \cdots.$$

但因对级数的讨论,首先给出的是(1)式中的**项** a_n, $n=1,2,\cdots$,而不是它的部分和序列 $\{S_n\}$,且因判别级数收敛的法则大都建立在项 a_n 应满足何种条件的基础之上,所以级数本身的概念也就默认了由表达式(1)作为它的定义,只是在讨论 $\sum_{n=1}^{\infty} a_n$ 的收敛性时,才想起用它的部分和序列 $\{S_n\}$ 是否收敛来表示.

如图 5.1 所示,其中(a)是数列收敛定义与收敛充要条件以及诸多审敛法则之间的联系;(b)则是判别级数发散的一般途径.

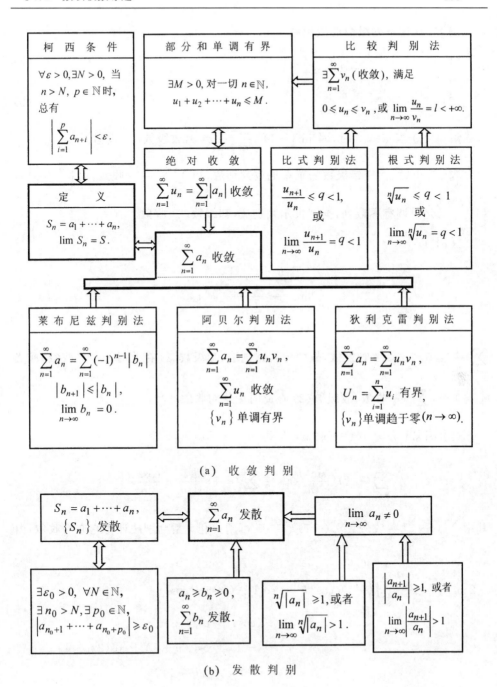

（a） 收 敛 判 别

（b） 发 散 判 别

图 5.1

例 1 讨论下列级数的敛散性：

(1) $\displaystyle\sum_{n=1}^{\infty}(-1)^{n}\frac{n-1}{n+1}\cdot\frac{1}{n^{\alpha}}(\alpha\geqslant 0)$;   (2)

(2) $\displaystyle\sum_{n=1}^{\infty}(-1)^{n}\frac{\sin^{2}n}{n}$.   (3)

解 (1) 当 $\alpha=0$ 时，因 $\displaystyle\lim_{n\to\infty}(-1)^{n}\frac{n-1}{n+1}\neq 0$，故级数(2)发散.

当 $\alpha>0$ 时，由交错级数的莱布尼兹判别法，知 $\displaystyle\sum_{n=1}^{\infty}\frac{(-1)^{n}}{n^{\alpha}}$ 收敛，而 $\left\{\dfrac{n-1}{n+1}\right\}=$

$\left\{1-\dfrac{2}{n}\right\}$ 是单调有界数列，据阿贝尔判别法，知级数(2)收敛.

又因

$$\lim_{n\to\infty}\frac{\dfrac{n-1}{n+1}\cdot\dfrac{1}{n^{\alpha}}}{\dfrac{1}{n^{\alpha}}}=1,$$

$\displaystyle\sum_{n=1}^{\infty}\frac{1}{n^{\alpha}}$ 当 $0<\alpha\leqslant 1$ 时发散，故由比较判别法，知级数(2)在此时为条件收敛；而当

$\alpha>1$ 时，$\displaystyle\sum_{n=1}^{\infty}\frac{1}{n^{\alpha}}$ 收敛，故级数(2)在此时为绝对收敛.   □

(2) 因 $\sin^{2}n=\dfrac{1}{2}(1-\cos 2n)$，使得

$$\sum_{n=1}^{\infty}(-1)^{n}\frac{\sin^{2}n}{n}=\frac{1}{2}\sum_{n=1}^{\infty}(-1)^{n}\left[\frac{1}{n}-\frac{\cos 2n}{n}\right].$$

其中 $\displaystyle\sum_{n=1}^{\infty}(-1)^{n}\frac{1}{n}$ 收敛；$\displaystyle\sum_{n=1}^{\infty}(-1)^{n}\frac{\cos 2n}{n}$ 可用狄利克雷判别法证得它亦为收敛：由

$$2\cos 1\cdot\left[\frac{1}{2}+\sum_{k=1}^{n}(-1)^{k}\cos 2k\right]=\cos 1-(\cos 3+\cos 1)$$
$$+(\cos 5+\cos 3)-\cdots$$
$$+(-1)^{n}[\cos(2n+1)+\cos(2n-1)]$$
$$=(-1)^{n}\cos(2n+1),$$

得到

$$\left|\sum_{k=1}^{n}(-1)^{k}\cos 2k\right|=\left|\frac{(-1)^{n}\cos(2n+1)}{2\cos 1}-\frac{1}{2}\right|\leqslant\frac{1}{2\cos 1}+\frac{1}{2},$$

而 $\left\{\dfrac{1}{n}\right\}$ 单调趋于 $0(n\to\infty)$. 所以推知级数 (3) 收敛.

但因 $\displaystyle\sum_{n=1}^{\infty}\dfrac{\sin^2 n}{n}=\sum_{n=1}^{\infty}\left(\dfrac{1}{2n}-\dfrac{\cos 2n}{2n}\right)$，其中 $\displaystyle\sum_{n=1}^{\infty}\dfrac{1}{2n}$ 发散；$\displaystyle\sum_{n=1}^{\infty}\dfrac{\cos 2n}{2n}$ 收敛(与上同理)；故它为发散.

综上，级数 (3) 为条件收敛. $\qquad\qquad\qquad\qquad\qquad\qquad\square$

*例 2 设正项级数 $\displaystyle\sum_{n=1}^{\infty}a_n$ 为发散，

$$S_n = a_1 + a_2 + \cdots + a_n, \quad n = 1, 2, \cdots.$$

试证级数 $\displaystyle\sum_{n=1}^{\infty}\dfrac{a_n}{S_n}$ 仍为发散.

证 用柯西准则证明此级数发散时，关键在于寻求合适的 ε_0, n_0, p_0，使得

$$\left|\dfrac{a_{n_0+1}}{S_{n_0+1}} + \cdots + \dfrac{a_{n_0+p_0}}{S_{n_0+p_0}}\right| \geqslant \varepsilon_0.$$

由于 $a_n > 0$，$\displaystyle\sum_{n=1}^{\infty}a_n$ 发散，故 $\{S_n\}$ 递增趋于 $+\infty(n\to\infty)$. 因此，对于任意给出的 $N \in N^+$，必存在 $N_0 > N$，当 $n \geqslant N_0$ 时，便有

$$\dfrac{S_N}{S_n} < \dfrac{1}{2}.$$

取 $\varepsilon_0 = \dfrac{1}{2}$，$n_0 = N$，$n_0 + p_0 = N_0(p_0 = N_0 - N)$，就能使

$$\dfrac{a_{n_0+1}}{S_{n_0+1}} + \cdots + \dfrac{a_{n_0+p_0}}{S_{n_0+p_0}} > \dfrac{a_{N+1} + \cdots + a_{N_0}}{S_{N_0}} = \dfrac{S_{N_0} - S_N}{S_{N_0}} > \dfrac{1}{2}. \qquad\square$$

§5.2 一致收敛概念的提出

定义 5.1 设 $\{f_n\}$ 是定义在 $E \subset R$ 上的函数序列，并设对每一个 $x \in E$，$\{f_n(x)\}$ 都收敛. 此时由

$$\lim_{n\to\infty} f_n(x) = f(x), \quad x \in E, \tag{1}$$

确定了一个函数 f，称为 $\{f_n\}$ 在 E 上的**极限函数**，又称 $\{f_n\}$ 在 E 上(逐点)**收敛**于 f. 类似地，如果对每一个 $x \in E$，函数项级数 $\displaystyle\sum_{n=1}^{\infty}f_n(x)$ 都收敛，并设

$$\sum_{n=1}^{\infty} f_n(x) = \lim_{n\to\infty} S_n(x) = S(x), \quad x \in E, \tag{2}$$

其中 $S_n(x) = f_1(x) + \cdots + f_n(x)(n = 1, 2, \cdots)$，此时称 $S(x)$ 是函数项级数 $\sum_{n=1}^{\infty} f_n(x)$ 在 E 上的**和函数**或**和**.

我们要讨论的问题是：在极限运算式(1)和式(2)之下，函数列 $\{f_n(x)\}$ 中每一个函数在 E 上所具有的分析性质(例如连续,可积,可微)是否能在其极限函数 f 或和函数 S 中保留下来呢？换句话说,例如当 $\{f_n\}$ 在 E 上为一连续函数序列时,是否对于 $\forall x_0 \in E$,必有等式

$$\lim_{x\to x_0} \lim_{n\to\infty} f_n(x) = \lim_{x\to x_0} f(x) = f(x_0)$$

$$= \lim_{n\to\infty} f_n(x_0) = \lim_{n\to\infty} \lim_{x\to x_0} f_n(x) \tag{3}$$

成立呢？(其中关键是第二个等号)从等式(3)的首尾看到,这个问题的数学本质就是 $n\to\infty$ 与 $x\to x_0$ 这两个极限过程(或极限运算)是否能随意交换次序？

下面用几个简单例子说明两个极限过程交换次序后,所得结果不一定相同.

例 1 设一个"双重序列"为

$$d_{n,m} = \frac{m}{n+m}, \quad n, m = 1, 2, \cdots.$$

对每个固定的 n,有 $\lim\limits_{m\to\infty} d_{n,m} = 1$,于是又有

$$\lim_{n\to\infty} (\lim_{m\to\infty} d_{n,m}) = 1;$$

对每个固定的 m,有 $\lim\limits_{n\to\infty} d_{n,m} = 0$,于是又有

$$\lim_{m\to\infty} (\lim_{n\to\infty} d_{n,m}) = 0.$$

由此可见

$$\lim_{n\to\infty} (\lim_{m\to\infty} d_{n,m}) \neq \lim_{m\to\infty} (\lim_{n\to\infty} d_{n,m}). \qquad\qquad \square$$

例 2 设函数项级数

$$\sum_{n=0}^{\infty} f_n(x) = \sum_{n=0}^{\infty} \frac{x^2}{(1+x^2)^n} = S(x), \quad x \in (-\infty, +\infty). \tag{4}$$

由于 $f_n(0) \equiv 0$,因此 $S(0) = 0$;而当 $x \neq 0$ 时,式(4)是一个收敛的几何级数,其和为 $1 + x^2$. 所以

$$S(x) = \begin{cases} 0, & x = 0, \\ 1 + x^2, & x \neq 0. \end{cases}$$

由此可见,对于处处连续的 $f_n(x)$,级数式(4)的和函数 $S(x)$ 却出了个不连续点 $x=0$,这就使得

$$0 = \sum_{n=0}^{\infty} \lim_{x \to 0} f_n(x) \neq \lim_{x \to 0} \sum_{n=0}^{\infty} f_n(x) = 1. \qquad \square$$

例 3 设函数序列

$$f_n(x) = \frac{\sin nx}{n}, \quad n = 1, 2, \cdots.$$

其极限函数为

$$f(x) = \lim_{n \to \infty} \frac{\sin nx}{n} = 0, \quad x \in (-\infty, +\infty).$$

不难知道,$f'_n(x) = \cos nx$ 不收敛于 $f'(x) = 0$,即

$$\frac{\mathrm{d}}{\mathrm{d}x}\left(\lim_{n \to \infty} f_n(x)\right) \neq \lim_{n \to \infty}\left[\frac{\mathrm{d}}{\mathrm{d}x} f_n(x)\right]. \qquad \square$$

例 4 设函数序列

$$f_n(x) = nx(1 - x^2)^n, \quad n = 1, 2, \cdots.$$

其极限函数为

$$f(x) = \lim_{n \to \infty} f_n(x) = 0, \quad x \in [0,1].$$

分别计算 $f_n(x)$ 与 $f(x)$ 在 $[0,1]$ 上的定积分:

$$\int_0^1 f(x)\mathrm{d}x = 0,$$

$$\int_0^1 f_n(x)\mathrm{d}x = -\frac{n}{2}\int_0^1 (1 - x^2)^n \mathrm{d}(1 - x^2)$$

$$= -\frac{n}{2(n+1)}(1 - x^2)^{n+1}\Big|_0^1$$

$$= \frac{n}{2(n+1)}.$$

易见

$$0 = \int_0^1 \lim_{n \to \infty} f_n(x)\mathrm{d}x \neq \lim_{n \to \infty}\int_0^1 f_n(x)\mathrm{d}x = \frac{1}{2}. \qquad \square$$

这些例子说明,仅有定义 1 的收敛概念,还不足以保证两个极限运算的次序可

以交换. 为此, 我们需要引入一种新的、更强的收敛方式——一致收敛.

定义 5.2　如果对任给的 $\varepsilon > 0$, 存在 $N \in N^+$, 使得 $n > N$ 时, 对一切 $x \in E$, 恒有

$$| f_n(x) - f(x) | < \varepsilon,$$

则称函数序列 $\{ f_n \}$ 在 E 上**一致收敛**于 f, 记作

$$f_n(x) \rightrightarrows f(x), x \in E.$$

显然, 一致收敛必定逐点收敛; 而逐点收敛则不一定一致收敛. 两者的差别在于: 定义 5.2 中与 ε 相对应存在的 N 适用于 E 中的一切 x, 即 N 与 E 中的 x 无关 (只依赖于 ε); 而定义 1 中的 $\lim\limits_{n \to \infty} f_n(x) = f(x)$ 若用 "ε-N" 方式来陈述时, 其中的 N 既与 ε 有关, 一般又与考察点 x 有关, 不一定存在对所有 $x \in E$ 都适用的 N.

定义 5.2′　如果函数项级数 $\sum\limits_{n=1}^{\infty} f_n(x)$ 的部分和序列

$$S_n(x) = \sum_{k=1}^{n} f_k(x) \rightrightarrows S(x), \quad x \in E,$$

则称 $\sum\limits_{n=1}^{\infty} f_n(x)$ 在 E 上一致收敛于 $S(x)$.

把逐点收敛的柯西准则改写为一致收敛的柯西准则, 即为

定理 5.1　$\{ f_n \}$ 在 E 上一致收敛的充要条件是: $\forall \varepsilon > 0$, $\exists N(\varepsilon) \in N^+$, 当 $n > N$ 时, 对一切 $x \in E$ 和一切 $p \in N^+$, 都有

$$| f_{n+p}(x) - f_n(x) | < \varepsilon.$$

定理 5.1′　$\sum\limits_{n=1}^{\infty} f_n(x)$ 在 E 上一致收敛的充要条件是: $\forall \varepsilon > 0$, $\exists N(\varepsilon) \in N^+$, 当 $n > N$ 时, 对一切 $x \in E$ 和一切 $p \in N^+$, 都有

$$\left| \sum_{k=n+1}^{n+p} f_k(x) \right| < \varepsilon.$$

§5.3　一致收敛判别

一、余部准则

如果已求得 $\lim\limits_{n \to \infty} f_n(x) = f(x)$, $x \in E$, 要想判别 $\{ f_n \}$ 在 E (或 E 的某子集) 上是否一致收敛于 f, 除用一致收敛定义外, 还有一个很有效的判别准则.

定理 5.2　设

$$\lim_{n \to \infty} f_n(x) = f(x), \quad x \in E,$$

$$M_n = \sup_{x \in E} | f_n(x) - f(x) |.$$

$f_n(x) \rightrightarrows f(x), x \in E$ 的充要条件是

$$\lim_{n \to \infty} M_n = \lim_{n \to \infty} \sup_{x \in E} | f_n(x) - f(x) | = 0. \tag{1}$$

证 必要性 已知 $f_n(x) \rightrightarrows f(x), x \in E$. 由定义, $\forall \varepsilon > 0, \exists N \in N^+$, 当 $n > N$ 时, 有

$$| f_n(x) - f(x) | < \varepsilon, \quad \forall x \in E.$$

据上确界定义, 便有

$$\sup_{x \in E} | f_n(x) - f(x) | \leqslant \varepsilon,$$

即(1)式成立.

充分性 由条件(1), $\forall \varepsilon > 0, \exists N \in N^+$, 当 $n > N$ 时, 有

$$\sup_{x \in E} | f_n(x) - f(x) | < \varepsilon;$$

因而又有

$$| f_n(x) - f(x) | \leqslant \sup_{x \in E} | f_n(x) - f(x) | < \varepsilon, \quad x \in E.$$

由于这里的 N 只与 ε 有关(它由 $\lim_{n \to \infty} M_n = 0$ 所确定, 与 x 无关), 因此 $f_n(x) \rightrightarrows f(x), x \in E.$ □

定理 5.2′ 设

$$\sum_{n=1}^{\infty} f_n(x) = \lim_{n \to \infty} S_n(x) = S(x), \quad x \in E,$$

$$R_n(x) = S(x) - S_n(x) = \sum_{k=n+1}^{\infty} f_k(x).$$

那么, $\sum_{n=1}^{\infty} f_n(x)$ 在 E 上一致收敛于 $S(x)$ 的充要条件是

$$\lim_{n \to \infty} \sup_{x \in E} | R_n(x) | = 0. \tag{2}$$

习惯上把定理 5.2 与定理 5.2′叫做**余部准则**, 它是通过对所有 $x \in E$ 求"余部" $| f_n(x) - f(x) |$ 或 $| R_n(x) |$ 的上确界, 再考察此上确界是否趋于零($n \to \infty$ 时)来确定是否一致收敛.

定理 5.2 有两个很实用的推论.

推论 1 设 $f_n(x) \rightrightarrows f(x), x \in E, a$ 是 E 的某一聚点. 若 $\lim_{\substack{x \to a \\ x \in E}} f(x) = A$, 则对任

何满足 $\lim\limits_{n\to\infty} x_n = a$ 的数列 $\{x_n\} \subset E$，必有

$$\lim_{n\to\infty} f_n(x_n) = A. \tag{3}$$

证 这是因为

$$| f_n(x_n) - A | \leqslant | f_n(x_n) - f(x_n) | + | f(x_n) - A |,$$

其中

$$| f_n(x_n) - f(x_n) | \leqslant \sup_{x\in E} | f_n(x) - f(x) | \to 0 \quad (n \to \infty),$$

$$\lim_{x\to a} | f(x) - A | = 0 \Rightarrow \lim_{n\to\infty} | f(x_n) - A | = 0,$$

所以(3)式成立.

推论 2 设 $\lim\limits_{n\to\infty} f_n(x) = f(x), x\in E$，令

$$g_n(x) = f_n(x) - f(x), \quad x \in E.$$

若存在收敛数列 $\{x_n\} \subset E$，使得 $\lim\limits_{n\to\infty} g_n(x_n) \neq 0$，则

$$g_n(x) \not\rightrightarrows 0, x \in E,$$

即 $f_n(x) \not\rightrightarrows f(x), x\in E$.

其证明可由推论 1 直接得出.

推论 2 将是判别不一致收敛的有效手段.

二、函数列一致收敛判别举例

例 1 用不同方法证明 $\{f_n(x)\} = \left\{\dfrac{x}{1 + n^2 x^2}\right\}$ 在 $(-\infty, +\infty)$ 上一致收敛.

证 首先，由于 $f_n(x)$ 为奇函数，因此我们只要讨论它在 $[0, +\infty)$ 上的一致收敛性；再有，

$$f(x) = \lim_{n\to\infty} f_n(x) = 0, \quad x \in [0, +\infty);$$

$$f'_n(x) = \frac{1 - n^2 x^2}{(1 + n^2 x^2)^2} = 0 \Rightarrow x = \frac{1}{n};$$

$$f_n\left(\frac{1}{n}\right) = \frac{1}{2n} = \max_{x\in[0,+\infty)} f_n(x), \quad n = 1, 2, \cdots.$$

证一 用定义证明：$\forall \varepsilon > 0, \exists N = \left[\dfrac{1}{2\varepsilon}\right]$，当 $n > N$ 时，对一切 $x\in [0, +\infty)$ 都有

$$| f_n(x) - f(x) | = | f_n(x) | \leqslant \frac{1}{2n} < \varepsilon.$$

由于所求得的 N 与 x 无关,因此 $\{f_n\}$ 在 $[0, +\infty)$ 上(同时也就在 $(-\infty, +\infty)$ 上)一致收敛于 0.

证二 用柯西准则证明:$\forall\, \varepsilon > 0, \exists\, N = \left[\dfrac{1}{\varepsilon}\right]$,当 $n > N$ 时,对一切 $x \in [0, +\infty)$ 和一切 $p \in N^+$,都有

$$| f_{n+p}(x) - f_n(x) | \leqslant | f_{n+p}(x) | + | f_n(x) |$$

$$\leqslant \frac{1}{2(n+p)} + \frac{1}{2n} < \frac{1}{2n} + \frac{1}{2n} = \frac{1}{n} < \varepsilon.$$

同样地,上述 N 与 x 无关,故 $\{f_n\}$ 在 $(-\infty, +\infty)$ 上一致收敛.

证三 用余部准则证明:由于

$$M_n = \sup_{x \in [0, +\infty)} | f_n(x) - f(x) | = \frac{1}{2n} \to 0 \quad (n \to \infty),$$

因此 $f_n(x) \rightrightarrows 0, x \in (-\infty, +\infty).$ $\qquad\qquad\qquad\qquad\square$

例 2 用不同方法证明 $\{f_n(x)\} = \{nx(1-x^2)^n\}$ 在 $[0,1]$ 上不一致收敛;并讨论它在 $[0,1]$ 的何种子集上为一致收敛.

证 这里的 $\{f_n(x)\}$ 即为前面 §5.2 中例 4 所讨论的函数列. 对此,有

$$f(x) = \lim_{n \to \infty} f_n(x) = 0, \quad x \in [0,1];$$

$$f'_n(x) = n(1-x^2)^{n-1}[1 - (2n+1)x^2] = 0$$

$$\Rightarrow x = 1, \quad \frac{1}{\sqrt{2n+1}};$$

$$\max_{x \in [0,1]} f_n(x) = f_n\left(\frac{1}{\sqrt{2n+1}}\right) = \frac{n}{\sqrt{2n+1}} \left(\frac{2n}{2n+1}\right)^n,$$

$$n = 1, 2, \cdots.$$

证一 用定义证明:因为

$$\lim_{n \to \infty} \left(\frac{2n}{2n+1}\right)^n = \lim_{n \to \infty} \left(\frac{1}{1 + \frac{1}{2n}}\right)^n = \frac{1}{\sqrt{e}},$$

$$\lim_{n \to \infty} \frac{n}{\sqrt{2n+1}} = +\infty,$$

所以 $\exists\, N_0 > 0$，当 $n > N_0$ 时，$f_n\left(\dfrac{1}{\sqrt{2\,n+1}}\right) > 1$.

对于 $\varepsilon_0 = 1$，$\forall\, N(\geqslant N_0)$，$\exists\, n_0 = N+1$，$x_0 = \dfrac{1}{\sqrt{2\,n_0+1}}$，使

$$| f_{n_0}(x_0) - f(x_0) | = f_{n_0}(x_0) > 1.$$

所以 $\{f_n\}$ 在 $[0,1]$ 上不一致收敛于 $f(x) = 0$.

证二　用柯西准则证明：因为对任何 n，都有

$$r_n = f_{2n}\left(\frac{1}{\sqrt{2\,n+1}}\right) - f_n\left(\frac{1}{\sqrt{2\,n+1}}\right)$$

$$= \frac{n}{\sqrt{2\,n+1}}\left(\frac{2\,n}{2\,n+1}\right)^n\left[2\left(\frac{2\,n}{2\,n+1}\right)^n - 1\right],$$

且 $\lim\limits_{n\to\infty} r_n = +\infty$. 于是对于 $\varepsilon_0 = 1$，$\exists\, N_0 > 0$，当 $n \geqslant N_0$ 时，可使 $r_n > \varepsilon_0$. 这样，只要取

$$n_0 = N_0,\quad p_0 = n_0,\quad x_0 = \frac{1}{\sqrt{2\,n_0+1}} \in [0,1],$$

就能使

$$| f_{n_0+p_0}(x_0) - f_{n_0}(x_0) | = | f_{2n_0}(x_0) - f_{n_0}(x_0) | = r_{n_0} > \varepsilon_0.$$

根据柯西准则的否定说法，证得 $\{f_n\}$ 在 $[0,1]$ 上不一致收敛.

证三　用余部准则的推论 2 来证明：$\exists\, x_n = \dfrac{1}{\sqrt{2\,n+1}} \in [0,1]$，使得

$$g_n(x_n) = f_n(x_n) - f(x_n) = f_n\left(\frac{1}{\sqrt{2\,n+1}}\right)$$

$$= \frac{n}{\sqrt{2\,n+1}}\left(\frac{2\,n}{2\,n+1}\right)^n \to +\infty(\nrightarrow 0),\quad n \to \infty.$$

所以 $f_n(x) \nrightarrow f(x) = 0$，$x \in [0,1]$.

比较以上二例各自三种证法，显然用余部准则（或它的推论）的证法最为简明扼要.

最后，考虑到 $f_n(x)$ 的最大值点 $x_n = \dfrac{1}{\sqrt{2\,n+1}} \to 0$，$f_n(x_n) \to +\infty\,(n \to \infty)$，因此导致 $\{f_n\}$ 不一致收敛的 x 取值范围必为 $x = 0$ 的右邻域. 如果能使 x 的取值与

0有一间隔,例如 $x\in\left[\dfrac{1}{10},1\right]$,在其上可使 $f_n(x)\rightrightarrows 0$. 这是因为当 $n>50$ 时,

$\dfrac{1}{\sqrt{2n+1}}<\dfrac{1}{10}$,$f_n(x)$ 在 $\left[\dfrac{1}{10},1\right]$ 上单调递减,从而使得

$$\sup_{x\in\left[\frac{1}{10},1\right]}\mid f_n(x)-0\mid=f_n\left(\dfrac{1}{10}\right)=\dfrac{n}{10}\left(\dfrac{99}{100}\right)^n\rightarrow 0\quad(n\rightarrow\infty).$$

同理可证,对任何满足 $0<\delta<1$ 的 δ,必有

$$nx(1-x^2)^n\rightrightarrows 0,\quad x\in[\delta,1].\qquad\Box$$

事实上,例 1 与例 2 中两个函数序列的图像分别如图 5.2 与图 5.3 所示,上面分析与论证的基本思想,可以从直观图像中得到启发.

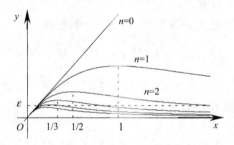

图 5.2

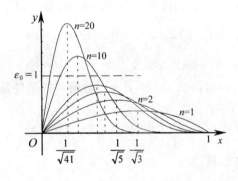

图 5.3

例 3 设 $f_n(x)\rightrightarrows f(x)$,$g_n(x)\rightrightarrows g(x)$,$x\in E$,且 $\{f_n(x)\}$ 与 $\{g_n(x)\}$ 在 E 上都一致有界.试证

$$f_n(x)\cdot g_n(x)\rightrightarrows f(x)\cdot g(x),\quad x\in E.$$

分析 由不等式

$$| f_n(x) g_n(x) - f(x) g(x) | \leqslant | f_n(x) - f(x) | \cdot | g_n(x) |$$
$$+ | f(x) | \cdot | g_n(x) - g(x) | \qquad (4)$$

看到,要使右边能小于任意小的 $\varepsilon > 0$,关键在于证明 $f(x)$ 在 E 上有界(其余部分已由条件保证).

证　$1°$　因 $\{f_n(x)\}$ 在 E 上一致有界,故 $\exists M > 0$,使

$$| f_n(x) | \leqslant M, \quad \forall x \in E, \quad \forall n \in N^+.$$

又因 $f_n(x) \rightrightarrows f(x)$,$x \in E$,故对 $\varepsilon = 1$,$\exists N_0 \in N^+$,当 $n > N_0$ 时,恒有

$$| f(x) | \leqslant | f_n(x) - f(x) | + | f_n(x) | < 1 + M, \quad \forall x \in E.$$

这就证得 $f(x)$ 在 E 上有界.

$2°$　因 $\{g_n(x)\}$ 在 E 上一致有界,故 $\exists L > 0$,使得

$$| g_n(x) | \leqslant L, \forall x \in E, \quad \forall n \in N^+.$$

$3°$　$\forall \varepsilon > 0$,因 $f_n(x) \rightrightarrows f(x)$,$g_n(x) \rightrightarrows g(x)$,$x \in E$,故 $\exists N(\geqslant N_0)$,当 $n > N$ 时,对一切 $x \in E$,恒有

$$| f_n(x) - f(x) | < \frac{\varepsilon}{2L}, | g_n(x) - g(x) | < \frac{\varepsilon}{2(1 + M)}.$$

综合 $1°,2°,3°$,由不等式(4)便证得当 $n > N$ 时,对一切 $x \in E$,恒有

$$| f_n(x) g_n(x) - f(x) g(x) | < \varepsilon.$$

即 $f_n(x) \cdot g_n(x) \rightrightarrows f(x) \cdot g(x)$,$x \in E$.　　　　　　　　　　　□

注 1　题中 $\{f_n(x)\}$ 与 $\{g_n(x)\}$ 在 E 上一致有界的条件是重要的. 容易验证

$$f_n(x) = x, g_n(x) = \frac{1}{n}, \quad n = 1, 2, \cdots$$

在 R 上都是一致收敛的,且

$$f_n(x) \rightrightarrows f(x) = x, \quad g_n(x) \rightrightarrows g(x) = 0, \quad x \in R.$$

然而 $\{f_n(x) \cdot g_n(x)\} = \left\{ \dfrac{x}{n} \right\}$ 在 R 上是不一致收敛的(取 $x_n = n$ 时,$\dfrac{x_n}{n} = 1 \nrightarrow 0$($n \to \infty$)).究其原因,是其中 $f_n(x) = x$ 在 R 上无界所致.

注 2　以上有关一致有界的条件也可更换为 $f(x)$ 与 $g(x)$ 都在 E 上有界. 事实上,由 $\{g_n\}$ 一致收敛与 g 有界的假设,仍可证明 $\{g_n(x)\}$ 除有限项外,在 E 上仍是一致有界的.

三、函数项级数一致收敛判别举例

下面图 5.4 是函数项级数一致收敛的有关条件(包括充要条件,充分条件,必要条件),和相互之间的联系.

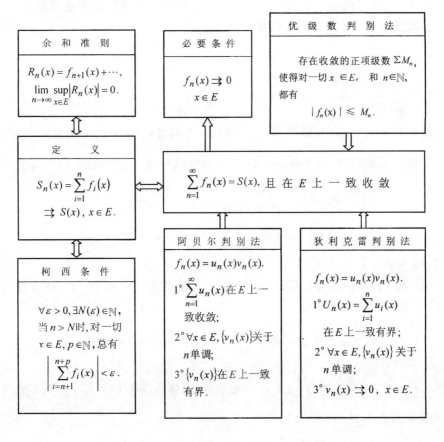

图 5.4

其中优级数判别法可被推广为:若存在一个在 E 上一致收敛的 $\sum\limits_{n=1}^{\infty} g_n(x)$,满足

$$|f_n(x)| \leqslant g_n(x), \quad x \in E, \quad n \in \mathbf{N}^+,$$

则 $\sum\limits_{n=1}^{\infty} |f_n(x)|$ 在 E 上也一致收敛.根据"绝对一致收敛必一致收敛"的基本结论,

此时 $\sum\limits_{n=1}^{\infty} f_n(x)$ 在 E 上亦必一致收敛.这个结果在形式上与正项级数的比较判别法

相类似.

此外,相应于图 5.1 中(b)的发散判别,这里也可以总结出"$\sum\limits_{n=1}^{\infty} f_n(x)$ 在 E 上不一致收敛"的判别途径(包括后面的例 5),请读者自己去完成.

例 4 讨论下列级数在$(-\infty, +\infty)$上是否逐点收敛? 是否逐点绝对收敛? 是否一致收敛? 是否绝对一致收敛?

(1) $\sum\limits_{n=1}^{\infty} \dfrac{x^2}{(1+x^2)^n}$;   (2) $\sum\limits_{n=1}^{\infty} (-1)^{n+1} \dfrac{x^2}{(1+x^2)^n}$;

(3) $\sum\limits_{n=1}^{\infty} \dfrac{(-1)^{n+1}}{n+x^2}$.

解 (1) 当 x 逐点固定时,此为一收敛的几何级数($x \neq 0$,公比为 $\dfrac{1}{1+x^2}$);当 $x = 0$ 时 显然也收敛. 由于各项非负,因此其收敛等同于绝对收敛. 但因其余项为

$$R_n(x) = \sum_{k=n+1}^{\infty} \frac{x^2}{(1+x^2)^k} = \frac{1}{(1+x^2)^n},$$

$$\sup_{x \in (-\infty, +\infty)} |R_n(x)| = 1 \not\to 0 (n \to \infty),$$

所以该级数在$(-\infty, +\infty)$上不一致收敛.   □

(2) 由于通项取绝对值后即为级数(1),可知它在$(-\infty, +\infty)$上逐点绝对收敛,但不绝对一致收敛. 再令

$$u_n(x) = (-1)^{n+1}, \qquad v_n(x) = \frac{x^2}{(1+x^2)^n}.$$

其中 $\left| \sum\limits_{k=1}^{n} u_k(x) \right| \leqslant 1$,即 $\sum\limits_{k=1}^{n} u_k(x)$ 一致有界;对每一 $x \in (-\infty, +\infty)$,$v_n(x)$ 关于 n 递减趋于 0,且因

$$\sup_{x \in (-\infty, +\infty)} |v_n(x) - 0| = \sup_{x \in (-\infty, +\infty)} \frac{x^2}{1 + nx^2 + \cdots + x^{2n}}$$

$$\leqslant \frac{1}{n} \to 0 \quad (n \to \infty),$$

推知 $v_n(x) \rightrightarrows 0, x \in (-\infty, +\infty)$. 根据狄利克雷判别法,本级数在$(-\infty, +\infty)$上一致收敛.   □

(3) 对每一 $x \in (-\infty, +\infty)$ 这是一个交错级数,且满足莱布尼兹判别法条件,所以它在$(-\infty, +\infty)$上逐点收敛. 但因 $\sum\limits_{n=1}^{\infty} \dfrac{1}{n+x^2}$ 对任一 $x \in (-\infty, +\infty)$ 是发散的,故原级数为逐点条件收敛,且不可能绝对一致收敛. 类似于(2)那样,令

$$u_n(x) = (-1)^{n+1}, \quad v_n(x) = \frac{1}{n+x^2}.$$

其中 $\sum\limits_{k=1}^{n} u_k(x)$ 一致有界；且因 $\{v_n(x)\}$ 关于 n 递减趋于 $0(n \to \infty)$，而

$$\sup_{x \in (-\infty,+\infty)} \left| \frac{1}{n+x^2} - 0 \right| = \frac{1}{n} \to 0 \quad (n \to \infty),$$

推知 $v_n(x) \rightrightarrows 0, x \in (-\infty,+\infty)$. 根据狄利克雷判别法，本级数在 $(-\infty,+\infty)$ 上一致收敛. $\qquad\qquad\qquad\qquad\qquad\qquad\qquad\qquad\qquad\qquad\qquad\Box$

注 1 把本例中三个函数项级数的讨论结果列成下表. 由表中看到，绝对一致收敛并非指的是绝对收敛加上一致收敛.

级 数	收敛	绝对收敛	一致收敛	绝对一致收敛
$\sum\limits_{n=1}^{\infty} \dfrac{x^2}{(1+x^2)^n}, x \in (-\infty,+\infty)$	$\checkmark$	$\checkmark$	$\times$	$\times$
$\sum\limits_{n=1}^{\infty} \dfrac{(-1)^{n+1} x^2}{(1+x^2)^n}, x \in (-\infty,+\infty)$	$\checkmark$	$\checkmark$	$\checkmark$	$\times$
$\sum\limits_{n=1}^{\infty} \dfrac{(-1)^{n+1}}{n+x^2}, x \in (-\infty,+\infty)$	$\checkmark$	$\times$	$\checkmark$	$\times$

注 2 级数(1)不一致收敛的毛病出在点 $x=0$ 的近旁. 如果改为考虑在 $E = \{x \mid |x| \geqslant \delta > 0\}$ 上的情形，则因

$$\lim_{n \to \infty} \sup_{x \in E} | R_n(x) | = \lim_{n \to \infty} \frac{1}{(1+\delta^2)^n} = 0,$$

可知级数(1)在 E 上一致收敛.

注 3 已知函数项级数 $\sum\limits_{n=1}^{\infty} f_n(x)$ 在 E 上一致收敛的一个必要条件是

$$f_n(x) \rightrightarrows 0, \quad x \in E.$$

那么，如果 $f_n(x) \not\rightrightarrows 0, x \in E$，则可断言该函数项级数在 E 上必定不一致收敛. 例如前面例 2 中的

$$f_n(x) = nx(1-x^2)^n \not\rightrightarrows 0, \quad x \in [0,1],$$

就立刻可知 $\sum\limits_{n=1}^{\infty} nx(1-x^2)^n$ 在 $[0,1]$ 上不一致收敛. 然而，$f_n(x) \rightrightarrows 0, x \in E$ 毕竟只是 $\sum\limits_{n=1}^{\infty} f_n(x)$ 在 E 上一致收敛的必要条件，而不是充分条件. 例如本例(1)中的

级数,对于 $f_n(x) = \dfrac{x^2}{(1 + x^2)^n}$,不难验证:

$$\max_{x \in (-\infty, +\infty)} f_n(x) = f_n\left[\frac{\pm 1}{\sqrt{n-1}}\right] = \frac{1}{n-1}\left[\frac{n-1}{n}\right]^n.$$

由于

$$\lim_{n \to \infty} \sup_{x \in (-\infty, +\infty)} |f_n(x) - 0| = \lim_{n \to \infty} \frac{1}{n-1}\left[\frac{n-1}{n}\right]^n = 0,$$

因此 $f_n(x) \rightrightarrows 0$, $x \in (-\infty, +\infty)$. 然而级数(1)在此区间上却是不一致收敛的. 这里 $f_n(x) \rightrightarrows 0$ 的直观图象可以参见图 5.5.

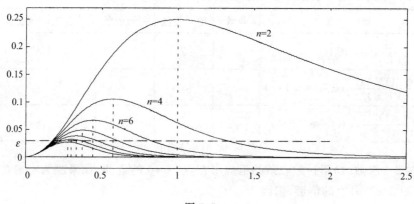

图 5.5

此外,判别函数项级数不一致收敛,还有一个实用性较大的命题,示于下例.

例 5 设对每一个 n, $f_n(x)$ 在 $[a, b]$ 有定义,且在点 a 右连续. 试证:若 $\sum\limits_{n=1}^{\infty} f_n(a)$ 发散,则 $\sum\limits_{n=1}^{\infty} f_n(x)$ 在 (a, b) 不一致收敛.

证 设 $S_n(x) = f_1(x) + \cdots + f_n(x)$, $n = 1, 2, \cdots$. 由条件,每个 $S_n(x)$ 在点 a 右连续.

倘若 $\{S_n(x)\}$ 在 (a, b) 一致收敛,则 $\forall \varepsilon > 0$, $\exists N \in N^+$,当 $n > N$ 时,对一切 $x \in (a, b)$ 和一切 $p \in N^+$ 都有

$$|S_{n+p}(x) - S_n(x)| < \varepsilon.$$

由 $S_n(x)$ 与 $S_{n+p}(x)$ 在点 a 右连续,故对上式求 $x \to a^+$ 的极限,即得

$$|S_{n+p}(a) - S_n(a)| \leqslant \varepsilon.$$

这就证得$\{S_n(a)\}$收敛,即$\sum\limits_{n=1}^{\infty}f_n(a)$收敛,矛盾. □

注1 由以上证明看到,对函数序列也有类似的命题:若$\lim\limits_{x\to a^+}g_n(x)=g_n(a)$,$n=1,2,\cdots$,且$\{g_n(a)\}$发散,则$\{g_n(x)\}$在$(a,b)$不一致收敛.

注2 类似地,可把对左端点a的讨论改为右端点b. 即若$\lim\limits_{x\to b^-}f_n(x)=f_n(b)$,$n=1,2,\cdots$,$\sum\limits_{n=1}^{\infty}f_n(b)$发散,则$\sum\limits_{n=1}^{\infty}f_n(x)$在$(a,b)$也不一致收敛.

例6 讨论$\sum\limits_{n=1}^{\infty}\dfrac{(-1)^n}{(1+x^2)^n}$的收敛性与一致收敛性.

解 首先,$x=0$时该级数为$\sum\limits_{n=1}^{\infty}(-1)^n$,发散. 当$x\neq0$时,$\sum\limits_{n=1}^{\infty}\left|\dfrac{(-1)^n}{(1+x^2)^n}\right|$为收敛的几何级数. 所以原级数在$E=(-\infty,0)\bigcup(0,+\infty)$上绝对收敛.

又因$f_n(x)=\dfrac{(-1)^n}{(1+x^2)^n}$在点$x=0$处连续,而$\sum\limits_{n=1}^{\infty}f_n(0)$发散,所以由例5推知$\sum\limits_{n=1}^{\infty}f_n(x)$在上述$E$上不一致收敛;而且在任何$(-\delta,0)$或$(0,\delta)$上都不一致收敛.

然而,对于任何正数δ,当$x\in(-\infty,-\delta]$,或$[\delta,+\infty)$,或$(-\infty,-\delta]\bigcup[\delta,+\infty)$时,由于

$$\left|\frac{(-1)^n}{(1+x^2)^n}\right|\leqslant\frac{1}{(1+\delta^2)^n},$$

且$\sum\limits_{n=1}^{\infty}\dfrac{1}{(1+\delta^2)^n}$收敛,故由优级数判别法推知此时$\sum\limits_{n=1}^{\infty}\dfrac{(-1)^n}{(1+x^2)^n}$为绝对一致收敛. □

§5.4 一致收敛函数列(或级数)的性质

一致收敛的函数序列(或函数项级数)最重要的性质就是§5.2开头所说的,可以把各项所具有的分析性质(如连续、可积、可微等)"遗传"给它们的极限函数(或和函数). 这在形式上表现为两个极限过程可以交换次序而不影响计算结果.

下面只对最基础的"逐项求极限定理"作出证明;其他定理只予叙述,不再一一证明. 我们的重点则放在这些定理的应用方面.

定理5.3(逐项求极限定理) 设$f_n(x)\rightrightarrows f(x)$,$x\in U^{\circ}(x_0;\eta)$;且存在极限

$$\lim_{x\to x_0}f_n(x)=A_n,\quad n=1,2,\cdots.$$

则 $\lim\limits_{n\to\infty} A_n$ 与 $\lim\limits_{x\to x_0} f(x)$ 都存在,且两者相等,即

$$\lim_{n\to\infty}\lim_{x\to x_0} f_n(x) = \lim_{x\to x_0}\lim_{n\to\infty} f_n(x). \tag{1}$$

证 1° 先证 $\{A_n\}$ 收敛. 由一致收敛的假设, $\forall\,\varepsilon>0$, $\exists\,N\in N^+$, 当 $n>N$ 时,对一切 $x\in U^{\circ}(x_0;\eta)$ 和一切 $p\in N^+$,都有

$$|\,f_{n+p}(x) - f_n(x)\,| < \varepsilon.$$

对此不等式取 $x\to x_0$ 的极限,得到

$$|\,A_{n+p} - A_n\,| \leqslant \varepsilon.$$

这说明 $\{A_n\}$ 满足柯西条件,故收敛,设

$$\lim_{n\to\infty} A_n = A.$$

2° 再证 $\lim\limits_{x\to x_0} f(x) = A$. 由已知条件与证 1°, $\forall\,\varepsilon>0$, $\exists\,N\in N^+$, 使有

$$|\,A_N - A\,| < \frac{\varepsilon}{3};$$

$$|\,f_N(x) - f(x)\,| < \frac{\varepsilon}{3}, \quad x\in U^{\circ}(x_0;\eta).$$

又对上述 ε, $\exists\,\delta>0$, 当 $0<|\,x-x_0\,|<\delta\leqslant\eta$ 时,有

$$|\,f_N(x) - A_N\,| < \frac{\varepsilon}{3}.$$

于是又有

$$|\,f(x) - A\,| \leqslant |\,f(x) - f_N(x)\,| + |\,f_N(x) - A_N\,|$$

$$+ |\,A_N - A\,| < \frac{\varepsilon}{3} + \frac{\varepsilon}{3} + \frac{\varepsilon}{3} = \varepsilon.$$

所以证得 $\lim\limits_{x\to x_0} f(x) = A = \lim\limits_{n\to\infty} A_n$, 亦即 (1) 式成立. □

注意 上面证明中为何取 "N" 而不用 $n>N$ 的 "n"? 这是因为当取固定的 N 时,可以使得满足 $|\,f_N(x) - A_N\,| < \frac{\varepsilon}{3}$ 的 δ 只与 ε 有关,而与 n 无关.

在级数形式下,定理 5.3 改写为

定理 5.3′ 设 $\sum\limits_{n=1}^{\infty} f_n(x)$ 在 $U^{\circ}(x_0;\eta)$ 上一致收敛于它的和函数 $S(x)$; 且存在极限

$$\lim_{x \to x_0} f_n(x) = a_n, \quad n = 1, 2, \cdots.$$

则 $\lim\limits_{x \to x_0} S(x)$ 与 $\lim\limits_{n \to \infty} \sum\limits_{k=1}^{n} a_k = \sum\limits_{n=1}^{\infty} a_n$ 都存在,且两者相等. 亦即

$$\lim_{x \to x_0} \sum_{n=1}^{\infty} f_n(x) = \sum_{n=1}^{\infty} \lim_{x \to x_0} f_n(x). \tag{1'}$$

由定理 5.3 和定理 5.3′直接导出下列有关极限函数与和函数的连续性定理.

定理 5.4(极限函数连续性定理) 设

$$f_n(x) \rightrightarrows f(x), \quad x \in U(x_0),$$

且对每个 n, $f_n(x)$ 在点 x_0 都连续. 则 $f(x)$ 在点 x_0 亦必连续.

定理 5.4′(和函数连续性定理) 设 $\sum\limits_{n=1}^{\infty} f_n(x)$ 在 $U(x_0)$ 上一致收敛于它的和函数 $S(x)$,且对每个 n, $f_n(x)$ 在点 x_0 都连续. 则 $S(x)$ 在点 x_0 亦必连续.

推论 1 把定理 5.4 与定理 5.4′中的邻域 $U(x_0)$ 改为区间 I,且 $f_n(x)$ 在 I 上处处连续时,则定理 5.4 中的 $f(x)$ 与定理 5.4′中的 $S(x)$ 在 I 上亦必处处连续.

推论 2 定理 5.4 与定理 5.4′的反用:

$$\left.\begin{array}{l} \lim\limits_{n \to \infty} f_n(x) = f(x), \quad x \in I \\[2mm] \forall n, f_n(x) \text{ 在 } I \text{ 上连续} \\[2mm] f(x) \text{ 在 } I \text{ 上存在间断点} \end{array}\right\} \Rightarrow f_n(x) \not\rightrightarrows f(x), \quad x \in I.$$

$$\left.\begin{array}{l} \sum\limits_{n=1}^{\infty} f_n(x) = S(x), x \in I \\[2mm] \forall n, f_n(x) \text{ 在 } I \text{ 上连续} \\[2mm] S(x) \text{ 在 } I \text{ 上存在间断点} \end{array}\right\} \Rightarrow \sum_{k=1}^{n} f_k(x) \not\rightrightarrows S(x), \quad x \in I.$$

例 1 证明:$\zeta(x) = \sum\limits_{n=1}^{\infty} \dfrac{1}{n^x}$ 在 $(1, +\infty)$ 上处处连续,但不一致收敛.

证 1° $\forall x_0 \in (1, +\infty)$,欲证 $\zeta(x)$ 在 x_0 连续. 为此取 q,满足 $1 < q < x_0$. 由于

$$0 < \frac{1}{n^x} \leqslant \frac{1}{n^q}, \quad x \in [q, +\infty),$$

而 $\sum\limits_{n=1}^{\infty} \dfrac{1}{n^q} (q > 1)$ 收敛,根据优级数判别法,推知 $\sum\limits_{n=1}^{\infty} \dfrac{1}{n^x}$ 在 $[q, +\infty)$ 上一致收敛.

又 $f_n(x)=\dfrac{1}{n^x}$ 处处连续,故由定理 5.4′(推论 1),证得 $\zeta(x)$ 在 $[q,+\infty)$ 上处
处连续. 再由 x_0 在 $(1,+\infty)$ 上的任意性,又证得 $\zeta(x)$ 在 $(1,+\infty)$ 上同样处处连
续.

2° 根据 §5.3 例 5,对每一 n,$f_n(x)$ 在 $a=1$ 处右连续,但 $\sum\limits_{n=1}^{\infty}f_n(a)=\sum\limits_{n=1}^{\infty}\dfrac{1}{n}$
发散,所以 $\sum\limits_{n=1}^{\infty}\dfrac{1}{n^x}$ 在 $(1,+\infty)$ 不一致收敛.　　　　　　□

注 通过本例可说明两件事:

(i) 若 $\sum\limits_{n=1}^{\infty}f_n(x)$(或 $\{f_n(x)\}$)在开区间 (a,b) 的任一内闭区间 $[\alpha,\beta]\subset(a,b)$ 上为一致收敛(不妨称此为"内闭一致收敛"),由此不能保证它在 (a,b) 上也是一致收敛.

(ii) 定理 5.4,定理 5.4′ 的条件是充分条件,即当 $\sum\limits_{n=1}^{\infty}f_n(x)$ 或 $\{f_n(x)\}$ 在 I 上不一致收敛时,其和函数 $S(x)$ 或极限函数 $f(x)$ 在 I 上不一定是间断的.

例 2 用定理 5.4′ 来重新讨论 §5.3 例 4 中级数(1)的一致收敛性.

解 对于级数
$$\sum_{n=1}^{\infty}f_n(x)=\sum_{n=1}^{\infty}\frac{x^2}{(1+x^2)^n},$$
由于
$$S_n(x)=\frac{x^2}{1+x^2}\cdot\frac{1-\left[\dfrac{1}{1+x^2}\right]^n}{1-\dfrac{1}{1+x^2}}=1-\left[\frac{1}{1+x^2}\right]^n,$$
$$S(x)=\lim_{n\to\infty}S_n(x)=\begin{cases}0,&x=0,\\1,&x\neq0,\end{cases}$$
而 $f_n(x)$ 在 $(-\infty,+\infty)$ 上连续,$S(x)$ 存在间断点 $x=0$,因此根据定理 5.4′ 的推论 2,可知该级数在 $(-\infty,+\infty)$ 上必定不一致收敛. 而且在任何包含点 $x=0$ 的区间上都不一致收敛.　　　　　　□

下面接着介绍逐项积分定理和逐项微分定理.

定理 5.5(逐项积分定理) 设
$$f_n(x)\rightrightarrows f(x),\quad x\in[a,b];$$

且对每个 $n, f_n(x)$ 在 $[a,b]$ 上连续. 则有

$$\int_a^x f_n(t)\mathrm{d}t \rightrightarrows \int_a^x f(t)\mathrm{d}t, \quad x \in [a,b];$$

$$\lim_{n\to\infty}\int_a^b f_n(x)\mathrm{d}x = \int_a^b f(x)\mathrm{d}x = \int_a^b \lim_{n\to\infty} f_n(x)\mathrm{d}x. \tag{2}$$

定理 5.5′ (级数逐项积分定理) 设在 $[a,b]$ 上 $\sum_{n=1}^{\infty} f_n(x)$ 一致收敛于它的和函数 $S(x)$, 且对每个 $n, f_n(x)$ 在 $[a,b]$ 上连续. 则有

$$\sum_{n=1}^{\infty}\int_a^x f_n(t)\mathrm{d}t \rightrightarrows \int_a^x S(t)\mathrm{d}t, \quad x \in [a,b];$$

$$\sum_{n=1}^{\infty}\int_a^b f_n(x)\mathrm{d}x = \int_a^b S(x)\mathrm{d}x = \int_a^b \sum_{n=1}^{\infty} f_n(x)\mathrm{d}x. \tag{2$'$}$$

例3 对下列函数列分别讨论在 $[0,1]$ 上是否一致收敛? 是否逐项可积(即满足(2)式)?

(1) $f_n(x) = nxe^{-nx}$;   (2) $g_n(x) = 2n^2 xe^{-n^2 x^2}$.

解 $f_n(x)$ 与 $g_n(x)$ 的图象分别示于图 5.6 与图 5.7.

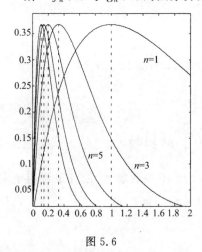

图 5.6

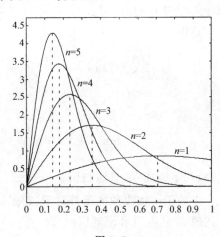

图 5.7

从图像上看, 这两个函数列在 $[0,1]$ 上都不可能一致收敛于它们的极限函数 $f(x) = g(x) = 0$. 现分别讨论如下:

(1) $f(x) = \lim_{n\to\infty} nxe^{-nx} = 0, x \in [0,1]$. 借助定理 5.2(余部准则)的推论 2, 存在收敛的 $\left\{\dfrac{1}{n}\right\} \subset [0,1]$, 使

$$\left| f_n\left[\frac{1}{n}\right] - f\left[\frac{1}{n}\right] \right| = \mathrm{e}^{-1} \not\to 0(n \to \infty),$$

故 $f_n(x) \not\rightrightarrows 0, x \in [0,1]$.

但是由

$$\int_0^1 f_n(x)\mathrm{d}x = \int_0^1 nx\mathrm{e}^{-nx}\mathrm{d}x = \frac{1}{n}\int_0^n t\mathrm{e}^{-t}\mathrm{d}t$$

$$= -\frac{1}{n}\mathrm{e}^{-t}(1+t)\Big|_0^n = \frac{1}{n} - \left[1+\frac{1}{n}\right]\mathrm{e}^{-n},$$

仍能得到

$$\lim_{n\to\infty}\int_0^1 f_n(x)\mathrm{d}x = 0 = \int_0^1 f(x)\mathrm{d}x.$$

这说明定理 5.5 中"$f_n(x) \rightrightarrows f(x)$"是(2)式成立的一个充分条件.　　　□

(2) 同样地有 $g(x) = \lim\limits_{n\to\infty} 2n^2 x\mathrm{e}^{-n^2 x^2} = 0, x \in [0,1]$;且因

$$\left| g_n\left[\frac{1}{n}\right] - g\left[\frac{1}{n}\right] \right| = 2n\mathrm{e}^{-1} \not\to 0 \quad (n \to \infty),$$

致使 $g_n(x) \not\rightrightarrows 0, x \in [0,1]$.

但是由

$$\int_0^1 g_n(x)\mathrm{d}x = \mathrm{e}^{-n^2 x^2}\Big|_1^0 = 1 - \mathrm{e}^{-n^2} \to 1(n \to \infty),$$

却使得

$$\lim_{n\to\infty}\int_0^1 g_n(x)\mathrm{d}x = 1 \neq 0 = \int_0^1 g(x)\mathrm{d}x.$$

这里(2)式不能成立,只能归因于 $\{g_n(x)\}$ 在[0,1]上不一致收敛. 由此又说明了定理 5.5 中关于一致收敛的条件对于(2)式的成立又是很重要的.　　　□

定理 5.6(逐项求导定积)　设 $\{f_n(x)\}$ 满足:

(i) 至少有一个收敛点 $x_0 \in [a,b]$;

(ii) 对每个 $n, f_n(x)$ 在[a,b]上连续可微;

(iii) $f'_n(x) \rightrightarrows F(x), x \in [a,b]$.

这时必有如下结论:

1° $\{f_n(x)\}$ 在[a,b]上收敛,设 $\lim\limits_{n\to\infty} f_n(x) = f(x)$;

2° $f(x)$ 在[a,b]上可导,且 $f'(x) = F(x)$,即

$$(\lim_{n\to\infty} f_n(x))' = f'(x) = \lim_{n\to\infty} f'_n(x). \tag{3}$$

定理 5.6′(级数逐项求导定理) 设 $\sum_{n=1}^{\infty} f_n(x)$ 满足:

(i) 至少有一个收敛点 $x_0 \in [a,b]$;

(ii) 对每个 n,$f_n(x)$在$[a,b]$上连续可微;

(iii) $\sum_{n=1}^{\infty} f'_n(x) = \sigma(x)$,在$[a,b]$上一致收敛.

这时必有如下结论:

1° $\sum_{n=1}^{\infty} f_n(x)$ 在$[a,b]$上收敛,设 $\sum_{n=1}^{\infty} f_n(x) = S(x)$;

2° $S(x)$ 在$[a,b]$上可导,且 $S'(x) = \sigma(x)$,即

$$\left(\sum_{n=1}^{\infty} f_n(x)\right)' = S'(x) = \sum_{n=1}^{\infty} f'_n(x). \tag{3$'$}$$

例 4 讨论下列各函数列在$(-\infty,+\infty)$上是否满足定理 5.6 的条件? 是否逐项可导(即满足(3)式)?

(1) $S_n(x) = \dfrac{1}{2n}\ln(1 + n^2 x^2)$;

(2) $T_n(x) = \dfrac{x}{1 + n^2 x^2}$.

解 (1) $S(x) = \lim_{n\to\infty} S_n(x) = 0$, $x \in (-\infty, +\infty)$;故 $S'(x) = 0$, $x \in (-\infty, +\infty)$. 而

$$S'_n(x) = \frac{nx}{1 + n^2 x^2}, \quad \sigma(x) = \lim_{n\to\infty} S'_n(x) = 0;$$

$$S'_n\left(\frac{1}{n}\right) = \frac{1}{2} \nrightarrow 0 \,(n \to \infty),$$

由此可见,$S'_n(x) \nrightarrow \sigma(x)$,不满足定理 5.6 的条件(iii). 但因仍满足

$$S'(x) = 0 = \sigma(x),$$

故$\{S_n(x)\}$依然逐项可导. □

(2) $T(x) = \lim_{n\to\infty} T_n(x) = 0$, $x \in (-\infty, +\infty)$;故 $T'(x) = 0$, $x \in (-\infty, +\infty)$. 而

$$T'_n(x) = \frac{1 - n^2 x^2}{(1 + n^2 x^2)^2},$$

$$\tau(x) = \lim_{n \to \infty} T'_n(x) = \begin{cases} 1, & x = 0, \\ 0, & x \neq 0. \end{cases}$$

由于 $\tau(x)$ 在 $x=0$ 处发生间断,而 $T'_n(x)$ 是处处连续的函数,因此在任何包含 $x=0$ 的区间上, $T'_n(x) \nrightarrow \tau(x)$. 事实上,又因

$$\tau(0) = 1 \neq T'(0) = 0,$$

所以在这种包含 $x=0$ 的区间上, $\{T_n(x)\}$ 不逐项可导.

例 5   利用几何级数 $\sum_{n=0}^{\infty} x^n = \dfrac{1}{1-x}, x \in (-1,1)$,求下列各级数的和:

(1) $\sum_{n=1}^{\infty} n x^{n-1}$;   (2) $\sum_{n=0}^{\infty} (-1)^n \dfrac{x^{2n+1}}{2n+1}$;   (3) $\sum_{n=1}^{\infty} \dfrac{1}{n2^n}$.

解   (1) 由比式判别法,

$$\lim_{n \to \infty} \left| \frac{(n+1)x^n}{nx^{n-1}} \right| = |x|,$$

故当 $|x| < 1$ 时,此幂级数绝对收敛,设其和函数为 $S(x)$.

$\forall [-a,a] \subset (-1,1)$,当 $x \in [-a,a]$ 时,因为

$$|nx^{n-1}| \leqslant na^{n-1},$$

而 $\sum_{n=1}^{\infty} na^{n-1}$ 收敛,故 $\sum_{n=1}^{\infty} nx^{n-1} = S(x)$ 在 $[-a,a]$ 上为一致收敛. 利用逐项积分定理,得到

$$\int_0^x S(t) \mathrm{d}t = \sum_{n=1}^{\infty} \int_0^x nt^{n-1} \mathrm{d}t = \sum_{n=1}^{\infty} x^n$$

$$= \frac{x}{1-x}, \quad x \in [-a,a].$$

又由连续性定理(定理 $5.4'$),知道 $S(t)$ 在 $[-a,a]$ 上连续,于是对上式两边求导后,又得到

$$S(x) = \left(\frac{x}{1-x} \right)' = \frac{1}{(1-x)^2}, \quad x \in [-a,a].$$

因为 $a \in (0,1)$ 的任意性,所以求得的 $S(x)$ 又定义于 $(-1,1)$.   □

(2) 类似可证该幂级数在 $[-1,1]$ 上收敛,逐项求导后的级数 $\sum_{n=0}^{\infty} (-1)^n x^{2n}$ 在 $(-1,1)$ 的任何内闭区间 $[-a,a]$ 上一致收敛. 由定理 $5.6'$ 得到

$$S'(x) = \sum_{n=0}^{\infty} (-1)^n x^{2n} = \frac{1}{1+x^2},$$

并有

$$S(x) - S(0) = \int_0^x \frac{\mathrm{d}t}{1+t^2} = \arctan x, \quad x \in [-a, a].$$

由于 $S(0) = 0$,以及 $a \in (0,1)$ 的任意性,最后求得

$$S(x) = \arctan x, \quad x \in (-1, 1).$$

最后,考虑到 $\sum_{n=0}^{\infty} (-1)^n \frac{x^{2n+1}}{2n+1}$ 在 $x = \pm 1$ 处也收敛,故在 $[-1,1]$ 上为一致收敛(由阿贝尔判别法可证).根据定理 5.4′,得到

$$S(x) = \arctan x, \quad x \in [-1, 1]. \qquad \square$$

(3) 首先,把 $\sum_{n=1}^{\infty} \frac{1}{n2^n}$ 看作幂级数 $\sum_{n=1}^{\infty} \frac{x^n}{n}$ 当 $x = \frac{1}{2}$ 时的值.对此,类似于(2)那样,通过逐项求导求得

$$S'(x) = \left(\sum_{n=1}^{\infty} \frac{x^n}{n} \right)' = \sum_{n=1}^{\infty} \left(\frac{x^n}{n} \right)' = \sum_{n=1}^{\infty} x^{n-1} = \frac{1}{1-x};$$

而后再求积分,又得

$$S(x) = S(0) + \int_0^x \frac{\mathrm{d}t}{1-t} = -\ln(1-x), \quad x \in (-1, 1).$$

最后得到

$$\sum_{n=1}^{\infty} \frac{1}{n2^n} = S\left(\frac{1}{2} \right) = -\ln \frac{1}{2} = \ln 2. \qquad \square$$

说明 (i) 本例是幂级数利用逐项求导或逐项求积而获得其和函数的典型方法,读者应予细心体会,掌握解题的正确思路.

(ii) 用数学软件的符号求和程序,也能方便地得到级数的和.例如用 MAT-LAB 求本例中三个级数的和,程序与结果如下:

```
syms k x
s1 = symsum(k * x^(k−1), k, 1, inf)
s2 = symsum((−1)^k * x^(2 * k+1)/(2 * k+1), k, 0, inf)
s3 = symsum(1/k/2^k, k, 1, inf)

s1 =
```

1/（x−1）^2

s2＝

$-1/2 * i * \log((1+i * x)/(1-i * x))$

s3＝

log（2）

其中 $S_1 = \dfrac{1}{(x-1)^2}$ 与 $S_3 = \ln 2$ 与前面（1）与（3）的结果相同；而 $S_2 = -\dfrac{i}{2}\ln\dfrac{1+ix}{1-ix}$，在形式上与（2）的结果相异.

<h2 style="text-align:center">习　题</h2>

1. 下列命题中有些是真命题，有些是伪命题. 对真命题简述理由；对伪命题举出反例（题中"$\sum$"是"$\sum\limits_{n=1}^{\infty}$"的简写）：

(1) $\sum a_n$，$\sum b_n$ 发散 $\Rightarrow \sum (a_n \pm b_n)$ 发散；

(2) $\sum a_n$，$\sum b_n$ 收敛 $\Rightarrow \sum a_n b_n$ 收敛；

(3) $\sum a_n^2$，$\sum b_n^2$ 收敛 $\Rightarrow \sum a_n b_n$ 收敛；

(4) $\sum a_n$，$\sum b_n$ 绝对收敛 $\Rightarrow \sum a_n b_n$ 绝对收敛；

(5) $\sum a_n$ 收敛，$\sum b_n$ 绝对收敛 $\Rightarrow \sum a_n b_n$ 绝对收敛；

(6) $\sum a_n$ 收敛，$\lim\limits_{n\to\infty} b_n = 1 \Rightarrow \sum a_n b_n$ 收敛；

(7) $\sum |a_n|$ 收敛，$\lim\limits_{n\to\infty} b_n = 1 \Rightarrow \sum |a_n b_n|$ 收敛；

(8) $\lim\limits_{n\to\infty} a_n = 0 \Rightarrow a_1 - a_1 + a_2 - a_2 + a_3 - a_3 + \cdots$ 收敛；

(9) $\sum a_n$ 收敛 $\Rightarrow \sum \dfrac{a_n}{n}$ 收敛；

(10) $\sum a_n$ 收敛 $\Rightarrow \lim\limits_{n\to\infty} na_n = 0$；

(11) $\sum |a_n|$ 收敛 $\Rightarrow \sum a_n(a_1 + \cdots + a_n)$ 收敛；

(12) $\sum a_n$ 收敛 $\Rightarrow \sum |a_n - a_{n+1}|$ 收敛；

(13) $\{a_n\}$ 与 $\sum (a_n + a_{n+1})$ 收敛 $\Rightarrow \sum a_n$ 收敛；

(14) $\sum |a_n a_{n+1}|$ 收敛 $\Rightarrow \sum a_n$ 收敛；

(15) $n|a_n| \geqslant 1 \Rightarrow \sum a_n$ 发散；

(16) $\sum a_n^2$ 收敛 $\Rightarrow \sum a_n^3$ 收敛；

(17) $\lim\limits_{n\to\infty} a_n = 0 \Rightarrow \sum |a_n - a_{n+1}|$ 收敛；

(18) $\sum |a_n - a_{n+1}|$ 收敛 $\Rightarrow \{a_n\}$ 收敛;

(19) $|a_n| \sim \dfrac{c}{n^p} (n \to \infty) \Rightarrow \sum |a_n|$ 与 $\sum \dfrac{1}{n^p}$ 同敛态;

*(20) $\sum a_n$ 收敛 $\Rightarrow \lim\limits_{n \to \infty} \dfrac{1}{n}(a_1 + 2a_2 + \cdots + na_n) = 0$.

*2. 设 $\sum\limits_{n=1}^{\infty} a_n$ 为正项级数. 试证对数判别法:

(i) 若存在 $\varepsilon > 0$ 和 $N \in \mathbf{N}^+$, 使得当 $n > N$ 时, 有

$$\frac{\ln \dfrac{1}{a_n}}{\ln n} \geqslant 1 + \varepsilon,$$

则 $\sum\limits_{n=1}^{\infty} a_n$ 收敛;

(ii) 若存在 $N \in \mathbf{N}^+$, 使得当 $n > N$ 时, 有

$$\frac{\ln \dfrac{1}{a_n}}{\ln n} \leqslant 1,$$

则 $\sum\limits_{n=1}^{\infty} a_n$ 发散.

*3. 利用对数判别法鉴别下列正项级数的敛散性:

(1) $\sum\limits_{n=1}^{\infty} \dfrac{1}{3^{\ln n}}$;　　　　　　　　(2) $\sum\limits_{n=2}^{\infty} \dfrac{1}{(\ln n)^{\ln \ln n}}$;

(3) $\sum\limits_{n=1}^{\infty} n^{\ln x} (x > 0)$.

4. 证明:

(1) 若 $\sum\limits_{n=1}^{\infty} na_n$ 收敛, 则 $\sum\limits_{n=1}^{\infty} a_n$ 收敛;

(2) 若 $\sum\limits_{n=1}^{\infty} \dfrac{a_n}{n^p}$ 收敛, 则 $x > p$ 时 $\sum\limits_{n=1}^{\infty} \dfrac{a_n}{n^x}$ 也收敛.

5. 证明: 若 $\{f_n(x)\}$ 与 $\{g_n(x)\}$ 都在 E 上一致收敛, 则 $\{f_n(x) \pm g_n(x)\}$ 在 E 上也一致收敛.

6. 设 f 在区间 I 上一致连续, $\varphi_n(x) \rightrightarrows \varphi(x), x \in E$, 且 $\varphi(E) \subset I, \varphi_n(E) \subset I, n = 1, 2, \cdots$. 试证

$$f(\varphi_n(x)) \rightrightarrows f(\varphi(x)), \quad x \in E.$$

7. 证明: $\sum\limits_{n=1}^{\infty} f_n(x)$ 在 E 上一致收敛的必要条件是

$$f_n(x) \rightrightarrows 0, \quad x \in E.$$

8. 设 $\sum\limits_{n=1}^{\infty} a_n$ 收敛. 试证 $\sum\limits_{n=1}^{\infty} a_n e^{-nx}$ 在 $[0, +\infty)$ 上一致收敛.

9. 判别下列函数列或函数项级数在各自指定的区间上是否一致收敛:

(1) $\left\{\dfrac{\sin nx}{\sqrt{n}}\right\}$, $x \in (-\infty, +\infty)$;

(2) $\displaystyle\sum_{n=2}^{\infty} \dfrac{(-1)^n}{n+\sin x}$, $x \in (-\infty, +\infty)$;

*(3) $f_1(x) = \sqrt{x}, f_2(x) = \sqrt{xf_1(x)}, \cdots, f_n(x) = \sqrt{nf_{n-1}(x)}, \cdots, x \in [0,1]$;

(4) $\left\{\dfrac{x^n}{x^n+1}\right\}$, (i) $x \in [0,1]$, (ii) $x \in [0, 1-\delta]$ $(0 < \delta < 1)$;

(5) $\displaystyle\sum_{n=1}^{\infty} \dfrac{x(x+n)^n}{n^{2+n}}$, $x \in [0,1]$.

10. 证明: $\displaystyle\sum_{n=1}^{\infty} (-1)^n \dfrac{x^2+n}{n^2}$ 在任何闭区间 $[a,b]$ 上一致收敛;但对任何 x 不绝对收敛.

*11. 设 $u_0(x)$ 在 $[a,b]$ 上可积,

$$u_n(x) = \int_a^x u_{n-1}(t)\mathrm{d}t, \quad n = 1, 2, \cdots.$$

试证 $\displaystyle\sum_{n=1}^{\infty} u_n(x)$ 在 $[a,b]$ 上一致收敛.

12. 已知 $\displaystyle\sum_{n=1}^{\infty} f_n(x)$ 在 E 上一致收敛.试讨论:当 $g(x)$ 在 E 上满足何种条件时,就能保证 $\displaystyle\sum_{n=1}^{\infty} g(x)f_n(x)$ 在 E 上一致收敛?

*13. 证明:若对每个 n, $f_n(x)$ 是 $[a,b]$ 上的单调函数,且 $\displaystyle\sum_{n=1}^{\infty} f_n(a)$ 与 $\displaystyle\sum_{n=1}^{\infty} f_n(b)$ 都绝对收敛,则 $\displaystyle\sum_{n=1}^{\infty} f_n(x)$ 在 $[a,b]$ 上为绝对一致收敛.

14. 设 $S(x) = \displaystyle\sum_{n=0}^{\infty} r^n\cos nx$ $(0 < r < 1)$, $x \in [0, 2\pi]$. 试求 $\displaystyle\int_0^{2\pi} S(x)\mathrm{d}x$.

*15. 设函数 f 在 $(a, b+1)$ 内连续可微 $(a < b)$,记

$$f_n(x) = n\left[f\left(x+\dfrac{1}{n}\right) - f(x)\right], \quad x \in (a,b), n = 1, 2, \cdots.$$

试证:(1) $\{f_n(x)\}$ 在任何 $[\alpha, \beta] \subset (a,b)$ 上一致收敛于 $f'(x)$;

(2) $\displaystyle\lim_{n\to\infty}\int_a^\beta f_n(x)\mathrm{d}x = f(\beta) - f(\alpha)$.

16. 证明:函数 $S(x) = \displaystyle\sum_{n=1}^{\infty} \dfrac{\sin nx}{n^3}$ 在 $(-\infty, +\infty)$ 上连续,且有连续的导数 $S'(x)$.

17. 试求以下各级数的和函数:

(1) $\displaystyle\sum_{n=1}^{\infty} nx^{n+1}$, $x \in (-1,1)$;　　(2) $\displaystyle\sum_{n=1}^{\infty} ne^{-nx}$, $x > 0$.

习题解答与提示

第一章

1. 要证的命题是:若 $\xi = \inf S$,则有

(i) $\exists \{a_n\} \subset S$,使 $\lim\limits_{n \to \infty} a_n = \xi$;

(ii) 存在严格递减的 $\{a_n\} \subset S$,使 $\lim\limits_{n \to \infty} a_n = \xi$.

事实上,若能直接证得(ii),则(i)也随之成立.具体证明过程可模仿 §1.3 的例 4.

2. 欲证:

$$\inf(A \bigcup B) = \min\{\inf A, \inf B\}.$$

类似该例(1)的证明,需要分别证明

$$\inf(A \bigcup B) \geqslant \min\{\inf A, \inf B\},$$

$$\inf(A \bigcup B) \leqslant \min\{\inf A, \inf B\}.$$

3. 这里只证(2),类似地可证(1).

设 $\alpha = \inf A$, $\beta = \inf B$. 则应满足:$\forall\, x \in A$,$\forall\, y \in B$,有 $x \geqslant \alpha$,$y \geqslant \beta$. 于是,$\forall\, z \in A \bigcap B$,必有

$$z \geqslant \alpha,\ z \geqslant \beta \Rightarrow z \geqslant \max\{\alpha, \beta\}.$$

这说明 $\max\{\alpha, \beta\}$ 是 $A \bigcap B$ 的一个下界,因此有

$$\inf(A \bigcap B) \geqslant \max\{\inf A, \inf B\}.$$

上式中">"成立的情形是存在的.例如设

$$A = (2, 4), \quad B = (0, 1) \bigcup (3, 5),$$

这时 $A \bigcap B = (3, 4)$,$\inf(A \bigcap B) = 3$,而 $\inf A = 2$,$\inf B = 0$,因此有

$$3 = \inf(A \bigcap B) > \max\{\inf A, \inf B\} = 2.$$

4. 这里只证(2),类似地可证(1).

由假设,$\inf A = \alpha$,$\inf B = \beta$ 都存在,现欲证 $\inf(A + B) = \alpha + \beta$. 依下确界定义,分两步证明:

(i) $\forall\, z \in A + B$,$\exists\, x \in A$,$y \in B$,使 $z = x + y$;而 $x \geqslant \alpha$,$y \geqslant \beta$,故 $z \geqslant \alpha + \beta$. 这说明 $\alpha + \beta$ 是 $A + B$ 的一个下界.

(ii) $\forall\, \varepsilon > 0$,$\exists\, x_0 \in A$,$y_0 \in B$,使得

$$x_0 > \alpha + \frac{\varepsilon}{2}, \quad y_0 > \beta + \frac{\varepsilon}{2}.$$

于是,$\exists\, z_0 = x_0 + y_0 \in A + B$,使 $z_0 > (\alpha + \beta) + \varepsilon$. 这就证得

$$\inf(A + B) = \inf A + \inf B.$$

5. 这里只证(1)，类似地可证(2)．

$\forall c \in AB, \exists a \in A, b \in B$, 使 $c = ab$；而 $a \leqslant \sup A, b \leqslant \sup B$，故 $c \leqslant \sup A \cdot \sup B$. 这说明 $\sup A \cdot \sup B$ 是 AB 的一个上界．

$\forall \varepsilon > 0, \exists a_0 \in A, b_0 \in B$, 使得

$$a_0 > \sup A - \varepsilon, \quad b_0 > \sup B - \varepsilon;$$

故 $\exists c_0 = a_0 b_0 \in AB$, 使得

$$c_0 > \sup A \cdot \sup B - (\sup A + \sup B)\varepsilon + \varepsilon^2$$

$$> \sup A \cdot \sup B - (\sup A + \sup B + 1)\varepsilon.$$

由于 A, B 中元素皆非负，因此 $\sup A \geqslant 0, \sup B \geqslant 0, \sup A + \sup B + 1 > 0, \varepsilon' = (\sup A + \sup B + 1)\varepsilon$ 仍为一任意小的正数. 这就证得

$$\sup(AB) = \sup A \cdot \sup B.$$

6. （反证法） 设 α, β 为有序域中两个正元素，$\alpha < \beta$. 倘若序列 $\{n\alpha\}$ 中没有一项大于 β, 则此序列有上界 β, 从而由完备性假设，存在 $\{n\alpha\}$ 的上确界 λ. 依上确界定义，对一切正整数 n, 有 $n\alpha \leqslant \lambda$；同时小于 λ 的一切数不再是 $\{n\alpha\}$ 的上界，故对于 $\alpha < \lambda$, 存在 n_0, 使得 $n_0\alpha > \lambda - \alpha$, 即 $(n_0 + 1)\alpha > \lambda$. 再由上面假设，取 $n = n_0 + 2$ 时，同样有 $n\alpha = (n_0 + 2)\alpha \leqslant \lambda$. 由此得到

$$(n_0 + 2)\alpha \leqslant \lambda < (n_0 + 1)\alpha,$$

并导致 $\alpha < 0$, 与假设 $\alpha > 0$ 相矛盾. 所以，完备有序域必有阿基米德性.

7. 提示：设 $\{[a_n, b_n]\}$ 为一区间套. 需证

$$a = \sup\{a_n\}, \inf\{b_n\} = b$$

存在，且 $a = b$. 再证 $a \in [a_n, b_n], n = 1, 2, \cdots$；且为惟一的公共点.

8. 提示：设 S 为一非空有上界 M 的数集. 因 $S \neq \varnothing$, 故 $\exists x_0 \in S$. 令 $[a_1, b_1] = [x_0, M]$, 并用逐次二等分法构造一区间套 $\{[a_n, b_n]\}$, 只要每个 $[a_n, b_n]$ 的右端点 $b_n(n = 1, 2, \cdots)$ 恒为 S 的上界，就能保证该区间套的惟一公共点 $\xi = \sup S$.

9. 提示：证明方法与上题相类似.

*10. 设 S 为实轴上的有界无限点集. 因其有界，必有 $M > 0$, 使对一切 $x \in S$, 都有 $|x| \leqslant M$. 记 $[a_1, b_1] = [-M, M]$, 则 $S \subset [a_1, b_1]$. 然后用逐次二等分法构造一区间套 $\{[a_n, b_n]\}$, 使得每个 $[a_n, b_n]$ 中都有 S 中的无限多个点. 设 $\xi \in [a_n, b_n], n = 1, 2, \cdots$. 最后利用区间套定理的推论来证明 ξ 必为 S 的一个聚点.

*11. 设区间套为 $\{[a_n, b_n]\}$. 下面用反证法来构造 $[a_1, b_1]$ 的无限覆盖：倘若 $\{[a_n, b_n]\}$ 不存在公共点 ξ, 则 $[a_1, b_1]$ 中任一点都不是区间套的公共点. 于是，$\forall x \in [a_1, b_1], \exists [a_n, b_n]$, 使得 $x \notin [a_n, b_n]$. 即 $\exists U(x; \delta_x)$ 与某个 $[a_n, b_n]$ 不相交(注：这里用到了 $[a_n, b_n]$ 为一闭区间). 当 x 取遍 $[a_1, b_1]$ 时，这无限多个邻域构成 $[a_1, b_1]$ 的一个无限开覆盖：

$$H = \{U(x; \delta_x) \mid x \in [a_1, b_1]\}.$$

依据有限覆盖定理,存在$[a_1,b_1]$的一个有限覆盖:

$$\tilde{H} = \{\, U_i = U(x_i;\delta_{x_i}) \mid i = 1,2,\cdots,N \,\} \subset H,$$

其中每个邻域 U_i 与$[a_{n_i},b_{n_i}](i=1,2,\cdots,N)$不相交.若令

$$K = \max\{\, n_1, n_2, \cdots, n_N \,\},$$

则$[a_K,b_K] \subset [a_{n_i},b_{n_i}], i=1,2,\cdots,N$,从而

$$[a_K,b_K] \bigcap U_i = \varnothing, \quad i=1,2,\cdots,N. \tag{$*$}$$

但是 $\bigcup\limits_{i=1}^{N} U_i$ 覆盖了$[a_1,b_1]$,也就覆盖了$[a_K,b_K]$,这与关系式($*$)相矛盾.所以必定存在 $\xi \in [a_n,b_n], n=1,2,\cdots$.(有关 ξ 惟一性的证明,与一般方法相同.)

12. 设 $\xi = \inf S, \eta = \sup S$,且 $\xi < \eta$(当 $\xi = \eta = a$ 时,$S = \{a\}$为单元素集,结论显然成立).若记 $E = \{\, |x-y| \mid x,y \in S \,\}$,则欲证

$$\sup E = \eta - \xi.$$

首先,$\forall\, x,y \in S$,有

$$x \leqslant \eta, y \geqslant \xi \Rightarrow |x-y| \leqslant \eta - \xi,$$

这说明 $\eta - \xi$ 是 E 的一个上界.

又因 $\forall\, \varepsilon > 0$,$\eta - \dfrac{\varepsilon}{2}$不再是 S 的上界,$\xi + \dfrac{\varepsilon}{2}$不再是 S 的下界,故 $\exists\, x_0, y_0 \in S$,使

$$\left.\begin{array}{l} x_0 > \eta - \dfrac{\varepsilon}{2} \\[2mm] y_0 < \xi + \dfrac{\varepsilon}{2} \end{array}\right\} \Rightarrow |x_0 - y_0| \geqslant (\eta - \xi) - \varepsilon.$$

于是所证结论成立.

13. 提示:依聚点定义,对 $\varepsilon_1 = 1$,必存在 $x_1 \in U^{\circ}(\xi;\varepsilon_1) \bigcap S$. 一般地,对于

$$\varepsilon_n = \min\left\{\dfrac{1}{n}, |\xi - x_{n-1}|\right\},$$

$$\exists\, x_n \in U^{\circ}(\xi;\varepsilon_n) \bigcap S, \quad n=2,3,\cdots.$$

如此得到的数列$\{x_n\}$就能满足结论要求.

*14.(反证法)

(1)倘若 S 无上界,则对 $M_1 = 1$,$\exists\, x_1 \in S$,使 $x_1 > 1$;对 $M_n = \max\{n,x_{n-1}\}$,$\exists\, x_n \in S$,使 $x_n > M_n, n=2,3,\cdots$. 这就得到一个各项互异的点列$\{x_n\} \subset S$,使 $\lim\limits_{n\to\infty} x_n = +\infty$. 而 S 的这个无限子集没有聚点,与题设条件相矛盾,所以 S 必有上界.同理可证 S 必有下界,故 S 为有界集.

(2)因 S 为有界无限点集,故必有聚点.倘若 S 的某个聚点 $\xi_0 \notin S$,则由聚点性质,必定存在各项互异的数列$\{x_n\} \subset S$,使 $\lim\limits_{n\to\infty} x_n = \xi_0$(即上面第 13 题).据题设条件,$\{x_n\}$的惟一聚点 ξ_0 应属于 S,故又导致矛盾.所以 S 的所有聚点都属于 S.

*15. 提示：利用 §1.3 例 4，$\exists\{a_{n_k}\}\subset\{a_n\}$，使 $\lim\limits_{k\to\infty}a_{n_k}=\xi$.

当取 $a_n=\dfrac{1}{n}$ 时，$\sup\{a_n\}=1\in\{a_n\}$，1 显然不是 $\{\dfrac{1}{n}\}$ 的上极限.

*16. (1) $a_{2k}\equiv2$，$a_{2k-1}\equiv0$，故 $\varlimsup\limits_{n\to\infty}a_n=2$，$\varliminf\limits_{n\to\infty}a_n=0$.

(2) $a_{2k}=\dfrac{2k}{4k+1}\to\dfrac{1}{2}$，$a_{2k-1}=-\dfrac{2k-1}{4k-1}\to-\dfrac{1}{2}(k\to\infty)$，故 $\varlimsup\limits_{n\to\infty}a_n=\dfrac{1}{2}$，$\varliminf\limits_{n\to\infty}a_n=-\dfrac{1}{2}$.

(3) $\sqrt[n]{\dfrac{1}{2}}\leqslant\sqrt[n]{\left|\cos\dfrac{n\pi}{3}\right|}\leqslant1$，$\varlimsup\limits_{n\to\infty}a_n=\varliminf\limits_{n\to\infty}a_n=1$.

(4)

$$a_n=\frac{2n}{n+1}\sin\frac{n\pi}{4}=\begin{cases}\dfrac{\sqrt{2}}{2}\cdot\dfrac{2n}{n+1}, & n=8k+1,8k+3,\\[2mm]\dfrac{2n}{n+1}, & n=8k+2,\\[2mm]0, & n=4k,\\[2mm]-\dfrac{2n}{n+1}, & n=8k-2,\\[2mm]-\dfrac{\sqrt{2}}{2}\cdot\dfrac{2n}{n+1}, & n=8k-1,8k-3.\end{cases}$$

故 $\varlimsup\limits_{n\to\infty}a_n=2$，$\varliminf\limits_{n\to\infty}a_n=-2$.

(5) $a_n=\dfrac{n^2+1}{n}\sin\dfrac{\pi}{n}=\dfrac{\pi(n^2+1)}{n^2}\cdot\dfrac{\sin\dfrac{\pi}{n}}{\dfrac{\pi}{n}}\to\pi(n\to\infty)$，故 $\varlimsup\limits_{n\to\infty}a_n=\varliminf\limits_{n\to\infty}a_n=\lim\limits_{n\to\infty}a_n=\pi$.

*17. 由

$$\sup_{k\geqslant n}(-a_k)=-\inf_{k\geqslant n}a_k, \qquad \inf_{k\geqslant n}(-a_k)=-\sup_{k\geqslant n}a_k,$$

令 $n\to\infty$ 取极限后，即得结论成立.

*18. 由

$$\sup_{k\geqslant n}\frac{1}{a_k}=\frac{1}{\inf\limits_{k\geqslant n}a_k}, \qquad \inf_{k\geqslant n}\frac{1}{a_k}=\frac{1}{\sup\limits_{k\geqslant n}a_k},$$

令 $n\to\infty$ 取极限后，即得(1)与(2). 而(3)可由(1)与(2)得出.

本题所设条件 $\varliminf\limits_{n\to\infty}a_n>0$，是为了保证除有限项外都有 $a_n>0$，而且使得 $\left\{\dfrac{1}{a_n}\right\}$ 有界. 如果允许把 $\pm\infty$ 作为广义上、下极限，那么本题条件可改为 $a_n>0$，$n=1,2,\cdots$.

第二章

1. 提示：按向量模的定义直接验证.

*2. 提示：

(1) 倘若 $\rho(x,S)=0$,可证 x 是 S 的聚点,导致 x 应属于 S,与条件矛盾.

(2) 一方面,无论 $x\in S$ 或是 $x\notin S(x\in S^d)$,都可证 $\rho(x,S)=0$;另一方面,凡满足 $\rho(x,S)=0$ 的点 x,可证它不可能是 S 的外点,于是 x 只能是 S 的聚点或孤立点,由此推知 $x\in S\cup S^d$.

3. 这里要证的是:S^d 的任一聚点 y_0,必定也是 S 的聚点,从而 $y_0\in S^d$.

$\forall \varepsilon>0$,由 y_0 为 S^d 的聚点,则存在

$$y\in U^\circ(y_0;\varepsilon)\cap S^d;$$

再由 y 为 S 的聚点,$\forall U(y;\delta)\subset U(y_0;\varepsilon)$,$S$ 中必有无穷多个点落在 $U(y;\delta)$ 内,从而也落在 $U(y_0;\varepsilon)$ 内.这就证得 y_0 又是 S 的聚点,故 $y_0\in S^d$,从而 S^d 为一闭集.

4. 与上题证法相同.

* 5. 提示:用区间套定理来证明较为直观.设连接 x_0 与 x_1 的直线段为

$$l:x=(x_1-x_0)t+x_0,\quad t\in[0,1].$$

对 $[0,1]$ 逐次二等分,建立一个区间套 $\{[\alpha_k,\beta_k]\}$.此区间套的构造原则是:$t=\alpha_k(k=1,2,\cdots)$ 所对应 l 上的点恒为 S 的内点;$t=\beta_k(k=1,2,\cdots)$ 所对应 l 上的点恒为 S 的外点.设 $\xi\in[\alpha_k,\beta_k]$,$k=1,2,\cdots$.最后只需证明:l 上与 $t=\xi$ 所对应的点必定就是 S 的界点.

6. 提示:

(1) 证明"R^n 中的无限点集 S 为有界集的充要条件是:S 的任一无限子集必有聚点".

必要性由聚点定理直接保证.

充分性可用反证法——若 S 为无界集,可证 $\exists\{x_k\}\subset S$,使 $\lim\limits_{k\to\infty}\|x_k\|=+\infty$.这个 $\{x_k\}$ 作为 S 的一个无限子集不存在聚点,与条件矛盾.

(2) 证明"R^n 中的点集 S 为有界闭集的充要条件是:S 的任一无限子集必有属于 S 的聚点".

必要性由聚点定理和 S 为闭集直接推得.

充分性与第一章第 14 题相同(注意把那里的实数集改写成适合现在的 R^n 中的点集).

7. 提示:

(1) 需要分别证明:

$$f(A\cup B)\subset f(A)\cup f(B)\ \text{和}\ f(A)\cup f(B)\subset f(A\cup B).$$

(2) 除了证明 $f(A\cap B)\subset f(A)\cap f(B)$ 外,最好能举出一个简单的例子,说明一般情形下

$$f(A)\cap f(B)\not\subset f(A\cap B).$$

(3) 对任何 $y\in f(A)\cap f(B)$,$\exists x_1\in A,x_2\in B$,使 $y=f(x_1)=f(x_2)$.当 f 为一一映射时,只能是 $x_1=x_2\in A\cap B$,故 $y\in f(A\cap B)$,即又有

$$f(A)\cap f(B)\subset f(A\cap B).$$

8. 提示:利用向量函数的极限与其分量函数的极限之间的等价形式来证明.

9. 提示:$\forall \varepsilon>0$,$\exists \delta=\left(\dfrac{\varepsilon}{k}\right)^{\frac{1}{r}}>0$,当

$$x'、x'' \in D,且 \parallel x' - x'' \parallel < \delta$$

时,有 $\parallel f(x') - f(x'') \parallel < \varepsilon$.

10. 提示:可以证明存在 $\delta > 0$ 和 $M = \parallel f(x_0) \parallel + 1$,使得

$$\parallel f(x) \parallel \leqslant M, \quad x \in U(x_0; \delta).$$

11. 提示:$f(A)$ 不一定是开集;$f(B)$ 不一定是闭集.分别举出一个简单的反例.

12. 例如:

(1) $\varphi(x) = x + 1, x \in D = [0, +\infty)$. 满足

$$\varphi(D) = [1, +\infty) \subset D;$$

但由 $|\varphi(x') - \varphi(x'')| = |x' - x''|$,故不可能有 $q(0 < q < 1)$,使 $|\varphi(x') - \varphi(x'')| \leqslant q|x' - x''|$.

(2) $\varphi(x) = \dfrac{x}{2} + 1, x \in D = [-1, 1]$. 满足

$$|\varphi(x') - \varphi(x'')| = \frac{1}{2}|x' - x''| \quad \left(q = \frac{1}{2}\right);$$

但由 $\varphi(D) = \left[\dfrac{1}{2}, \dfrac{3}{2}\right]$,不满足 $\varphi(D) \subset D$ 的要求.

希望读者自己再去找出一些合适的反例.

13. (1) 不可能;   (2) $0 \leqslant a < \dfrac{1}{2}$;

(3) $\dfrac{1}{4} < a \leqslant 1 \leqslant b$;   (4) $0 \leqslant a < 1, a^2 - a \leqslant b \leqslant a - a^2$.

14. 提示:需先把方程改写成 $x = e^{-x}$,并设

$$\varphi(x) = x - (x - e^{-x}) = e^{-x}.$$

在 $\left[\dfrac{1}{2}, \dfrac{2}{3}\right]$ 上验证 φ 为一压缩映射.

取 $x_0 = \dfrac{1}{2}$,按 $x_k = e^{-x_{k-1}}, k = 1, 2, \cdots$,迭代计算如下:

k	x_k	k	x_k	k	x_k
0	0.5	4	0.5601	⋮	⋮
1	0.6065	5	0.5712	15	0.5672
2	0.5452	6	0.5649	16	0.5671
3	0.5797	7	0.5684	17	0.5671

方程 $\varphi(x) = x$,即 $e^{-x} = x$ 在 $\left[\dfrac{1}{2}, \dfrac{2}{3}\right]$ 中的解(取四位有效数字)为 $x^* = 0.5671$.

15. 提示:这里只需证明 $f(B) \subset B$.这可由

$$\parallel f(x) - x_0 \parallel \leqslant \parallel f(x) - f(x_0) \parallel + \parallel f(x_0) - x_0 \parallel \leqslant r$$

得到.

<h1 style="text-align:center">第三章</h1>

1. 提示：$f'_-(0)=-1,f'_+(0)=1.$

2. $a=6,b=-9.$

3. 提示：由条件，可得

$$\frac{f(x)-f(a)}{x-a}\leqslant\frac{g(x)-g(a)}{x-a}\leqslant\frac{h(x)-h(a)}{x-a},\quad x>a;$$

$$\frac{f(x)-f(a)}{x-a}\geqslant\frac{g(x)-g(a)}{x-a}\geqslant\frac{h(x)-h(a)}{x-a},\quad x<a.$$

4. 提示：如图所示，设

$$f'_+(a)>0,f'_-(b)>0,$$

可证存在两点 $x',x''(a<x'<x''<b)$，使

$$f(x')>0,f(x'')<0.$$

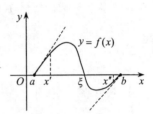

第 4 题图

*5. 提示：作变形

$$\frac{f(y_n)-f(x_n)}{y_n-x_n}=\frac{y_n-x_0}{y_n-x_n}\cdot\frac{f(y_n)-f(x_0)}{y_n-x_0}$$

$$+\frac{x_0-x_n}{y_n-x_n}\cdot\frac{f(x_0)-f(x_n)}{x_0-x_n}.$$

$\forall\,\varepsilon>0,\exists\,N>0$，当 $n>N$ 时，将有

$$-\varepsilon<\frac{f(y_n)-f(x_0)}{y_n-x_0}-f'(x_0)<\varepsilon,$$

$$-\varepsilon<\frac{f(x_0)-f(x_n)}{x_0-x_n}-f'(x_0)<\varepsilon.$$

综合以上三式，即可证得结论.

6. 提示：使用定理 3.8.

7. 提示：关键在于证明存在两点 a,b，使 $f(a)=f(b)$. 如图所示，先取一点 x_0，使 $f(x_0)\neq l$（设 $f(x_0)<l$）. 对于 $\varepsilon=\frac{1}{2}[l-f(x_0)]>0$，由条件可证：$\exists\,x'<x_0$ 与 $x''>x_0$，使

$$f(x')>l-\varepsilon,f(x'')>l-\varepsilon,$$

而 $f(x_0)<l-\varepsilon.$

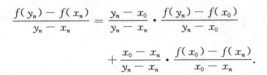

第 7 题图

8. 提示：令

$$\varphi(x)=f(x)g(x)-f(x)g(b)-f(a)g(x),$$

使用罗尔定理;并借助条件 $g'(x) \neq 0$,推至结论(为一分式)成立.

*9. 提示:可设 $M_2 > 0$(否则,由 $M_2 = 0$ 可证 $f'(x) \equiv 0$),$M_0 > 0$(否则,$f(x) \equiv 0$). 而后,在 区间 $\left[x, x + 2\sqrt{\dfrac{M_0}{M_2}} \right]$ 上使用泰勒公式,便可证得结论成立.

*10. 提示:有泰勒展开式

$$f\left(\frac{a+b}{2}\right) = f(a) + \frac{f''(\xi_1)}{2}\left(\frac{b-a}{2}\right)^2, \qquad \xi_1 \in \left(a, \frac{a+b}{2}\right),$$

$$f\left(\frac{a+b}{2}\right) = f(b) + \frac{f''(\xi_2)}{2}\left(\frac{b-a}{2}\right)^2, \qquad \xi_2 \in \left(\frac{a+b}{2}, b\right).$$

两式相减后便可推得

$$|f(b) - f(a)| \leqslant \frac{(b-a)^2}{4}|f''(\xi)|,$$

其中

$$|f''(\xi)| = \max\{|f''(\xi_1)|, |f''(\xi_2)|\}.$$

*11. 提示:设

$$f(c) = \max_{0 < x < a} f(x),$$

则 $f'(c) = 0$. 对 $f'(x)$ 分别在 $[0, c]$ 与 $[c, a]$ 上使用拉格朗日定理,便可对 $|f'(0)|$ 与 $|f'(a)|$ 作出 合适的估计.

*12. $\Delta z = f(x_0 + \Delta x, y_0 + \Delta y) - f(x_0, y_0)$. 记

$$\Delta z_1 = f(x_0 + \Delta x, y_0 + \Delta y) - f(x_0 + \Delta x, y_0),$$

$$\Delta z_2 = f(x_0 + \Delta x, y_0) - f(x_0, y_0),$$

则 $\Delta z = \Delta z_1 + \Delta z_2$.

因 f'_y 在 P_0 连续,故有

$$\Delta z_1 = f'_y(x_0 + \Delta x, y_0 + \theta \Delta y)\Delta y$$

$$= f'_y(x_0, y_0)\Delta y + \beta \Delta y,$$

$$\lim_{\substack{\Delta x \to 0 \\ \Delta y \to 0}} \beta = 0;$$

又因 $f'_x(P_0)$ 存在,又有

$$\Delta z_2 = f'_x(x_0, y_0)\Delta x + \alpha \Delta x, \lim_{\Delta x \to 0} \alpha = 0.$$

这就得到

$$\Delta z = f'_x(x_0, y_0)\Delta x + f'_y(x_0, y_0)\Delta y + \alpha \Delta x + \beta \Delta y,$$

$$\left| \frac{\alpha \Delta x + \beta \Delta y}{\sqrt{\Delta x^2 + \Delta y^2}} \right| \leqslant |\alpha| + |\beta| \to 0 \quad (\Delta x \to 0, \Delta y \to 0),$$

证得 f 在 (x_0, y_0) 可微.

13. 提示:第一种证法是按可微定义,证明

$$f(x_0 + \Delta x, y_0 + \Delta y)g(x_0 + \Delta x, y_0 + \Delta y_0) - f(x_0, y_0)g(x_0, y_0)$$

$$= f(x_0, y_0)[g'_x(x_0, y_0)\Delta x + g'_y(x_0, y_0)\Delta y] + o(\sqrt{\Delta x^2 + \Delta y^2}).$$

第二种证法是利用定理 3.4. 设 $h = fg$,证明存在 H,使满足

$$h(P) - h(P_0) = H(P)(P - P_0),$$

其中 $P(x, y)$, $P_0(x_0, y_0)$, H 在 P_0 连续,且

$$H(P_0) = h'(P_0) = f(P_0)g'(P_0).$$

14. 提示:

(1) $f(r\cos\theta, r\sin\theta) = r\cos\theta\sin\theta \to 0 \quad (r \to 0).$

(2) 依定义,有 $f'_x(0,0) = f'_y(0,0) = 0.$

(3) $r \neq 0$ 时,将有

$$f'_x(r\cos\theta, r\sin\theta) = \sin^2\theta(\sin^2\theta - \cos^2\theta),$$

$$f'_y(r\cos\theta, r\sin\theta) = 2\cos^3\theta\sin\theta,$$

它们都不随 $r \to 0$ 而趋于 0(只随 θ 而异).

(4) 若可微,则应有

$$f(\Delta x, \Delta y) - f(0,0) - f'_x(0,0)\Delta x - f'_y(0,0)\Delta y$$

$$= \frac{\Delta x \Delta y^2}{\Delta x^2 + \Delta y^2} = o(\sqrt{\Delta x^2 + \Delta y^2}).$$

然而

$$\frac{\Delta x \Delta y^2}{(\Delta x^2 + \Delta y^2)^{3/2}} = \cos\theta\sin^2\theta \nrightarrow 0 (r \to 0).$$

15. 提示:对于复合函数

$$u = f(x, y), x = r\cos\theta, y = r\sin\theta,$$

有 $\frac{\partial u}{\partial r} = \frac{1}{r}(xf'_x + yf'_y) = 0(r \neq 0)$. 与 §3.5 例 11 相类似,$f$ 的值只与 θ 有关而与 r 无关(除原点 O 外). $\forall P \in D$,联结 OP,f 在 OP 上所有点处的值相等(除了点 O),再利用 f 在点 O 连续,推知 $f(P) \equiv f(O)$.

*16. 提示:在单位圆 $r = 1$ 上,记

$$\varphi(\theta) = f(\cos\theta, \sin\theta), \quad 0 \leqslant \theta \leqslant 2\pi.$$

利用 φ 在 $[0, 2\pi]$ 上可导,$\varphi(0) = \varphi\left(\frac{\pi}{2}\right) = \varphi(2\pi)$,根据罗尔定理便可证得结论.

17. 提示:

(1) 利用二元函数的微分中值公式,可证 f 在 D 中任何两点处的值相等.

(2) 当 D 为一般开域时(如图所示),D 中任意两点 P, Q 之间能用一条全含于 D 的有限折

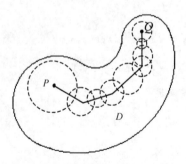

第 17 题图

线相联.由折线上的点全是 D 的内点,利用有限覆盖定理,此折线必能用有限个小开圆所覆盖.其中每个小开圆都含于 D,且由(1)可知 f 在其上恒取常值.最后利用相邻两小圆之交非空,经有限次推理,得到 $f(P)=f(Q)$.

18. 提示:由条件,$f''_{xy}=f''_{yx}$;且可求

$$f''_{uu} = f''_{xx}\cos^2\theta + 2f''_{xy}\sin\theta\cos\theta + f''_{yy}\sin^2\theta,$$

$$f''_{vv} = f''_{xx}\sin^2\theta - 2f''_{xy}\sin\theta\cos\theta + f''_{yy}\cos^2\theta.$$

*19. 提示:由条件,存在最大、小值,设为

$$M = f(P_1), \quad m = f(P_2).$$

若 $M=m$,结论显然成立.若 $M>m$,则其中之一必在 int D 内取得;设 $P_1\in\text{int}\,D$,则 $f(P_1)$ 为极大值,故 $f'_x(P_1)=f'_y(P_1)=0$,由此又导致 $f(P_1)=0$.

另一方面,无论 $P_2\in\partial D$ 或是 $P_2\in\text{int}\,D$,又有 $f(P_2)=0$.由 $M=m=0$,推知 $f(P)\equiv0$,$P\in D$.

20. 提示:令 $F(x,y,z)=f(x-ay,z-by)$.曲面 $F(x,y,z)=0$ 的切平面平行于某直线

$$x = x_0 + lt, y = y_0 + mt, z = z_0 + nt,$$

等价于

$$lF'_x + mF'_y + nF'_z = 0.$$

在此求出 F'_x,F'_y,F'_z 后,发现有

$$aF'_x + F'_y + bF'_z = 0.$$

21. 提示:曲线族中任意两条曲线($\lambda=\lambda_1$,λ_2)若相交于点(x,y),则在此交点处的法向量分别为

$$\boldsymbol{n}_1 = \left(\frac{x}{a-\lambda_1}, \frac{y}{b-\lambda_1}\right), \quad \boldsymbol{n}_2 = \left(\frac{x}{a-\lambda_2}, \frac{y}{b-\lambda_2}\right).$$

它们应该满足 $\boldsymbol{n}_1\cdot\boldsymbol{n}_2=0$.

22. 提示:凸函数 f 应满足

$$f((1-\lambda)x+\lambda y) \leqslant (1-\lambda)f(x) + \lambda f(y),$$

$$\forall\, x,y \in D, \quad \forall\, \lambda \in (0,1).$$

按定义容易证明(1),(2);下面证(3).

由于 h 亦为凸函数,且递增,因此有

$$h(f((1-\lambda)x+\lambda y)) \leqslant h((1-\lambda)f(x)+\lambda f(y))$$

$$\leqslant (1-\lambda)h(f(x)) + \lambda h(f(y)).$$

这就是 $h(f(x))$ 满足凸函数的定义.

23. 提示:根据定理 3.12,

$$F(x) = \frac{f(x)}{x} = \frac{f(x) - f(0)}{x - 0}$$

应随 x 递增而严格递增.

对于 $f(x)$, 首先可证 $x > 0$ 时 $f(x) > 0$ (反证). 而后由 $\forall\, x_2 > x_1 > 0$,

$$\frac{f(x_2) - f(x_1)}{x_2 - x_1} > \frac{f(x_1) - f(0)}{x_1 - 0} = \frac{f(x_1)}{x_1} > 0,$$

推知 $f(x_2) > f(x_1)$.

24. 提示:

(1) 由定理 3.13, f 在任何 $[\alpha, \beta] \subset I$ 上满足利普希茨条件 $\Rightarrow f$ 在 $[\alpha, \beta]$ 上一致连续 $\Rightarrow f$ 在 $[\alpha, \beta]$ 上连续 $\Rightarrow f$ 在 I 上连续.

(2) $\forall\, x_0 \in I$, 设 $F(h) = \dfrac{f(x_0 + h) - f(x_0)}{h}$ $(h > 0)$. 由定理 3.12, 可证 $F(h)$ 为递增函数. 另一方面, 因 I 为开区间, 必存在 $x_1 \in I$, 使 $x_1 < x_0$, 于是又有

$$\frac{f(x_0) - f(x_1)}{x_0 - x_1} \leqslant F(h),$$

说明 $F(h)$ 有下界. 综合起来, 存在

$$\lim_{h \to 0+} F(h) = f'_{+}(x_0).$$

同理可证 $f'_{-}(x_0)$ 存在.

(如果先证得 $f'_{+}(x_0)$ 与 $f'_{-}(x_0)$ 都存在, 则推知 f 在点 x_0 既是右连续, 又是左连续, 从而 f 在点 x_0 连续. 由 x_0 在 I 中的任意性, 证得 f 在 I 上连续.)

25. 提示:

(1) 当 f'' 存在时, 有

$$f''(x) \geqslant 0, x \in I \Leftrightarrow f'(x) \text{ 递增}, x \in I.$$

(2) 其中"$\Rightarrow$"即为费马定理; 这里只要证"$\Leftarrow$". 根据定理 3.14 的 (iii), 由 $f'(x_0) = 0$, 便知 $f(x_0)$ 是 f 在 I 上的最小值, 而 x_0 为 I 的内点时, $f(x_0)$ 为一极小值.

26. 提示:

(1) 利用 $f(x) = e^x$ 为凸函数, 取 $\lambda = \dfrac{1}{2}$.

(2) 利用 $f(x) = \arctan x$ 在 $x \geqslant 0$ 时为凹函数, 取 $\lambda = \dfrac{1}{2}$.

27. 提示: 如图所示, $\triangle DEF$ 的面积为

$$S = \frac{\sqrt{3}}{4}(xy + yz + zx).$$

再由 $S_{\triangle PBC} + S_{\triangle PCA} + S_{\triangle PAB} = S_{\triangle ABC}$, 可得约束条件

$$x + y + z = \frac{\sqrt{3}}{2}a,$$

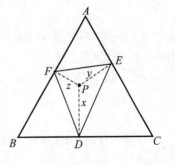

第 27 题图

借助拉格朗日乘数法,求得 P 为△ABC 的内心,

$$x = y = z = \frac{\sqrt{3}}{6}a;$$

$$\max S_{\triangle DEF} = \frac{\sqrt{3}}{16}a^2.$$

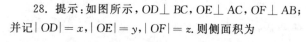

第 28 题图

28. 提示:如图所示,OD⊥BC, OE⊥AC, OF⊥AB; 并记 | OD |=x, | OE |=y, | OF |=z. 则侧面积为

$$S = \frac{a}{2}\sqrt{x^2 + h^2} + \frac{b}{2}\sqrt{y^2 + h^2} + \frac{c}{2}\sqrt{z^2 + h^2};$$

约束条件为

$$ax + by + cz = 2S_{\triangle ABC} = q,$$

其中 $S_{\triangle ABC} = \sqrt{p(p-a)(p-b)(p-c)}$, $p = \frac{1}{2}(a+b+c)$.

由拉格朗日乘数法可求得

$$\frac{x}{\sqrt{x^2 + h^2}} = \frac{y}{\sqrt{y^2 + h^2}} = \frac{z}{\sqrt{z^2 + h^2}},$$

表示∠HDO=∠HEO=∠HFO;并有

$$x = y = z = \frac{1}{p}\sqrt{p(p-a)(p-b)(p-c)},$$

$$\min S = \sqrt{p(p-a)(p-b)(p-c) + p^2 h^2}.$$

29. 提示:例如设目标函数与约束条件分别为

$$f(x, y) = x^n + y^n,$$

$$x + y = 2a.$$

借助拉格朗日乘数法,求得 $x = y = a$,此时

$$f(a, a) = 2a^n.$$

由于当动点沿 $x+y=2a$ 趋近端点$(0, 2a)$与$(2a, 0)$时,$f(x, y) \to (2a)^n \geqslant 2a^n$,因此 $2a^n$ 是条件极小值.从而证得

$$x^n + y^n \geqslant 2a^n = 2\left(\frac{x+y}{2}\right)^n.$$

30. 提示:

(1) 借助拉格朗日乘数法,可求得

$$x_i^* = a_i^{\frac{1}{p-1}} \left(\sum_{j=1}^{n} a_j^q\right)^{-\frac{1}{p}}, \quad i = 1, 2, \cdots, n.$$

$$\max f(x_1, \cdots, x_n) = f(x_1^*, \cdots, x_n^*) = \left(\sum_{j=1}^{n} a_j^q\right)^{\frac{1}{q}}.$$

（2）在不等式

$$\sum_{i=1}^{n} a_i x_i \leqslant \left(\sum_{i=1}^{n} a_i^q\right)^{\frac{1}{q}}$$

中,令

$$x_i = b_i \left(\sum_{i=1}^{n} b_i^p\right)^{-\frac{1}{p}}, \quad i=1,2,\cdots,n,$$

这样的 x_i 满足条件(F2);代入后即得霍尔德不等式.

第四章

*1. 提示:不失一般性,可假设 g 与 f 只在一点处取值不同,且设 $g(b) \neq f(b)$,

$$J = \int_a^b f(x)\mathrm{d}x.$$

对任何分割 $T[a,b]$ 和任何 $\{\xi_i\}_1^n$,考察:

$$\left|\sum_{i=1}^{n} g(\xi_i)\Delta x_i - J\right| \leqslant \sum_{i=1}^{n} |g(\xi_i) - f(\xi_i)|\Delta x_i + \left|\sum_{i=1}^{n} f(\xi_i) - J\right|.$$

$\forall \varepsilon > 0$,由条件 $\exists \delta_1 > 0$,当 $\|T\| < \delta_1$ 时,有

$$\left|\sum_{i=1}^{n} f(\xi_i)\Delta x_i - J\right| < \frac{\varepsilon}{2}.$$

而当 $i=1,2,\cdots,n-1$ 时,$g(\xi_i) = f(\xi_i)$;$i=n$ 时,有

$$|g(\xi_n) - f(\xi_n)|\Delta x_n \leqslant |g(b) - f(b)| \cdot \|T\|.$$

故 $\exists \delta_2 = \dfrac{\varepsilon}{2|g(b) - f(a)|} > 0$,当 $\|T\| < \delta_2$ 时

$$\sum_{i=1}^{n} |g(\xi_i) - f(\xi_i)|\Delta x_i < \frac{\varepsilon}{2}.$$

2. （1）$\displaystyle\int_0^1 \frac{2}{1+x^2}\mathrm{d}x = \frac{\pi}{2}$;　（2）$e^{\int_1^2 \ln x \mathrm{d}x} = \dfrac{4}{e}$.

3. 提示:由 f 在 $[a,b]$ 可积,$\forall \varepsilon > 0$,$\exists T[a,b]$,使 $\displaystyle\sum_T \omega_i \Delta x_i < \varepsilon$.

$\forall [\alpha,\beta] \subset [a,b]$.将 α,β 两点添加至 T 而成 $T'[a,b]$,记 T' 在 $[\alpha,\beta]$ 上的一段为 $T''[\alpha,\beta]$.则有

$$\sum_{T''} \omega_i'' \Delta x_i'' \leqslant \sum_{T'} \omega_i' \Delta x_i' \leqslant \sum_T \omega_i \Delta x_i < \varepsilon.$$

*4. 提示:由条件,$\forall \varepsilon > 0$,$\exists T[a,b]$,使

$$\sum_T \omega_i^f \Delta x_i < \frac{\varepsilon}{2}.$$

设 g 与 f 仅在一点 c 处取值不同;并由 f 有界可知 g 亦有界:$|g(x)| \leqslant M, x \in [a,b]$.若 c 落在

T 中第 k 个小区间中,则有

$$\sum_T \omega_i^g \Delta x_i = \sum_{\substack{T \\ i \neq k}} \omega_i^f \Delta x_i + \omega_k^g \Delta x_k < \frac{\varepsilon}{2} + 2M \cdot \| T \|.$$

故只需使上述 T 加细至满足 $\| T \| < \dfrac{\varepsilon}{4M}$ 即可.

5. 提示:为方便起见不妨设 $\lim\limits_{n \to \infty} a_n = c = a$. $\forall \varepsilon > 0$, $\exists N > 0$,当 $n > N$ 时,有

$$a \leqslant a_n < a + \frac{\varepsilon}{4M},$$

其中 M 为使 $|f(x)| \leqslant M$ 者. 这样 f 在 $\left[a + \dfrac{\varepsilon}{4M}, b \right]$ 上至多只有 N 个间断点,故 $\exists T_1 \left[a + \dfrac{\varepsilon}{4M}, \right.$
$b]$,使

$$\sum_{T_1} \omega_i \Delta x_i < \frac{\varepsilon}{2}.$$

而 f 在 $\left[a, a + \dfrac{\varepsilon}{4M} \right]$ 上的振幅 $\omega_0 \leqslant 2M$. 将 T_1 与 $\left[a, a + \dfrac{\varepsilon}{4M} \right]$ 合并而成 $T[a,b]$ 后,能使

$$\sum_T \omega_i \Delta x_i = \cdots < \varepsilon.$$

*6. 提示:设 $I = \displaystyle\int_a^b f(x) g(x) \mathrm{d}x$. 欲证: $\forall \varepsilon > 0$, $\exists \delta > 0$,当 $\| T \| < \delta$ 时,能使

$$\left| \sum_T f(\xi_i) g(\eta_i) \Delta x_i - I \right| \leqslant \sum_T |f(\xi_i)| \cdot |g(\eta_i) - g(\xi_i)| \Delta x_i$$
$$+ \left| \sum_T f(\xi_i) g(\xi_i) \Delta x_i - I \right| < \varepsilon.$$

7. 提示:根据复合可积性命题(§4.2 例 5).

8. 提示:由 g 的任意性,可取特殊的 g(例如: $g = f$),则可利用 §4.3 例 1 的(3).

*9. 提示:用反证法,倘若 $f(x) \neq 0$, $x \in (a, b)$,将与 $\displaystyle\int_a^b f(x)\mathrm{d}x = 0$ 矛盾,故 $\exists x_1 \in (a, b)$,
使 $f(x_1) = 0$.

再用反证法,倘若 f 在 (a, b) 内只有一个零点 x_1,通过引入辅助函数

$$g(x) = (x - x_1) f(x), x \in [a, b],$$

并考察 $\displaystyle\int_a^b g(x) \mathrm{d}x$,导致与 $\displaystyle\int_a^b x f(x) \mathrm{d}x = 0$ 矛盾.

10. 提示:(1) 设

$$f(x) = \begin{cases} \dfrac{\sin x}{x}, & x \neq 0, \\[2mm] 1, & x = 0. \end{cases}$$

f 在 $[0, \pi]$ 上连续,并可证得 f 在 $[0, \pi]$ 上递减. 于是由

$$\int_0^\pi \frac{\sin x}{x} \mathrm{d}x = \int_0^{\frac{\pi}{2}} \frac{\sin x}{x} \mathrm{d}x + \int_{\frac{\pi}{2}}^\pi \frac{\sin x}{x} \mathrm{d}x,$$

便可作出正确的估计.

（2）由（1）知左部不等式成立；右部不等式需要利用 Taylor 估计式：

$$\sin x \geqslant x - \frac{1}{3!}x^3, \quad x \in \left[0, \frac{\pi}{2}\right].$$

（3）需要求出

$$\max_{e \leqslant x \leqslant 4e} \frac{\ln x}{\sqrt{x}} = \frac{2}{e}, \quad \min_{e \leqslant x \leqslant 4e} \frac{\ln x}{\sqrt{x}} = \frac{1}{\sqrt{e}}.$$

11. 提示：利用施瓦茨不等式.

12. 提示：利用复合平均不等式（§4.3 例 3 及其注（ii），（iv））.

*13. 提示：（1）利用 $\dfrac{1}{x}$ 的递减性，而有

$$\frac{1}{k+1} = \int_k^{k+1} \frac{\mathrm{d}x}{k+1} < \int_k^{k+1} \frac{\mathrm{d}x}{x} < \int_k^{k+1} \frac{\mathrm{d}x}{k} = \frac{1}{k},$$

$$\int_k^{k+1} \frac{\mathrm{d}x}{x} = \ln(k+1) - \ln k, \quad k = 1, 2, \cdots, n.$$

（2）利用（1），求极限.

*14. 提示：由 f 为凸，则有

$$f(x) \geqslant f\left(\frac{a+b}{2}\right) + f'\left(\frac{a+b}{2}\right)\left(x - \frac{a+b}{2}\right).$$

利用积分不等式性，可证得结论中的左部成立.

再由凸函数的充要条件（必要性），有

$$\frac{f(x) - f(a)}{x - a} \leqslant \frac{f(b) - f(a)}{b - a}, \quad x \in (a, b];$$

经整理得到

$$f(x) \leqslant f(a) + \frac{f(b) - f(a)}{b - a}(x - a), \quad x \in [a, b].$$

利用积分不等式性，又可证得右部不等式成立.

后者还可由

$$f(a) \geqslant f(x) + f'(x)(a - x), \quad x \in [a, b],$$

转而得到

$$f(x) \leqslant f(a) + f'(x)(a - x), \quad x \in [a, b].$$

经积分，并使用分部积分法，同样可证得所需结论成立.

15. 提示：

（1）取 $g(x) = 1$.

（2）注意到

$$\int_a^b f(x)\mathrm{d}x \int_a^b \frac{\mathrm{d}x}{f(x)} = \int_a^b (\sqrt{f(x)})^2 \mathrm{d}x \int_a^b \left(\frac{1}{\sqrt{f(x)}}\right)^2 \mathrm{d}x.$$

（3）注意到

$$\int_a^b [f(x) + g(x)]^2 dx = \int_a^b f^2(x) dx + \int_a^b g^2(x) dx + 2\int_a^b f(x) g(x) dx.$$

(4) 注意到

$$\left[\int_a^b f(x)\cos kx\,dx\right]^2 = \left[\int_a^b \sqrt{f(x)} \cdot \sqrt{f(x)}\cos kx\,dx\right]^2$$

$$\leqslant \int_a^b f(x)\cos^2 kx\,dx.$$

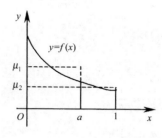

第 16 题图

16. 提示:把所证不等式变形为

$$(\mu_2 =) \frac{1}{1-a}\int_a^1 f(x)dx \leqslant \frac{1}{a}\int_0^a f(x)dx(= \mu_1).$$

利用积分中值定理可证

$$\mu_2 \leqslant f(a) \leqslant \mu_1.$$

此结论的几何意义:如图所示,当 $f(x)$ 为递减函数时,它在 $[0,a]$ 上的平均值 (μ_1) 必大于或等于它在 $[a,1]$ 上的平均值 (μ_2);μ_1 亦大于或等于 f 在 $[0,1]$ 上的平均值 $\int_0^1 f(x)dx$.

*17. 提示:(1) 直接利用积分第二中值定理(§ 4.3(3)式).

(2) 设

$$g(x) = \begin{cases} c, & x = 0, \\ f(x), & x \in (0,1]. \end{cases}$$

则 g 亦为递减函数,且

$$\int_0^1 f(x)dx = \int_0^1 g(x)dx;$$

而后,方法同(1).

几何意义分别如图所示,每个图中两个阴影部分的面积相同.

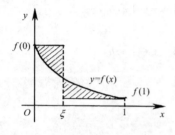

第 17(1)题图

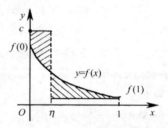

第 17(2)题图

*18. 提示：令 $g(x) = f(x) - f(\pi)$，则 g 在 $[-\pi, \pi]$ 上为非负递减函数，且

$$\int_{-\pi}^{\pi} f(x)\sin 2nx\,dx = \int_{-\pi}^{\pi} g(x)\sin 2nx\,dx + f(\pi)\int_{-\pi}^{\pi} \sin 2nx\,dx.$$

对右边第一个积分使用积分第二中值定理.

另一不等式证法相同.

19. 提示：经分部积分后可得

$$\int_{-\pi}^{\pi} f(x)\cos(2n+1)x\,dx = \frac{-1}{2n+1}\int_{-\pi}^{\pi} f'(x)\sin(2n+1)\,dx.$$

注意到 f' 为递增函数，利用与上题相似的方法可证.

*20. 提示：利用

$$\int_0^1 \left| x - \frac{1}{2} \right|^n dx = \int_0^{\frac{1}{2}} \left(\frac{1}{2} - x \right)^n dx + \int_{\frac{1}{2}}^1 \left(x - \frac{1}{2} \right) dx = \frac{1}{2^n(n+1)},$$

由条件可得

$$1 = \left| \int_0^1 \left(x - \frac{1}{2} \right)^n f(x)\,dx \right| \leqslant |f(\xi)| \cdot \frac{1}{2^n(n+1)} \quad (0 \leqslant \xi \leqslant 1).$$

21. 提示：(1)相继使用施瓦茨不等式和分部积分.

(2) 由分部积分，

$$\int_a^b f(x)\,dx = \int_a^b f(x)\,d(x-a) = -\int_a^b (x-a)f'(x)\,dx.$$

再求一次分部积分，便可化为所需等式.

(3) 利用(2)的结果，有

$$\left| \int_a^b f(x)\,dx \right| \leqslant \frac{1}{2}\int_a^b (x-a)(b-x)|f''(x)|\,dx.$$

*22. 证：设 $F(x) = \int_a^x f(t)\,dt$，则有

$$L = \lim_{h \to 0}\int_a^b \frac{f(x+h) - f(x)}{h}\,dx$$

$$= \lim_{h \to 0} \frac{1}{h}[F(b+h) - F(a+h) - F(b) + F(a)].$$

这是因为

$$\int_a^b f(x+h)\,dx = \int_{a+h}^{b+h} f(t)\,dt = F(b+h) - F(a+h),$$

$$\int_a^b f(x)\,dx = F(b) - F(a).$$

于是，由 f 连续，从而 F 可导，得到

$$L = \lim_{h \to 0} \frac{F(b+h) - F(b)}{h} - \lim_{h \to 0} \frac{F(a+h) - F(a)}{h}$$

$$= F'(b) - F'(a) = f(b) - f(a).$$

注意：本题千万不要做成为

$$L = \int_a^b \lim_{h \to 0} \frac{f(x+h) - f(x)}{h} \mathrm{d}x = \int_a^b f'(x)\mathrm{d}x = f(b) - f(a).$$

因为求极限与求积分的次序不能随意交换；况且条件中并无"f 可导"的假设。

23. 提示：类似于 §4.4 例3，引入辅助函数

$$F(t) = \int_a^t x f(x)\mathrm{d}x - \frac{a+t}{2}\int_a^t f(x)\mathrm{d}x.$$

通过证明 $F'(t) \geqslant 0$，得到 $F(t)$ 递增，从而有

$$F(b) \geqslant F(a) = 0.$$

24. 提示：$\forall\, x_1, x_2 \in (0, +\infty)$，$x_1 < x_2$，可证

$$F(x_2) - F(x_1) = \frac{1}{x_2}\int_{x_1}^{x_2} f(t)\mathrm{d}t - \left(\frac{1}{x_1} - \frac{1}{x_2}\right)\int_0^{x_1} f(t)\mathrm{d}t$$

$$\geqslant \frac{1}{x_2}\int_{x_1}^{x_2} f(x_1)\mathrm{d}t - \left(\frac{1}{x_1} - \frac{1}{x_2}\right)\int_0^{x_1} f(x_1)\mathrm{d}t = \cdots = 0.$$

注 本题的直观意义是：当 f 为递增函数时，f 在 $[0, x]$ 上的平均值将随 x 的增大而增大。

*25. 证：$\forall\, x_1, x_2, x_3 \in [a, b]$，$x_1 < x_2 < x_3$。由条件，$f(x_1) \leqslant f(x_2) \leqslant f(x_3)$。考察：

$$\frac{g(x_2) - g(x_1)}{x_2 - x_1} = \frac{1}{x_2 - x_1}\int_{x_1}^{x_2} f(t)\mathrm{d}t \leqslant \frac{1}{x_2 - x_1} f(x_2)(x_2 - x_1) = f(x_2),$$

$$\frac{g(x_3) - g(x_2)}{x_3 - x_2} \geqslant f(x_2),$$

$$\frac{g(x_2) - g(x_1)}{x_2 - x_1} - \frac{g(x_3) - g(x_2)}{x_3 - x_2} \leqslant f(x_2) - f(x_2) = 0.$$

由凸函数的充要条件（充分性），知道 g 为 $[a, b]$ 上的一个凸函数。

26. 提示：令 $x + y = t$，易得

$$F(y) = \int_0^{2\pi} f(x+y)\mathrm{d}x = \int_y^{y+2\pi} f(t)\mathrm{d}t,$$

$$F'(y) = f(y + 2\pi) - f(y).$$

27. 提示：由 $\int_a^{+\infty} f'(x)\mathrm{d}x$ 收敛，依定义必有极限 $\lim_{u \to +\infty} f(u) = A$ 存在。再由 §4.5 例1之(5)，知道 $A = 0$。

28. 提示：(1) 用反证法，由 $\int_a^{+\infty} \big[\,|\,f(x)\,| + f(x)\big]\mathrm{d}x$ 与 $\int_a^{+\infty} f(x)\mathrm{d}x$ 收敛，相减以后将导出 $\int_a^{+\infty} |\,f(x)\,|\,\mathrm{d}x$ 收敛，这与条件相矛盾。

(2) 由于

$$\frac{\int_a^x [|f(t)| + f(t)] \mathrm{d}t}{\int_a^x [|f(t)| - f(t)] \mathrm{d}t} = 1 + \frac{2\int_a^x f(t) \mathrm{d}t}{\int_a^x [|f(t)| - f(t)] \mathrm{d}t},$$

利用(1)和假设条件,便可证明上式右边第二项的极限($x \to +\infty$时)为 0.

29. 提示:(1) 利用

$$0 \leqslant g(x) - f(x) \leqslant h(x) - f(x),$$

再用比较判别法和线性性质.

(2) 再由

$$\int_a^u f(x) \mathrm{d}x \leqslant \int_a^u g(x) \mathrm{d}x \leqslant \int_a^u h(x) \mathrm{d}x,$$

求 $x \to +\infty$ 的极限.

30. 提示:由条件,$\lim\limits_{x \to +\infty} f(x) = A$ 存在,由此又可推知 $\int_0^{+\infty} f'(x)\mathrm{d}x$ 收敛;最后使用比较判别法.

31. 提示:

(1) 由比较法则易知该无穷积分发散.

(2) 用狄利克雷判别法可知收敛;再用比较法则又可证它为条件收敛.

(3) $x = 0$ 与 $x = 1$ 为两个瑕点. 化为两个瑕积分来处理:

$$\int_0^{\frac{1}{2}} \frac{\mathrm{d}x}{\sqrt{x}\ln x} + \int_{\frac{1}{2}}^1 \frac{\mathrm{d}x}{\sqrt{x}\ln x} = I_1 + I_2.$$

用极限形式的比较法则易证 I_1 收敛,I_2 发散,故原来的瑕积分发散.

(4) 作变换 $t = \dfrac{1}{x^2}$,把瑕积分化为无穷积分,易知它为条件收敛.

32. 提示:(1)利用不等式

$$\frac{1}{\sqrt{2} \cdot \sqrt{1-x^2}} \leqslant \frac{1}{\sqrt{1-x^4}} \leqslant \frac{1}{\sqrt{1-x^2}}, \quad x \in [0,1).$$

(2) 利用不等式:

$$\int_0^1 x\mathrm{e}^{-x^2} \mathrm{d}x \leqslant \int_0^1 \mathrm{e}^{-x^2} \mathrm{d}x \leqslant \int_0^{+\infty} \mathrm{e}^{-x^2} \mathrm{d}x = \int_0^1 \mathrm{e}^{-x^2} \mathrm{d}x + \int_1^{+\infty} \mathrm{e}^{-x^2} \mathrm{d}x$$

$$< 1 + \int_1^{+\infty} x\mathrm{e}^{-x^2} \mathrm{d}x,$$

最左边与最右边的积分都可计算出来.

第五章

1. 提示:伪命题有(1),(2),(6),(10),(12),(14),(15),(17)八个;其余 12 个为真命题. 依次简述如下:

(1) 取 $a_n = n, b_n = -n$;

(2) 取 $a_n = b_n = \dfrac{(-1)^n}{\sqrt{n}}$;

(3) 因 $|a_n b_n| \leqslant a_n^2 + b_n^2$;

(4) 因 $\lim\limits_{n \to \infty} a_n = 0 \Rightarrow |a_n| < 1 (n > N)$;

(5) (同上);

(6) 例如取 $a_n = \dfrac{(-1)^n}{\sqrt{n}}$, $\quad b_n = 1 + \dfrac{(-1)^n}{\sqrt{n}}$;

(7) 利用 $|b_n| \leqslant 2 (n > N)$;

(8) 因 $S_{2n} = 0, S_{2n-1} = a_n \to 0 (n \to \infty)$;

(9) 利用阿贝尔判别法;

(10) 例如取 $a_n = \dfrac{(-1)^n}{n}$;

(11) 因 $|a_1 + a_2 + \cdots + a_n| \leqslant |a_1| + |a_2| + \cdots + |a_n| \leqslant M$;

(12) 例如取 $\sum a_n = \sum \dfrac{(-1)^n}{n}$;

(13) 利用 $\{a_n\}$ 收敛 $\Rightarrow \sum (a_{n+1} - a_n)$ 收敛;

(14) 例如取 $a_n = \dfrac{1 + (-1)^n}{2}$;

(15) 例如取 $a_n = \dfrac{(-1)^n}{\sqrt{n}}$;

(16) 利用 $|a_n| \leqslant 1 (n > N)$;

(17) (同(12));

(18) $|a_{n+1} - a_{n+p}| \leqslant |a_{n+1} - a_{n+2}| + \cdots + |a_{n+p-1} - a_{n+p}|$, 利用柯西准则;

(19) $|a_n| \sim \dfrac{c}{n^p} \Leftrightarrow \lim\limits_{n \to \infty} n^p |a_n| = c < +\infty$;

* (20) 设 $S_n = a_1 + \cdots + a_n$, 则
$$a_1 + 2a_2 + \cdots + na_n = nS_n - (S_1 + \cdots + S_{n-1}).$$

* 2. 提示: 可把不等式分别改写成

(i) $a_n \leqslant \dfrac{1}{n^{1+\varepsilon}}$; $\qquad\qquad$ (ii) $a_n \geqslant \dfrac{1}{n}$.

* 3. 提示: (1), (2)收敛; (3) 当 $x \leqslant \dfrac{1}{e^{1+\varepsilon}} (\varepsilon > 0)$ 时收敛, $x \geqslant \dfrac{1}{e}$ 时发散.

4. 提示: (1) $a_n = (na_n) \cdot \dfrac{1}{n}$, 利用阿贝尔判别法; (2) $\dfrac{a_n}{n^x} = \dfrac{a_n}{n^p} \cdot \dfrac{1}{n^{x-p}}$, 用阿贝尔判别法.

6. 提示: $\forall \varepsilon > 0, \exists \delta > 0$, 只要 $u', u'' \in I$, 且 $|u' - u''| < \delta$, 便有 $|f(u') - f(u'')| < \varepsilon$; 再取
$$u' = \varphi_n(x), \quad u'' = \varphi(x),$$
使 $|\varphi_n(x) - \varphi(x)| < \delta$.

7. 提示：$f_n(x) = S_n(x) - S_{n-1}(x)$，利用题 5.

8. 提示：$\sum\limits_{n=1}^{\infty} a_n$ 收敛即一致收敛，利用阿贝尔判别法.

9. 提示：(1) 直接应用余部准则.

(2) 应用余部准则先证 $\dfrac{1}{n+\sin x} \rightrightarrows 0$，再用狄利克雷判别法.

*(3) $f_n(x) = x^{1-\frac{1}{2^n}} \rightarrow f(x) = x \ (n \rightarrow \infty)$，可证

$$\max_{x \in [0,1]} |f_n(x) - f(x)| = \left(1 - \frac{1}{2^n}\right)^{2^n} \cdot \frac{1}{2^n - 1} \rightarrow 0 \quad (n \rightarrow \infty).$$

(4) $f(x) = \lim\limits_{n \to \infty} f_n(x) = \begin{cases} \dfrac{1}{2}, & x = 1, \\ 0, & x \in [0,1). \end{cases}$

取 $x_n = 1 - \dfrac{1}{n} \in [0,1)$，使

$$f_n(x_n) - f(x_n) = \frac{\left(1 - \dfrac{1}{n}\right)^n}{\left(1 - \dfrac{1}{n}\right)^n + 1} \rightarrow \frac{e^{-1}}{e^{-1} + 1} \neq 0 \quad (n \rightarrow \infty),$$

故在 $[0,1)$ 上不一致收敛；

又在 $[0, 1-\delta]$ 上为一致收敛，因

$$|f_n(x) - f(x)| \leqslant 1 - \frac{1}{(1-\delta)^n + 1} \rightarrow 0 \quad (n \rightarrow \infty).$$

(5) 可证 $f'_n(x) > 0, x \in [0,1]$，于是又可证

$$0 \leqslant f_n(x) \leqslant f_n(1) < \frac{3}{n^2}.$$

10. 提示：用狄利克雷判别法证明在 $[a, b]$ 上一致收敛；对每个固定的 x，易证 $\sum\limits_{n=1}^{\infty} \dfrac{x^2 + n}{n^2}$ 都为发散.

*11. 提示：设 $|u_0(x)| \leqslant M, x \in [a, b]$，可估计：

$$|u_n(x)| \leqslant \int_a^x \frac{M}{(n-1)!}(t-a)^{n-1} dt \leqslant \frac{M}{n!}(b-a)^n.$$

12. 提示：用柯西准则来讨论，要使

$$\left| \sum_{i=n+1}^{n+p} g(x) f_i(x) \right| = |g(x)| \cdot \left| \sum_{i=n+1}^{n+p} f_i(x) \right| < \varepsilon,$$

只需设 $|g(x)| \leqslant M, x \in E.$

*13. 提示：由假设条件，对每个 n，有

$$|f_n(x)| \leqslant \max\{|f_n(a)|, |f_n(b)|\}$$

$$= \frac{1}{2} \big[\, | \, f_n(a) \, | + | \, f_n(b) \, | + | \, | \, f_n(a) \, | - | \, f_n(b) \, | \, | \, \big] = M_n,$$

而 $\sum\limits_{n=1}^{\infty} M_n$ 应该收敛.

*14. 提示:验证可以逐项求积,并可依此求得 $\int_0^{2\pi} S(x)\mathrm{d}x = 2\pi$.

*15. 提示:(1)利用 $f'(x)$ 在 $[\alpha,\beta]$ 上连续,从而一致连续: $\forall\, \varepsilon > 0, \exists\, \delta > 0$,当 $x', x'' \in [\alpha, \beta]$,且 $|\, x' - x'' \,| < \delta$ 时,恒有 $|\, f'(x') - f'(x'') \,| < \varepsilon$. 而由假设,又有

$$f_n(x) = f'(\xi_n), \quad \xi_n \in \left(x, x + \frac{1}{n} \right), \quad n = 1, 2, \cdots.$$

所以存在 $N(=?) > 0$,当 $n > N$ 时,对一切 $x \in [\alpha, \beta]$,恒有

$$|\, f_n(x) - f'(x) \,| = |\, f'(\xi_n) - f'(x) \,| < \varepsilon.$$

(2) 利用逐项可积定理.

16. 提示:验证 $S(x) = \sum\limits_{n=1}^{\infty} \dfrac{\sin nx}{n^3}$ 在 $(-\infty, +\infty)$ 上满足定理 $5.4'$ 与定理 $5.6'$ 的条件,得到 $S(x)$ 在 $(-\infty, +\infty)$ 上连续,又可导,且

$$S'(x) = \sum_{n=1}^{\infty} \frac{\cos nx}{n^2}.$$

再验证 $S'(x)$ 也满足定理 $5.4'$ 的条件.

17. (1) $\left(\dfrac{x}{1-x} \right)^2$, $x \in (-1, 1)$;   (2) $\dfrac{\mathrm{e}^x}{(\mathrm{e}^x - 1)^2}$, $x > 0$.

附录　微积分 MATLAB 实验
§1　MATLAB 导引

一、关于数学软件

在当今众多数学类科技应用软件中,就其原始内核而言,可分为两大类:一类是数学解析型软件,如 Mathematica,Maple,Mathcad 等,它们以符号计算见长.另一类是数值计算型软件,如 MATLAB 等,它们对大批数据具有较强的管理、计算和可视化能力.

上面列举的四种数学软件,如今已在这两类软件市场占据主导地位.本附录采用 MATLAB 作为微积分的实验平台.

二、关于 MATLAB

1980 年前后,MATLAB 的首创者 Cleve Moler 博士在美国新墨西哥大学讲授线性代数课程时,为学生构思开发了矩阵计算专用软件 MATLAB(MATrix LABoratory,矩阵实验室),使学生不致花费太多的时间在繁琐的编程上.至 1983 年,Cleve Moler 和 John Little 采用 C 语言改写了 MATLAB 的内核.不久,他们成立了 Mathworks 公司,并将 MATLAB 正式推向市场.

MATLAB 软件从 1984 年推出第一个版本到目前的 MATLAB 6.1,总共已发布了十余个版本.随着版本不断更新,MATLAB 的功能越来越多,使用起来也越来越方便.

MATLAB 由主包、动态仿真(Simulink)以及功能各异的工具箱(Toolbox)组成.MATLAB 工具箱的内容非常广泛,涉及数学、控制、通讯、经济、地理、信号处理、图像处理、神经网络等多种学科的三十余种工具箱和模块集,为用户提供了丰富而实用的资源.此外,借助 Maple 的威力,MATLAB 也具有相当强的扩展符号运算的功能.

下面介绍使用 MATLAB 的基本知识.

三、启动 MATLAB

当你安装完毕 MATLAB 软件,它在 Windows 桌面上会自动创建 MATLAB 快捷方式图表.用鼠标双击该图表,启动 MATLAB 后出现一个指令窗"MATLAB Command Window".指令窗最上方的头两行文字是初始提示信息,第三行出现

MATLAB 环境提示符"》"和光标位置符"|"(在中文 Windows 平台上,MATLAB
指令窗中不显示提示符而只有光标位置符).

当 MATLAB 指令窗出现以后,你就可以在指令窗里进行各种运算操作.

四、数据的输入和输出

MATLAB 的基本数据结构是矩阵,向量和标量被看作是特殊的矩阵.有多种
方法输入(产生)和输出矩阵,下面介绍几种最基本的方法.

(1) 直接写出矩阵 输入矩阵时,用方括号[]作为矩阵的定界符;用逗号或空
格分隔各列;用分号或回车键(Enter)分隔各行.例如键入

$$A = [1,2,3;4,5,6;7,8,9]$$

或 $A=[1\ 2\ 3;4\ 5\ 6;7\ 8\ 9]$

或 $A=[1,2,3$

$$4,5,6$$

$$7,8,9];$$

均产生一个 3×3 矩阵

$$A = \begin{bmatrix} 1 & 2 & 3 \\ 4 & 5 & 6 \\ 7 & 8 & 9 \end{bmatrix};$$

键入

$$a = [10,11,12]$$

则产生一个 1×3 向量.屏幕显示为

```
A=[1,2,3;4,5,6;7,8,9]
  A=

       1   2   3
       4   5   6
       7   8   9

a=[10,11,12]
a=
   10   11   12
```

注 1   在 MATLAB 中,大写字母与小写字母是不能混同的(如上面的 A 与 a 互不相同).

注 2   上面输入矩阵 A 与 a 的句末不加任何标点而直接"回车",MATLAB 将立即在其后输出(屏幕显示)A 与 a 的结果.若在句末加分号";"而后再"回车",则结果不会被输出.这两种方式同样适用于其他类似的情形.

注 3   用小矩阵可以合并成大矩阵,例如上面已经输入了矩阵 A 和 a,则有

```
B=[A;a]
B=
    1    2    3
    4    5    6
    7    8    9
   10   11   12

C=[A,a']
C=
    1    2    3   10
    4    5    6   11
    7    8    9   12
```

其中 a′ 是 a 的转置.

(2)利用冒号产生矩阵   输入 x=1:5,将产生一个元素值由 1 到 5 增量为 1 的行向量

$$x = [1,2,3,4,5];$$

输入 x=2:0.5:4,将产生一个元素值由 2 到 4 增量为 0.5 的行向量

$$x = [2,2.5,3,3.5,4];$$

输入 x=6:−0.2:5,则产生一个元素值由 6 到 5 增量为 −0.2 的行向量

$$x = [6,5.8,5.6,5.4,5.2,5].$$

利用冒号也可以从大矩阵中抽取子矩阵.例如上面已经得到矩阵 C,则 C(2:3,2:4)产生一个 2×3 矩阵,其元素就是 C 的第 2 行到第 3 行、第 2 列到第 4 列的元素.屏幕显示为

```
     C
     C=

         1   2   3   10
         4   5   6   11
         7   8   9   12

     C(2:3,2:4)
     ans=

         5   6   11
         8   9   12
```

其中"ans"是 MATLAB 的一个内部变量,意即"答案(answer)".

(3) 获取矩阵元素　可用小括号标识矩阵的单个元素,例如键入 C(2,3)后,屏幕显示"ans＝6". 又如再键入 a(5)＝－a(1),屏幕将显示:

```
     a(5)＝－a(1)
     a=

         10   11   12   0   －10
```

这表明为了容纳新元素 a(5),a 的维数自动扩大了,未定义的 a(4)自动置为 0.

在 MATLAB 中没有维数说明语句,它会自动确定矩阵的维数,这也是 MAT-LAB 容易使用的一个原因.

(4) 特殊矩阵

- size(A)　　　　　查询矩阵 A 的维数.
- ones( )　　　　　产生全 1 矩阵.用法如下:
  ones(n)　　　　　产生全 1(n×n)矩阵;
  ones(m,n)　　　　产生全 1(m×n)矩阵.
  ones(size(A))　　产生与 A 同维数的全 1 矩阵.
- zeros( )　　　　　产生全 0 矩阵,用法同上.
- eye( )　　　　　　产生单位矩阵(主对角线元素为 1,其他元素为 0),用法同上.
- diag( )　　　　　产生对角矩阵:若 v 是 n 元向量(行向量或列向量),则 diag(v)或 diag(v,0)是一个 n 阶的方阵,其主对角线元素为 v,其他元素为 0.

(5) 几个内部永久变量

- pi　　　即圆周率 π.

- eps   浮点相对精度. 对于大多数 PC 机的 IEEE 算术标准,

$$\text{eps} = 2^{-52} \approx 2.22 \times 10^{-16}.$$

- inf   无穷大. 产生 inf 的方法之一是 1/0, 除数为 0 时不导致终止运行, 但给出警告信息.
- NaN   非数(Not a Number). 由 0/0, inf/inf 或 inf−inf 得到.

五、矩阵运算和数组运算

矩阵的代数运算在 MATLAB 中分为"矩阵运算"和"数组运算"两种操作. 其中, 矩阵运算是按照线性代数运算法则定义的; 数组运算是按元素逐个执行的. 两者的区别主要体现在相乘、相除与乘方三种运算上. 列表如下:

名 称	运 算 符	名 称	运 算 符
转 置	A′	矩阵右除	A/B
相 加	A+B	矩阵左除	A\B
相 减	A−B	数组右除	A./B
取 负	−A	数组左除	A.\B
数 乘	s*A	矩阵乘方	A^B
矩阵相乘	A*B	数组乘方	A.^B
数组相乘	A.*B	矩阵求逆	A^(−1)

六、数组函数和矩阵函数

数组函数 $f(A)$ 是对数组 A(矩阵或向量)的元素逐个执行运算 f.

数组函数表

函 数 名	功 能	函 数 名	功 能
sin( )	正弦	atanh( )	反双曲正切
cos( )	余弦	acoth( )	反双曲余切
tan( )	正切	asech( )	反双曲正割
cot( )	余切	acsch( )	反双曲余割
sec( )	正割	fix( )	朝零方向取整
csc( )	余割	ceil( )	朝正无穷大方向取整
asin( )	反正弦	floor( )	朝负无穷大方向取整
acos( )	反余弦	round( )	四舍五入到整数

续表

函 数 名	功　能	函 数 名	功　能
atan(　)	反正切	rem(　)	除后取余数
acot(　)	反余切	sign(　)	符号函数
asec(　)	反正割	abs(　)	取绝对值
acsc(　)	反余割	angle(　)	复数相角
sinh(　)	双曲正弦	imag(　)	复数虚部
cosh(　)	双曲余弦	real(　)	复数实部
tanh(　)	双曲正切	conj(　)	复数共轭
coth(　)	双曲余切	log10(　)	常用对数
sech(　)	双曲正割	log(　)	自然对数
csch(　)	双曲余割	exp(　)	指数(以 e 为底)
asinh(　)	反双曲正弦	sqrt(　)	平方根
acosh(　)	反双曲余弦	prod(1:n)	阶乘(n!)

下列矩阵函数的意义与线性代数中的定义相同.

矩阵函数表

函 数 名	功　能	函 数 名	功　能
inv(A)	方阵 A 的逆	rank(A)	矩阵 A 的秩
det(A)	方阵 A 的行列式值	trace(A)	矩阵 A 的迹
dot(A,B)	二矩阵的点积	expm(A)	矩阵指数 e^A
eig(A)	方阵 A 的特征值	logm(A)	矩阵对数 $\ln(A)$

七、数据可视化

MATLAB 具有很强的绘图功能.

例 1　绘制正弦曲线和二次曲线的图形.

```
x = - pi:pi/100:pi;
y = sin(x);
subplot(1,2,1),plot(x,y);    % 把正弦曲线绘在一行二列的 1 号子窗口
x1 = - 1:0.1:1;
y1 = x1.^2;
subplot(1,2,2),plot(x1,y1)   % 把二次曲线绘在一行二列的 2 号子窗口
```

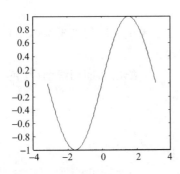 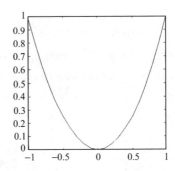

注   上面绘图程序还可简化为：

y = sin([− pi:pi/100:pi]);y1 = [− 1:0.1:1].^2;

subplot(1,2,1),plot(y);

supplot(1,2,2),plot(y1)

例 2   绘制下列曲面的图形：

$$z = \frac{\sin(\sqrt{x^2 + y^2})}{\sqrt{x^2 + y^2}}.$$

```
clf;                              % 清除当前图形窗口
x = − 8:0.5:8;   y = x′;
x = ones(size(y)) * x;   y = x′;      % 构造 xy 平面上的网格点坐标
r = sqrt(x.^2 + y.^2) + eps;   z = sin(r)./r;
mesh(x,y,z);   colormap([0,0,1])   % 画出曲面网线图(蓝色)
```

注   构造 xy 平面上的网格坐标,常常可用以下比较直观的程序来实现：

```
clf;
[x,y] = meshgrid( - 8:0.5:8);              % 生成网格点坐标(x,y)
r = sqrt(x.^2 + y.^2) + eps;   z = sin(r)./r;
mesh(x,y,z);  colormap([1,0,0])            % 绘出曲面网线图(红色)
```

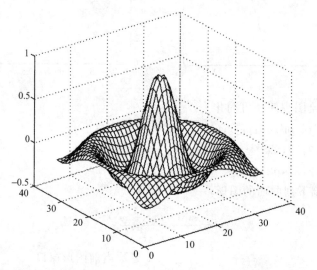

八、关于 MATLAB Notebook

Mathworks 公司开发的 MATLAB Notebook 成功地把 Microsoft Word 与 MATLAB 集成一个整体,为文字处理、科学计算、工程设计营造了一个完美的工作环境.

Notebook 是"活"的笔记本. 在该笔记本中的计算指令可随时修改、即时解算,并能方便地作出图示. 这对于撰写科技报告、论文和编写理工学科的教材讲义都是十分有用的. 本附录的文稿也是在 MATLAB Notebook 中完成的.

Notebook 文件又称为 M-book(它使用了 Word 中的 M-book. dot 模板). 在 MATLAB 文件夹中打开子文件夹 Notebook,就会看到 M-book. 把它发送为桌面快捷方式,以便使用时作快速访问.

当打开了 Notebook 之后(这时在 Word 窗口的菜单栏里出现了"Notebook"菜单),在英文状态下,先输入一组指令;然后用鼠标把它们选中,再按[Ctrl + Enter]组合键;那组指令变成绿色,并会被执行(计算所得结果显示为蓝色;若出现红色文字,那是出错提示). 这类操作也可以在[Notebook]下拉菜单中去选择.

附带说明一下:MATLAB 6.1 版要求与 Word 2000 版配套组合成 M-book.

有关 MATLAB 编程,大家可以到下一节丰富多彩的例子中去体会、学习.

§2 微积分 MATLAB 实验演示

一、用可视化程序绘制下列曲线和曲面的图形

(1) $x=t^2, y=3t+t^3, t\in[-0.5,0.5]$ 与 $t\in[-5,5]$.

```
clf;  syms t;    x = t^2;   y = 3 * t + t^3;
subplot(1,2,1);   ezplot(x,y,[-0.5,0.5]);  grid;
subplot(1,2,2);   ezplot(x,y,[-5,5]);      grid
```

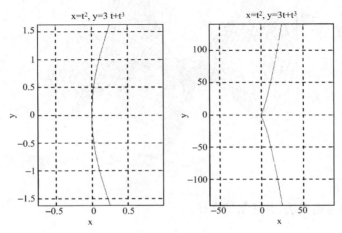

(2) $x^3+y^3-3xy=0$ 及其渐近线 $x+y+1=0$.

```
clf;  syms x y;  hold on;
ezplot(x^3 + y^3 - 3 * x * y,[-2,2]);  ezplot(x + y + 1,[-2,2]);  grid
```

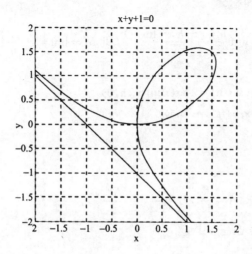

(3) 曲面 $z = xy \dfrac{x^2 - y^2}{x^2 + y^2}$.

[使用基本法]

```
clf;u = -10:0.5:10;  [x,y] = meshgrid(u,u);
z = x. * y. * (x.^2 - y.^2)./(x.^2 + y.^2 + eps);
mesh(x,y,z);colormap([1,0,1])
```

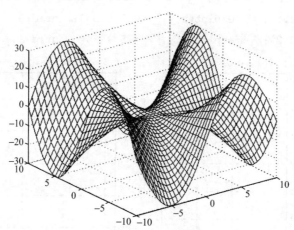

[使用符号函数法(并显示等高线)]

```
clf;
syms  x y;  colormap([1,0,0]);
ezmeshc(x * y * (x^2 - y^2)/(x^2 + y^2));
```

二、计算极限、导数和积分

(1) 求极限 $L = \lim\limits_{h \to 0} \dfrac{\ln(x+h) - \ln(x)}{h}$,和 $M = \lim\limits_{n \to \infty} \left(1 - \dfrac{x}{n}\right)^n$.

```
syms h n x
L = limit('(log(x + h) - log(x))/h',h,0)
M = limit('(1 - x/n)^n',n,inf)
```

```
L = 1/x
M = exp(-x)
```

(2) $y = \sin ax$,求 $A = \dfrac{dy}{dx}$,$B = \dfrac{dy}{da}$,$C = \dfrac{d^2 y}{dx^2}$.

```
syms a x;  y = sin(a * x);
A = diff(y,x)
```

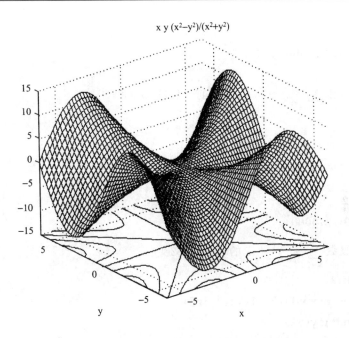

x y (x²−y²)/(x²+y²)

```
B = diff(y,a)
C = diff(y,x,2)
```

```
A = cos(a * x) * a
B = cos(a * x) * x
C = − sin(a * x) * a^2
```

（3）计算以下不定积分、定积分、反常积分：

$$I = \int \frac{x^2+1}{(x^2-2x+2)^2}\mathrm{d}x, \quad J = \int_0^{\pi/2} \frac{\cos x}{\sin x + \cos x}\mathrm{d}x, \quad K = \int_0^{+\infty} \mathrm{e}^{-x^2}\mathrm{d}x.$$

```
syms  x
f = (x^2 + 1)/(x^2 − 2 * x + 2)^2;
g = cos(x)/(sin(x) + cos(x));
h = exp( − x^2);
I = int(f)
J = int(g,0,pi/2)
K = int(h,0,inf)
```

```
I = 1/4 * (2 * x − 6)/(x^2 − 2 * x + 2) + 3/2 * atan(x − 1)
J = 1/4 * pi
```

K = 1/2 * pi^(1/2)

三、符号求和与 Taylor 展开

(1) 求级数 $\sum\limits_{n=1}^{\infty} \dfrac{1}{n^2}$ 的和 S,以及前十项的部分和 S1.

```
syms  k
S = symsum(1/k^2,1,inf)
S1 = symsum(1/k^2,1,10)
```

S = 1/6 * pi^2

S1 = 1968329/1270080

(2) 求级数 $\sum\limits_{n=2}^{\infty} \dfrac{x^n}{n(n-1)}$ 的和函数 S2.

```
syms  k,x
S2 = symsum(x^k/k/(k-1),k,2,inf)
S2 = simplify(S2)
```

S2 = 1/2 * x^2 * (2/x * (- log(1 - x)/x - 1) * (x - 1) - 1/(x - 1) * (- 2 * x + 2))

S2 = - log(1 - x) * x + log(1 - x) + x

注　上面最末的"simplify(表达式)"为简化函数,用来简化"表达式".

(3) 设 $f(x)=\dfrac{1}{2+x^4}$,$g(x)=\mathrm{e}^{\sin x}$. 给出 $f(x)$ 在 $x=1$ 处的 3 阶 Taylor 展开式和 $g(x)$ 在 $x=0$ 处的 Taylor 展开式的前面三个非零项.

```
syms  x
f = 1/(2 + x^4);    Tf = taylor(f,4,1)
g = exp(sin(x));    Tg = taylor(g,3,0)
```

Tf = 7/9 - 4/9 * x - 2/27 * (x - 1)^2 + 44/81 * (x - 1)^3

Tg = 1 + x + 1/2 * x^2

四、Taylor 逼近与 Fourier 逼近的直观演示

(1) 用 Taylor 多项式逼近 $y=\sin x$.

已知正弦函数的 Taylor 逼近式为

$$\sin x \approx P(x) = \sum_{k=1}^{n} (-1)^{k-1} \frac{x^{2k-1}}{(2k-1)!}.$$

下面给出这个逼近过程的直观图形:

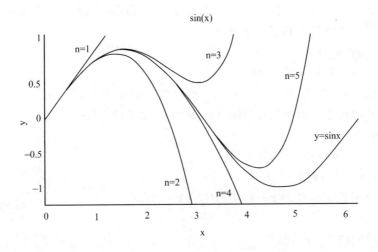

```
clf;  syms  x t;
ezplot(t,0,[0,2 * pi]);      hold on;
A = [1.5  3  4  4  5.4];
for n = 1:1:5
  p = 0;
  for k = 1:1:n
    p = p + ( - 1)^(k - 1) * x^(2 * k - 1)/prod(1:(2 * k - 1));
  end;
  ezplot(p,[0,A(n)]);
end;
ezplot(sin(x),[0,2 * pi]);
text(0.5,1,'n = 1');        text(2.2, - 0.6,'n = 2');
text(3.1,0.9,'n = 3');      text(3.1, - 0.7,'n = 4');
text(4.7,0.6,'n = 5');      text(5.2, - 0.25,'y = sin x');
```

(2) 用 Fourier 多项式逼近矩形波 $f(x)$. 设 $f(x)$ 在一个周期上为

$$f(x) = \begin{cases} -1, & -\pi < x < 0, \\ 1, & 0 < x < \pi, \\ 0, & x = -\pi, 0, \pi. \end{cases}$$

对它作 Fourier 级数展开,得到

$$f(x) = \frac{4}{\pi} \sum_{k=1}^{\infty} \frac{1}{2k - 1} \sin(2k - 1) x.$$

下面在一个周期上,将 Fourier 级数的前一项、前两项和前七项分别进行叠加,从图像上可以清晰地看到这个逼近过程.

```
clf;  syms  x t
N = [1  2  7];  hold on;
plot([-pi,0],[-1,-1],'m');  plot([0,pi],[1,1],'m');
ezplot(t,0,[-pi,pi]);  ezplot(0,t,[-2.5,2.5]);
for n = 1:1:3
  F = 0;
  for k = 1:1:N(n)
  F = F + 4 * sin((2 * k - 1) * x)/(2 * k - 1)/pi;
  end;
  ezplot(F,[-pi,pi]);
end;
text(0.5,0.5,'N = 1');  text(1.4,0.7,'N = 2');
text(0, -0.5,'N = 7');
```

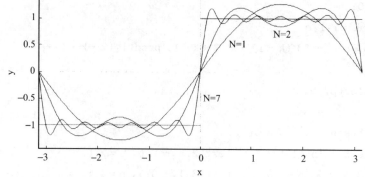

五、函数项序列一致收敛的直观启示

例如,已知三个函数序列:

$$\{f_n(x)\} = \{nx^2 e^{-nx}\}, \quad x \in [0,5];$$

$$\{g_n(x)\} = \{n^2 x e^{-n^2 x^2}\}, \quad x \in [0,1];$$

$$\{h_n(x)\} = \left\{\frac{1 - n^2 x^2}{(1 + n^2 x^2)^2}\right\}, \quad x \in [0, +\infty).$$

通过作出它们的图像,根据一致收敛的几何意义来观察它们的一致收敛性.

(1) 作出$\{f_n(x)\}$的一族曲线如下：

```
clf;  hold on;  x = 0:0.02:5;
for n = 1:1:8
    y = n * x.^2. * exp( - n. * x);  plot(x,y);  end;
plot([0,5],[0,0],'m');    text(1.25,0.4,'n = 1');
text(1.4,0.26,'n = 2');    text(1.5,0.1,'n = 3')
```

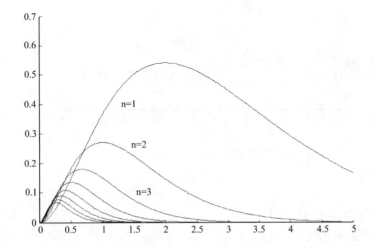

由图可见，$\{f_n(x)\}$中每条曲线的峰值将随着 $n \to \infty$ 而趋于 0，故$\{f_n(x)\}$能在$[0,5]$上一致收敛于 0.

(2) 作出$\{g_n(x)\}$的一族曲线如下：

```
clf;hold on;
x = 0:0.02:1;
for n = 5: - 1:1
    y = n^2 * x. * exp( - n^2 * x.^2);  plot(x,y);  end;
plot([0,1],[0,0],'m');        text(0.8,0.48,'n = 1');
text(0.52,0.75,'n = 2');      text(0.35,1.1,'n = 3');
text(0.27,1.45,'n = 4');      text(0.21,1.9,'n = 5')
```

由图可见，在 $x=0$ 的任意小右邻域内，$\{g_n(x)\}$不可能一致收敛；但是对于任意小的正数 a，$\{g_n(x)\}$在$[a,1]$上就能一致收敛于 0.

(3) 作出$\{h_n(x)\}$的一族曲线如下：

```
clf; hold on;
x = 0:0.01:3;
for n = 1:1:5
```

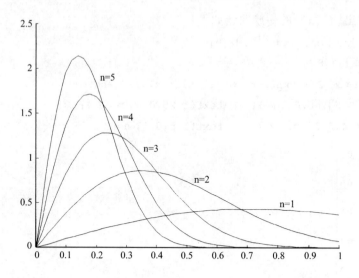

```
      y = (1 - n^2 * x.^2)./(1 + n^2 * x.^2).^2;
      plot(x,y);
   end;
   plot([0,3],[0,0],'m');
   text(0.8,0.2,'n = 1');
   text(0.48,0.1,'n = 2');
   text(0.1, - 0.15,'n = 5');
```

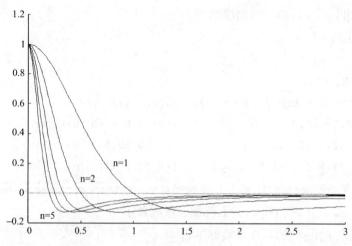

由图可见,在 $x=0$ 的任意小右邻域内,$\{h_n(x)\}$同样不可能一致收敛;但在任何$[a,+\infty)\subset(0,+\infty)$上,$\{h_n(x)\}$就能一致收敛于 0.

实验作业

1. 用可视化程序绘制下列曲线和曲面的图形：

(1) $y = \sqrt[3]{x^3 - x^2 - x + 1}$，$x \in [-2, 2]$；

(2) $z^2 = x^2 - y^2$.

2. 已知 plot3 是三维曲线图函数. 请你先想一想：由指令

$$\text{ezplot3}('\sin(t)', '\cos(t)', 't', [0, 8 * \text{pi}])$$

能绘出怎样的曲线？再把此指令键入 MATLAB 指令窗，看看实际绘出的曲线与你所想的是否相同？

3. 著名的莫比乌斯带（如图所示）的一个参数描述是：

$$r = a + b s \cos(t/2),$$

$$\begin{cases} x = r \cos t, \\ y = r \sin t, \\ z = b s \sin(t/2). \end{cases}$$

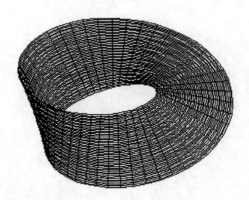

其中 a, b 为常数，例如取

$$a = 2, b = 1;$$

参数 $s \in [-1, 1]$，$t \in [0, 2\pi]$. 请你用符号函数绘图法绘制出它的图形.

4. 用 MATLAB 求极限：$L = \lim\limits_{x \to 0} \dfrac{(1 + x)^{\frac{1}{x}} - e}{x}$.

5. 用 MATLAB 求下列积分：

(1) $\displaystyle\int \frac{\mathrm{d}\,x}{(1+x)\sqrt{2+x-x^2}}$ （利用简化函数化简结果）；

(2) $\displaystyle\int_0^{+\infty} \sin x^2 \mathrm{d}\,x.$

6. 用 MATLAB 求幂级数 $\displaystyle\sum_{n=1}^{\infty} (-1)^{n-1} \frac{x^{2n+1}}{4n^2-1}$ 的和函数（化简结果）.